桃标准化生产

赵锦彪　管恩桦　张　雷　主编

中国农业出版社

赵锦彪　男，1966年生，农业推广研究员，山东临沂人。毕业于山东农业大学园艺系，长期从事果树生产技术的研究和推广，作为主要完成人获6项省部级科研成果奖，发表论文20余篇，已出版学术著作4部。

作　者

主　编：赵锦彪　管恩桦　张　雷

编著者：赵锦彪　管恩桦　张　雷

马红梅　葛秀亭　陈香宝

卢　勇　娄华敏　赵进军

谭子辉　管其德　刘翠莹

序 言

桃原产中国，在古代曾被列为五果之首（桃、李、杏、枣、栗）。桃果形美观、色泽艳丽、果肉鲜美、芳香诱人、营养丰富，除鲜食外，还可制成糖水罐头、蜜饯、冷冻水果、桃脯、桃酱、桃汁、桃干等多种食品，桃之“寿桃”还有长寿之意，是深受广大群众喜爱的水果之一。但是，由于桃树生产主要以果农分散经营为主，技术标准不统一，管理水平参差不齐，导致许多果品外观质量差、内在品质低、农药残留高，高档优质果率低等，严重影响了果农的效益和桃产业的可持续发展，而实行标准化生产，将有利于全面提高桃果质量和生产效益，增强桃果的市场竞争力。

农业标准化是根据人们的需要，按照标准化规程，采用标准技术，生产具有一定规格尺寸、质量水平和包装形式的农产品的过程，它所追求的不仅是农产品本身要符合一定标准，还要求生产环境、生产过程和生产方式也必须符合相应标准。加入 WTO 后，国际农副产品贸易中的技术壁垒和绿色壁垒等，限制了许多水果的出口，使“卖果难”成了果业持续发展的“瓶颈”，要突破这“瓶颈”，实现果树生产的新跨越，推行果树标准化生产势在必行。

该书作者根据当前桃树生产形势和面临的问题，归纳、总结实践经验，并参阅国内外大量资料，本着标准化、实用化的原则，系统介绍了桃园标准化管理中的品种选择、苗木繁殖、土肥水管理、花果管理、修剪技术、病虫害综合防治、品质提高及保护地栽培等技术。该书作者一直工作在果树技术推广第一线，具有丰富的实践经验和较扎实的理论基础，介绍的技术实用、易懂，适合生产第一线的广大果农学习应用，对果树科技工作者也有参阅价值。

杨洪强

2006年6月于泰山

目　录

第一章　我国桃树生产概况

第一节　我国桃树生产情况

桃原产中国，在古代被列为五果之首（桃、李、杏、枣、栗），是我国古老树种之一，人工栽培至今已有3000多年的历史。据分析每百克桃果可食部分含糖7～15g，有机酸0.2～0.9g，抗坏血酸6.0mg，蛋白质0.4～0.8g，脂肪0.1～0.5g，磷39.95mg，钾157.5mg，钙6.6mg，镁14.8mg，铁0.5mg，维生素C 3～5mg，维生素B_1 0.01～0.02mg，维生素B_2 0.2mg，胡萝卜素0.06mg，此外桃果肉还含有人体不能合成的多种氨基酸，这些营养成分对人体都具有良好的营养保健价值。桃仁中含油达45%，可榨取工业用油。根、茎、花、仁可入药，具有止咳，活血，通便，杀虫之功效。除鲜食外，还可制成糖水罐头、蜜饯、冷冻水果、桃脯、桃酱、桃汁、桃干等多种食品，丰富人们的食品种类。山东、河北、河南、湖北为全国四大主产区（全国部分地区面积、产量见表1-1）。

表1-1　2004年全国各地区桃园面积、产量

单位：hm^2、t

地　区	桃园面积	桃果产量
全国总计	662 900	7 010 985
北　京	16 080	296 409
天　津	4 400	49 006
河　北	101 600	1 223 842
山　西	9 900	129 935
内蒙古		
辽　宁	19 000	311 140

（续）

地　区	桃园面积	桃果产量
吉　林	500	1 121
黑龙江		
上　海	10 000	95 277
江　苏	32 600	326 451
浙　江	23 800	259 595
安　徽	20 400	188 630
福　建	26 300	190 248
江　西	9 600	28 386
山　东	125 300	1 828 331
河　南	55 400	536 342
湖　北	44 700	428 076
湖　南	20 900	83 591
广　东	6 600	67 258
广　西	13 200	93 589
海　南		
重　庆	9 300	48 719
四　川	31 900	310 240
贵　州	12 400	58 865
云　南	18 000	104 939
西　藏	100	1 259
陕　西	2 200	216 680
甘　肃	13 700	74 933
青　海		421
宁　夏	3 700	8 312
新　疆	10 800	49 390

近年来全国桃的栽培发展较快，以山东省为例，自20世纪90年代以来，桃园面积、产量增长很快。据统计，到1997年，山东桃面积72.0khm²，产量813.8kt，为1949年的80多倍，分别占全国桃树栽培面积和总产量的8.0%和27.2%，面积和产量均居核果类果树首位，2003年桃园面积、产量分别达到125 885hm²和1 576 537t，分别占全国桃树栽培面积和总产量的20.73%和25.64%，目前发展仍很快。山东桃的栽培分布很广，

几乎每个县（市）均有分布，其中面积和产量居前三位的依次为临沂、潍坊和泰安，约占全省桃总面积和总产量的60%左右，其中临沂桃果品的产量占全省的32%（山东省桃园面积、产量见表1-2）。目前，山东省桃树生产品种更新换代加快，主要发展仓方早生、早凤王、安农水蜜、新川中岛、日川白凤、美香、莱山蜜、北京晚蜜、重阳红等个大、色艳、味甜、耐贮运的品种，蟠桃、加工用黄桃也得到一定发展。据统计，到2003年，以曙光、早红宝石、潍坊甜油桃等为代表的6月中旬成熟的果品占11.5%；以砂子早生为代表的6月下旬成熟的果品占2.7%；以日川白凤、安农水蜜、早凤王为代表的7月上旬成熟的果品占6.7%；以仓方早生、朝辉为代表的7月中旬成熟的果品占23.5%；以黄金为代表的7月下旬成熟的系列加工桃占5.4%；以川中岛、大久保、上海水蜜、秋风蜜为代表的8月上旬成熟的果品占29.4%；以莱山蜜为代表的8月下旬成熟的果品占9.4%；以寒露蜜为代表的9月下旬成熟的果品占7%；以中华寿桃为代表的10月中旬成熟的果品占4.4%。

表1-2　2003年山东省桃园面积、产量 单位：hm^2、t

产　区	面　积	产　量
全省总计	125 885	1 576 537
济　南　市	2 791	36 991
青　岛　市	8 522	107 961
淄　博　市	7 241	85 033
枣　庄　市	5 743	56 712
东　营　市	806	2 664
烟　台　市	6 269	78 117
潍　坊　市	21 120	279 474
济　宁　市	4 863	27 224
泰　安　市	7 611	159 441
威　海　市	600	9 796
日　照　市	2 938	25 992
莱　芜　市	3 472	31 031

（续）

产区	面积	产量
临沂市	43 259	510 712
德州市	3 220	37 638
聊城市	1 849	19 477
滨州市	2 266	40 521
菏泽市	3 315	67 753

山东省临沂市现在是全国最大的桃主产区之一，2003年临沂市桃园面积、产量分别占山东省的34%和32%，2004年面积、产量分别占全国的6.7%和8.7%，2005年桃园面积已达40 933hm²，产量69.3万t，分别占全市水果总面积、总产量的41.4%和46.1%，预计2006年产量将达80万t（临沂市主产县区桃园面积、产量见表1-3），并已形成了大批产量过千吨的乡镇（2003年临沂产桃2 500t以上乡镇见表1-4）。临沂桃果在南方市场有着相当高的市场占有率和知名度，2003年8月上旬，临沂市农业局组织蒙阴、费县等对沪浙果品市场进行考察，从考察情况看，其中蒙阴县桃果在上海市占市场容量的30%以上，在华中水果交易市场和十六铺果品市场，蒙阴的桃果占居市场的半壁江山。在上海、宁波市场都设有沂蒙山水果直销区。据考察组调查，2003年8月4日当天通过京沪高速公路发往南方市场的桃有719车，其中，蒙阴县342车，兰山、苍山、平邑、费县、沂水等县161车，河北及山东其它地区216车。

表1-3　2005年临沂市主产区桃园面积、产量统计表

县区	面积（hm²）	产量（万t）
蒙阴	15 200	32.1
沂水	6 133	8.3
平邑	4 867	5.3
费县	4 867	5.9
苍山	4 533	5.9
莒南	1 933	3.3
沂南	1 133	2.7
兰山区	1 133	2.4

表 1-4 2003 年临沂产桃 2 500t 以上乡镇一览表

产量（t）	乡 镇
20 000～40 000	蒙阴岱崮、蒙阴桃曲、蒙阴野店
10 000～20 000	沂南砖埠、蒙阴常路、苍山车辋、蒙阴高都、沂水富官庄、平邑地方、蒙阴旧寨、费县梁邱、苍山层山、沂水高庄、郯城李庄
5 000～10 000	苍山南桥、苍山仲村、沂水四十里、沂水姚店子、费县费城、苍山仲村、沂南铜井、沂南张庄、兰山李官、费县朱田、沂水杨庄、兰山白沙埠、蒙阴坦埠、河东汤头、费县上冶、沂水诸葛、蒙阴界牌
2 500～5 000	沂南界湖、莒南团林、莒南大店、临沭朱仓、莒南壮岗、蒙阴蒙阴镇、沂南辛集、兰山半程、莒南石莲子、沂南青驼、沂南孙祖、费县田庄

第二节 不规范生产造成的问题

1. 管理不规范，造成不适地区盲目发展。

2. 技术不规范，造成盲目引种，果品质量差，果品农药残留重，很难和国际市场接轨。

3. 标准不统一，造成造成市场混乱，优质不优价，挫伤果农管理积极性。

4. 品种品名、商品名不统一，造成品种混乱，果品不成规模，很难形成市场。

第二章　桃树生产的相关标准

第一节　桃标准化栽培的概念

近年来全国果树生产发展迅速，种植面积与产量增长较快，果品市场趋于饱和，有些品种已“供大于求”。再加之消费者对果品质量要求日益增高，而很多分散农户生产出的水果产品安全性和质量都难以适应市场需求，特别是加入WTO后，我国出口农副产品面临的技术壁垒（TBT）、绿色壁垒（SPS），更限制了水果的出口，“卖果难”成了果业持续发展的“瓶颈”，要突破“瓶颈”，实现果树生产的新跨越，推行果树标准化生产势在必行。为此，2003年国务院办公厅发出了《进一步做好农业标准的通知》，要求相关部门和相关大专院校专家、学者以及果树生产单位紧急行动起来，尽快解决这个问题，推行果树标准化生产，推进农业产业化发展，应对入世挑战，提高农产品质量安全水平，增强农产品市场竞争能力，增加农民收入，适应社会主义市场经济发展的迫切需。

所谓农业标准化，指的是根据人们的需求，按照科学的标准，采用相应的技术，生产具有一定规格尺寸、质量水平和包装形式的农产品的过程。即农业标准化所追求的农产品必须具有统一的标准，一定的规格，一定的质量，一定的包装。尽管不同的产品标准不同，但是总的原则应该是：在规格上，愈方便食用和使用为愈好；在质量上，愈有利于人体健康愈好；在包装上，愈符合人们的审美需求和愈能反映产品的特色愈好。标准化生产是提高农产品质量的重要手段，农业标准化是提高我国农业生产效率和农产品质量、应对“入世”挑战的有力武器。建立农业标准化体系的目的在于指导、规范农业产、加、销等全部活动，以促进农产品及其加工制成品质量、科技含量的不断提高，实现社会、经济、生态效益的最大化。构建农业标准化体系，必须以质量为中心，以市场为导向，以科技为动力，以生产为基础，以农产品等级制度为重点，初步建立农产品生产、加工、贮藏、销售全过程以及操作环境和安全控制等方面的标准体系，把农业生产的产前、产中、产后诸环节纳入标准化管理轨道，逐步形成与国际、国家和行业相配套的标准体系，不断扩大试点范围，积极、全面实行农业标准化；建立农业标准化体系的目的在于应用，应通过贯彻实施体系中的标准指导农业生产，降低农业产品成本，提高农产品质量。向农业产业单位和广大农民宣传贯彻标准，严格按标准组织生产。各农业产业单位应根据标准体系中涉及的生产环境、生产资料、产品质量、产品加工、标志、包装、运输、贮存（保鲜）等标准的要求，正确采购和使用生产资料，科学规范生产的各个环节，保证生产出符合标准规定的合格产品同时要加强对农产品质量的监测，农产品质量监测体系既是农业标准化重要的环节，也是衡量农业标准化工作成效的重要手段。

实施桃树标准化生产，主要应抓以下几个环节：

1. 科学制定桃树标准化生产的具体标准，各地根据国家的标准，制定符合当地的具体标准，加强科学调研，使标准切实可行，制定的标准要做到科学化、标准化、规范化，操作性要强。

2. 加强对标准化的宣传，加大宣传和示范力度，让果农能够亲眼看到农业标准化的作用，提高自觉贯彻执行农业标准化的能力。在具体实施过程中，要把果业标准化的实施与发展果业产业化有机结合起来，重视标准的配套，把果业标准化渗透到果业产业化的全过程中去。建立符合统一标准的果园，包括土壤、叶分析、病虫害统防统治、农药管理及喷药规程、果园生态平衡、果园田间记录表等；制定符合标准化生产技术手册并据此对果农的各个生产环节进行培训，使果农熟练操作各项技术。同时重点搞好桃树标准化生产的示范园、示范村、示范乡的建设，用示范典型引导标准化生产。

3. 加强监测体系建设，监测体系既是果业标准化重要的环节，也是衡量果业标准化工作成效的重要手段，要对桃树生产的各个技术环节进行监测，整合各种技术要素，分析技术措施对果品质量的影响，以期达到预期效果。充分发挥果农协会的纽带作用，使单个果农的分散生产行为形成高度统一的规模生产方式，督促果农严格地执行标准化的各项规定，提高果农管理桃园的标准化水平。

4. 努力扭转传统产销观念，要加大媒体宣传力度，使桃园标准化知识深入生产和消费的各个层次，形成全社会认识桃树标准化的氛围。

5. 加大产前、产后的监管力度，要净化农资市场，杜绝投入品污染；要净化果品批发市场和大型超市，按标准检测桃果农药残留及其包装物，严格市场准入，促使生产的标准化，重点从提高优果率、产后商品化、果农组织化、营销品牌化等措施上下功夫。

第二节　桃树生产环境质量标准

一、产地生态环境质量要求

为了保证绿色食品桃的质量，合理选择符合绿色食品生产要求的环境条件，防止人类生产和生活活动产生的污染对绿色食品产地的影响，并促进生产者通过综合措施增施改进土壤肥力，绿色食品桃产地生态环境质量符合 NY/T 391—2000 标准，生产基地应选择在无污染和生态条件良好的地区，基地选点应远离工矿区和公路铁路干线，避开工业和城市污染源的影响，果园土壤不含天然有害的物质，园片未施有毒有害的有机物和无机物。经环保部门检测，基地的大气、水质、土壤等各项指标均符合生产绿色果品的标准。同时绿色食品生产基地应具有可持续的生产能力。

二、土壤质量

1. 农产品安全质量无公害水果产地环境要求　农产品安全质量无公害水果产地环境要求符合 GB/T 18407.2—2001 的要求，其中对重金属、农药残留量有严格的要求。重金属及其他有害物质限量见表 2-1，农药最大残留限量见表 2-2。

表 2-1　重金属及其他有害物质限量

项　目	指　标 mg/kg
砷（以 As 计）	≤0.5
汞（以 Hg 计）	≤0.01
铅（以 Pb 计）	≤0.2
铬（以 Cr 计）	≤0.5
镉（以 Cd 计）	≤0.03
氟（以 F 计）	≤0.5
亚硝酸盐（以 $NaNO_2$ 计）	≤4.0
硝酸盐（以 $NaNO_3$ 计）	≤100

表 2-2　农药最大残留限量

项　目	指　标 mg/kg
马拉硫磷	不得检出
对硫磷	不得检出
甲拌磷	不得检出
甲胺磷	不得检出
久效磷	不得检出
氧化乐果	不得检出
甲基对硫磷	不得检出
克百威	不得检出
水胺硫磷	≤0.02
六六六	≤0.2
DDT	≤0.1
敌敌畏	≤0.2
乐果	≤1.0
杀螟硫磷	≤0.4
倍硫磷	≤0.05

（续）

项　目	指　标 mg/kg
辛硫磷	≤0.05
百菌清	≤1.0
多菌灵	≤0.5
氯氰菊酯	≤2.0
溴氰菊酯	≤0.1
氰戊菊酯	≤0.2
三氟氯氰菊酯	≤0.2

注：未列项目的农药残留限量标准各地区根据本地实际情况按有关规定执行。

2. 无公害食品桃生产的土壤环境条件　无公害桃产地，应选择生态条件良好，远离污染源，并具有可持续生产能力的农业生产区域，土壤质量符合 NY 5113—2002 要求（见表 2-3）。

表 2-3　无公害食品桃对土壤环境质量要求

项　目		含量限值		
		pH<6.5	pH6.5～7.5	pH>7.5
总砷/（mg/kg）	≤	40	30	25
总镉/（mg/kg）	≤	0.30	0.30	0.60
总汞/（mg/kg）	≤	0.30	0.50	1.0
总铜/（mg/kg）	≤	150	200	200
总铅/（mg/kg）	≤	250	300	350

注：本表所列含量限值适用阳离子交换量>5cmol/kg 的土壤，若≤5cmol/kg 时，其含量限值为表内数值的半数。

3. 绿色食品桃生产的土壤环境条件

①绿色食品桃对土壤环境质量要求较高，本标准按耕作方式的不同分为旱田和水田两大类，每类又根据土壤 pH 的高低分为三种情况，即 pH=6.5～7.5，pH>7.5。绿色食品产地各种不同土壤中的各项污染含量不应超过表 2-4 所列的限值。

②为了促进生产者增施有机肥，提高土壤肥力，生产 AA 级绿色食品桃时，转化后的耕地土壤肥力要达到土壤肥力分级 1～2 级指标（表 2-5）。生产 A 级绿色食品桃时，土壤肥力作为参

考指标。土壤肥力的各个指标，Ⅰ级为优良、Ⅱ级为尚可、Ⅲ级为较差。供评价者和生产者在评价和生产时参考。生产者应增施有机肥，使土壤肥力逐年提高。

表2-4 土壤中各项污染物的含量限度（mg/kg）

耕作条件	旱田			水田		
pH	<6.5	6.5～7.5	>7.5	<6.5	6.5～7.5	>7.5
镉	0.30	0.30	0.40	0.30	0.30	0.40
汞	0.25	0.30	0.35	0.30	0.40	0.40
砷	25	20	20	25	20	15
铅	50	50	50	50	50	50
铬	120	120	120	120	120	120
铜	50	60	60	50	60	60

注：①果园土壤中的铜限量为旱田中的铜限量的一倍；②水旱轮作用的标准值取严不取宽。

表2-5 土壤肥力分级参考指标

项目	级别	旱地	水田	菜地	园地	牧地
有机质(g/kg)	Ⅰ	>15	>25	>30	>20	>20
	Ⅱ	10～15	20～25	20～30	15～20	15～20
	Ⅲ	<10	<20	<20	<15	<15
全 氮(g/kg)	Ⅰ	>1.0	>1.2	>1.2	>1.0	—
	Ⅱ	0.8～1.0	1.0～1.2	1.0～1.2	0.8～1.0	—
	Ⅲ	<0.8	<1.0	<1.0	<0.8	—
有效磷(mg/kg)	Ⅰ	>10	>15	>40	>10	>10
	Ⅱ	5～10	10～15	20～40	5～10	5～10
	Ⅲ	<5	<10	<20	<5	<5
有效钾(mg/kg)	Ⅰ	>120	>100	>150	>100	—
	Ⅱ	80～120	50～100	100～150	50～100	—
	Ⅲ	<80	<50	<100	<50	—
阳离子交换量(cmol/kg)	Ⅰ	>20	>20	>20	>15	—
	Ⅱ	15～20	15～20	15～20	15～20	—
	Ⅲ	<10	<20	<20	<15	—
质 地	Ⅰ	轻壤、中壤	中壤、重壤	轻壤	轻壤	砂壤—中壤
	Ⅱ	砂壤、重壤	砂壤、轻黏土	砂壤、中壤	砂壤、中壤	重壤
	Ⅲ	砂土、黏土	砂土、黏土	砂土、黏土	砂土、黏土	砂土、黏土

三、大气环境标准

绿色食品桃生产产地的环境质量要求符合国家 NY/T 391 要求，基地选点应选择在无污染和生态条件良好的地区，应远离工矿区和公路铁路干线，避开工业和械市污染源的影响，绿色果品（桃）生产基地的大气环境不能受到污染。大气的污染物主要有二氧化硫、氟化物、氮氧化物、粉尘等。这些污染物直接妨碍桃树的光合作用，伤害树体生长。人们食用被污染的大气环境中生产出的桃果，也会因慢性中毒而使身体受到伤害。因此，绿色食品产地空气中各项污染物含量不应超过表2-6 所列的浓度值。

表 2-6　空气中各项污染物的浓度限值 mg/m^3（标准养成）

项　　目	浓度限值	
	日平均	1小时平均
总悬浮颗料物（TSP）	0.30	—
二氧化硫（SO_2）	0.15	0.50
氮氧化物（NO_x）	0.10	0.15
氟化物（F）	7（$\mu g/m^3$）	20（$\mu g/m^3$）
	1.8 [μg/（$dm^2 \cdot d$）]（挂片法）	

注：①日平均指任何一日的平均浓度；②1 小时平均指任何一小时的平均浓度；③连续采样 3 天，一日 3 次，晨、午和夕各一次；④氟化物采样可用动力采样滤膜法或用石灰滤纸挂片法，分别按各自规定的浓度限值执行，石灰滤纸挂片法挂置 7 天。

四、灌溉用水质量标准

绿色果品（桃）的农田灌溉用水必须清洁无毒，禁止使用工矿企业和城市排出的废水、污水灌溉。绿色食品产地农田灌溉水中各项污染物含量不应超过表 2-7 所列的浓度值。

表 2-7　农田灌溉水中各项污染物的浓度限值

项　　目	浓 度 质 量
pH	5.5～8.5
总汞，mg/L	0.001
总镉，mg/L	0.005
总砷，mg/L	0.05
总铅，mg/L	0.1
六价铬，mg/L	0.1
氟化物，mg/L	2.0
粪大肠菌群，个/L	10 000

注：灌溉菜园用的地表水需测粪大肠菌群，其他情况不测粪大肠菌群。

第三节　桃果品质量标准

一、感官要求

无公害食品桃感官要求见表 2-8。

表 2-8　无公害食品桃感官要求

项　　目		指　　标
质　量		果实充分发育，新鲜清洁，无异常气味或滋味，不带不正常的外来水分，具有适于市场或贮存要求的成熟度
果　形		果形具有本品种应有的特征
果　皮		果皮颜色具有本品种成熟对应具有的色泽
横　径，mm		极早熟品种≥60
		早熟品种≥65
		中熟品种≥70
		晚熟品种≥80
		极晚熟品种≥80
外　观		无缺陷（包括刺伤、碰压、磨伤、雹伤、裂伤、病伤）
容许度	产地验收，%	≤3
	发货站验收，%	≤5

注：某些品种果形小，如白风桃，横径等级的划分不按此规定。

二、理化要求

1. 无公害桃果的理化要求应符合表2-9的规定。

表2-9 无公害桃果理化要求

品种/项目	极早熟品种	早熟品种	中熟品种	晚熟品种	极晚熟品种
可溶性固形物（20℃），%	≥8.5	≥9.0	≥10.0	≥10.0	≥10.0
总酸（以苹果酸计），%	≤2.0	≤2.0	≤2.0	≤2.0	≤2.0
固酸比	≥10	≥10	≥10	≥10	≥10

2. 绿色食品桃果的理化要求应符合表2-10的规定。

表2-10 绿色食品（鲜桃）的理化要求

项目 \ 品种	极早熟品种	早熟品种	中熟品种	晚熟品种	极晚熟品种
可溶性固形物（20℃），%	≥8.5	≥9.0	≥10.0	≥10.0	≥10.0
总酸（以苹果酸计），%	≤2.0	≤2.0	≤2.0	≤2.0	≤2.0
固酸比	≥10.0	≥10.0	≥10.0	≥10.0	≥10.0

三、卫生要求

1. 无公害食品桃果卫生要求应符合表2-11的规定。

表2-11 无公害食品桃果卫生要求

项　目	指　标
砷，mg/kg	≤0.1
铅，mg/kg	≤0.05
镉，mg/kg	≤0.03
汞，mg/kg	≤0.005

（续）

项 目	指 标
氟，mg/kg	≤0.5
铬，mg/kg	≤0.1
六六六，mg/kg	≤0.05
滴滴涕，mg/kg	≤0.05
敌敌畏，mg/kg	≤0.1
乐果，mg/kg	≤0.5
多菌灵，mg/kg	≤0.2
溴氰菊酯，mg/kg	≤0.05
氯氰菊酯，mg/kg	≤1.0
氰戊菊酯，mg/kg	≤0.1
杀螟硫磷	不得检出
倍硫磷	不得检出
马拉硫磷	不得检出
对硫磷	不得检出
甲拌磷	不得检出
氧化乐果	不得检出

注：其他农药残留限量应符合 NY/T 393 的规定。

2. 绿色食品桃果的卫生要求应符合表 2－12 的规定，其卫生方面要求涉及二氧化硫、氟、砷和汞、镉、铬、铅、铜等重金属元素的卫生限量，以及在生产中使用量大、对果品食用安全有较大影响的化学农药的残留限量，均采用了相应的国家标准。

表 2－12 绿色果品（鲜桃）的卫生要求 mg/kg

项 目	指 标
砷	≤0.1
铅	≤0.05
镉	≤0.03
汞	≤0.005
氟	≤0.5
铬	≤0.1
六六六	≤0.05
滴滴涕	≤0.05
敌敌畏	≤0.1

（续）

项　目	指　标
乐果	≤0.5
多菌灵	≤0.2
溴氰菊酯	≤0.05
氯氰菊酯	≤1.0
氰戊菊酯	≤0.1
杀螟硫磷	不得检出
倍硫磷	不得检出
马拉硫磷	不得检出
对硫磷	不得检出
甲拌磷	不得检出
氧化乐果	不得检出

注：其他农药残留限量应符合 NY/T 393 的规定。

3. 农产品安全质量无公害水果安全要求应符合 GB 18406 的要求，水果中有毒有害物质含量控制在标准规定限量范围内，重金属及其他有害物质限量见表 2-13、农药最大残留量见表 2-14。

表 2-13　重金属及其他有害物质限量

项　目	指　标 mg/kg
砷（以 As 计）	≤0.5
汞（以 Hg 计）	≤0.01
铅（以 Pb 计）	≤0.2
铬（以 Cr 计）	≤0.5
镉（以 Cd 计）	≤0.03
氟（以 F 计）	≤0.5
亚硝酸盐（以 $NaNO_2$ 计）	≤4.0
硝酸盐（以 $NaNO_3$ 计）	≤400

表 2-14　农药最大残留量

项　目	指　标 mg/kg
马拉硫磷	不得检出
对硫磷	不得检出
甲拌磷	不得检出
甲胺磷	不得检出

（续）

项　目	指　标 mg/kg
久效磷	不得检出
氧化乐果	不得检出
甲基对硫磷	不得检出
克百威	不得检出
水胺硫磷	≤0.02
六六六	≤0.2
DDT	≤0.1
敌敌畏	≤0.2
乐果	≤1.0
杀螟硫磷	≤0.4
倍硫磷	≤0.05
辛硫磷	≤0.05
百菌清	≤1.0
多菌灵	≤0.5
氯氰菊酯	≤2.0
溴氰菊酯	≤0.1
氰戊菊酯	≤0.2
三氟氯氰菊酯	≤0.2

注：未列项目的农药残留限量标准各地区根据本地实际情况按有关规定执行。

第四节　桃树生产过程标准简介

一、无公害食品桃生产规程简介

本规程涉及无公害桃生产园地选择与规划、栽植、土肥水管理、整形修剪、花果管理、病虫害防治和果实采收等技术。

1. 园地选择与规划　园地选择：土壤质地以砂壤土为主，pH 4.5～7.5，但以 5.5～6.5 微酸性为宜，盐分含量≤1g/kg，有机质含量最好≥10g/kg，地下水位在 1.0m 以下。不在重茬地建园。产地环境水质和大气质量符合 NY 5113 规定的要求。

2. 园地规划　平地小区划分一般以 6.67～13.3 公顷为宜，

山区、丘陵地以3.33～5.33公顷为一小区。小区形状以长方形为好。通常山地小区的长边与等高线的走向平行，根据园地面积大小，设置道路及排灌系统、防护林营造、分级包装房建设等。平地及坡度在6°以下的缓坡地，栽植行为南北向。坡度在6°～20°的山地、丘陵地，栽植行沿等高线延长。

3. 品种选择 选择品种为脆蜜桃。

4. 栽植 苗木采用一年生或二年生苗，苗木品种与砧木纯度≥95%，侧根数量≥4条，侧根粗度≥0.3cm，长度≥15cm，苗木粗度≥0.5cm，高度≥70cm，茎倾斜度≤15°，整形带内饱满叶芽数≥5个，接芽饱满、未萌发、无根癌病和根结线虫病、无介壳虫。栽植时期选择秋天栽或春天，栽植密度：株行距为2m×4m；栽植方法：定植穴大小为80cm×80cm×80cm。栽植穴或栽植沟内施入有机肥。栽植前，对苗木根系用1%$CuSO_4$溶液浸5分钟后再放到2%石灰液中浸2分钟进行消毒。栽苗时要将根系舒展开，苗木扶正，嫁接口朝迎风方向，边填土边轻轻向上提苗、踏实，使根系与土充分密接，栽植深度以根颈部与地面相平为宜，种植完毕后，立即灌水。

5. 土肥水管理 土壤管理：深翻改土：每年秋季果实采收后结合秋施基肥深翻改土。在定植穴外挖环状沟或平行沟扩穴深翻，沟宽50cm，深30～45cm。全园深翻深度为30～40cm。土壤回填时混入有机肥，然后充分灌水；中耕：果园生长季降雨或灌水后，及时中耕松土，中耕深度5～10cm；覆草和埋草：覆盖材料可以用玉米秸、干草等。把覆盖物覆盖在树冠下，厚度10～15cm，上面压少量土；种植绿肥和行间生草：种植间作物以豆科植物和禾本科植物为宜，通过刈割翻埋于土壤或覆盖于树盘。

施肥：施肥原则，允许使用的肥料种类，使用肥料应注意的事项，见无公害桃生产技术规程。基肥：秋季果实采收后施入，以农家肥为主，混加少量化肥。施肥量按1kg桃果施1.5～2.0kg优质农家肥计算，施用方法以沟施为主，施肥部位在树冠投影范围内。施肥方法为挖放射状沟、环状沟或平行沟，沟深30～45cm，以达到主要根系分布层为宜；追肥：果实发育前期追肥以氮磷肥为主；果实发育后期以磷钾肥为主。高温干旱期应按使用范围的下限施用，距果实采收期20天内停止叶面追肥。

水分管理：要求灌溉水无污染，芽萌动期，果实迅速膨大期和落叶后封冻前应及时灌水。设置排水系统，在多雨季节通过沟渠及时排水。

6. 整形修剪　主要树形：

三主枝开心形：干高40～50cm，选留三个主枝，在主干上分布错落有效，主枝方向不要正南；主枝分枝角度在40°～70°；每个主枝配置2～3个侧枝，呈顺向排列，侧枝开张角度70°左右。

二主枝开心形：干高40～50cm，两主枝角度60°～90°，主枝上着生结果枝组或直接培养结果枝。

修剪要点：

幼树期及结果初期：幼树生长旺盛，应重视夏季修剪。主要以整形为主，尽快扩大树冠，培养牢固的骨架，对骨干枝、延长枝适度短截，对非骨干枝轻剪长放，提早结果，逐渐培养各类结果枝组。

盛果期：修剪的主要任务是前期保持树势平衡，培养各种类型的结果枝组。中后期要抑前促后，回缩更新，培养新的枝组，防止结果部位外移。结果枝组要不断更新，重视夏季修剪。

7. 花果管理　疏花疏果：根据品种特点和果实成熟期，通过整形修剪、疏花、疏果等措施调节产量，一般每667m^{2}产量1 250～2 500kg。疏花在大蕾期进行；疏果从落花后两周到硬核期进行。具体步骤先里后外，先上后下；疏果首先疏除小果、双果、畸形果、病虫果；其次是朝天果、无叶果枝上的果。选留部位以果枝两侧、向下生长的果为好。长果枝留3～4个，中果枝留 2～3 个，短果枝、花束状结果枝留一个或不留。

果实套袋：在定果后及时套袋。套袋前要喷一次杀菌剂。解袋一般在果实成熟前 10～20 天进行，果实成熟前雨水集中时可不解袋。

8. 病虫害防治　防治原则：以农业和物理防治为基础，提倡生物防治，按照病虫害的发生规律和经济阈值，科学使用化学防治技术，有效控制病虫害。

农业防治：合理修剪，保持树冠通风透光良好；合理负载，保持树体健壮。采取剪除病虫枝、人工捕捉、清除枯枝落叶、翻树盘、地面秸秆覆盖、地面覆膜、科学施肥等措施抑制或减少病虫害发生。

物理防治：根据病虫害生物学特性，采取糖醋液、黑光灯、树干缠草把、黏着剂和防虫网等方法诱杀害虫。

生物防治：保护瓢虫、草蛉、捕食螨等天敌，利用有益微生物或其代谢物，如利用昆虫性外激素、诱杀。

化学防治：根据防治对象的生物学特性和为害特点，提倡使用生物源农药、矿物源农药（如石硫合剂和硫悬浮剂），禁止使用剧毒、高毒、高残留和致畸、致癌、致突变农药。使用农药时严格控制施药量与安全间隔期，并遵照国家有关规定。

主要病虫害：

主要病害有：流胶病、炭疽病、疮痂病等。

主要虫害有：桃蛀螟、桃芽、桑白蚧、桃红颈天牛、桃胡蜂等。

9. 果实采收、包装和贮藏　采收前做好准备工作。脆蜜桃成熟时可下树销售，采收时按顺序从树顶由上往下，由外向里采摘，避免刺伤，所用筐要用软质材料衬垫，然后分级包装：根据果子大小和美观度分为一级、二级、等外三个档次，包装好以后，迅速送往销售点或冷库贮藏。

二、绿色食品桃生产规程简介

绿色食品生产过程控制是绿色食品质量控制的关键环节，绿色食品生产过程标准是绿色食品标准体系的核心。绿色食品生产过程标准包括两部分：生产资料使用准则和生产操作规程。生产资料使用准则是对生产绿色食品过程中物质投入的一个原则性的规定，它包括农药、肥料、兽药、水产养殖用药、食品添加剂和饲料添加剂的使用准则。生产绿色食品农药使用准则是指绿色食品生产应从作物病虫草等整个生态系统出发，综合运用各种防治措施，创造不利于病虫草害孳生和有利于各类天敌繁衍的环境条件，保持农业生态系统的平衡和生物多样化，减少各类病虫草害所造成的损失。

1. 生产绿色果品（桃）的病虫害综合防治技术　主要以农业和物理防治为基础，生物防治为核心，按照病虫害的发生规律和经济阈值，科学使用化学防治技术，有效控制病虫危害。农业防治措施主要是采取剪除病虫枝、清除枯枝落叶、刮除树干粗翘皮、翻树盘、地面秸秆覆盖、科学施肥等措施减少病虫害发生。物理防治主要是根据病虫生物学特性，采取糖醋液、树干缠草绳和频振杀虫灯等方法诱杀害虫。生物防治主要是人工释放赤眼蜂防治卷叶虫、食心虫，助迁和保护瓢虫、草蛉、捕食螨等天敌昆虫，防治蚜虫、叶螨，土壤施用白僵菌防治桃小食心虫，利用昆虫性外激素诱杀或干扰成虫交配。化学防治主要是根据防治对象的生物学特性和危害特点，允许使用生物源农药、矿物源农药和低毒有机合成农药，禁止使用剧毒高毒高残留农药。

允许使用的生物源农药、矿物源农药：

（1）生物源农药　包括微生物源农药、动物源农药、植物源农药。

微生物源农药：包括农用抗生素和活体微生物农药。农用抗生素主要有防治真菌病害的灭瘟素、春雷霉素、多抗霉素（多氧霉素）、井岗霉素、农抗120、中生菌素等；防治螨类的浏阳霉素，华光霉素。活体微生物农药主要有真菌剂蜡蚧轮枝菌，细菌剂苏云金杆菌、蜡质芽孢杆菌，核多角体病毒，拮抗菌剂，昆虫病原线虫，微孢子等。

动物源农药：昆虫信息素（或昆虫外激素）：如性信息素。

植物源农药：杀虫剂除虫菊素、鱼藤酮、烟碱、植物油等；杀菌剂大蒜素；拒避剂印楝素、苦楝、川楝素；增效剂芝麻素。

（2）矿物源农药　无机杀螨杀菌剂有硫制剂：硫悬浮剂、可湿性硫、石硫合剂等；铜制剂硫酸铜、王铜、氢氧化铜、波尔多液等；矿物油乳剂如柴油乳剂等。

禁止使用的农药品种：

（a）有机磷类高毒品种　对硫磷（1605、乙基1605、一扫光）、甲基对硫磷（甲基1605）、久效磷（纽瓦克、纽化磷）、甲胺磷（多灭磷、克螨隆）、氧化乐果、甲基异柳磷、甲拌磷（3911）、乙拌磷及杀螟硫磷（杀螟松、杀螟磷、速灭虫）、灭克磷（益收宝）、水胺硫磷、氯唑磷、硫线磷、杀扑磷、特丁硫磷、克线丹、苯线磷、甲基硫环磷等。

（b）氨基甲酸类高毒品种　灭多威（灭索威、灭多虫、万灵等）、呋喃丹（克百威、克螨威、卡巴呋喃）、丁硫克百威、丙硫克百威、涕灭威等。

（d）有机氯类高毒高残留品种　六六六、滴滴涕、三氯杀螨醇（开乐散，其中含滴滴涕）、林丹、甲氧DDT、硫丹。

（e）有机胂类高残留致病品种　福美胂、甲基胂酸锌（稻脚青）、甲基胂酸钙胂（稻宁）、甲基胂酸铁铵（田安）、福美甲胂等。

（f）二甲基甲脒类慢性中毒致癌品种　杀虫脒（杀螨脒、克死螨、二甲基单甲脒）。

（g）氟制剂类慢性中毒品种　氟乙酰胺、氟化钙等。

（h）其他品种　阿维菌素、克螨特等。

在生产中，要尽量选用农业、物理、生物的防治措施，必须采用农药防治时，应严格按照绿色果品生产使用农药准则合理选用农药，优先使用微生物农源农药（如农抗120、多氧霉素、苏云金杆菌、阿维菌素等）、植物源农药（如烟碱、除虫菊、印楝素乳油等）、昆虫生长调节剂（如灭幼脲3号、抗蚜威、扑虱灵等）、矿物源农药（如石硫合剂、波尔多液、柴油乳剂等）。可以限量使用低毒、低残毒农药，如扑海因、百菌清、吡虫啉、甲基托布津、乐斯本、灭扫利、尼索朗、杀灭菊酯等，这类农药在果树生长期内一般只允许喷1次。禁止使用剧毒、高毒、高残留或者具有致癌、致畸、致突变的农药。

2. 绿色果品（桃）施肥技术　肥料是果树提高产量与品质的基础，绿色食品生产使用的肥料必须是：一是保护和促进使用对象的生长及其品质的提高；二是不造成使用对象产生和积累有害物质，不影响人体健康；三是对生态环境无不良影响。并规定农家肥是绿色食品的主要养分来源。准则中规定生产绿色食品允许使用的肥料有七大类26种在AA级绿色食品生产中除可使用Cu、Fe、Mn、Zn、B、Mo等微量元素及硫酸钾、锻烧磷酸盐外，不使用其它化学合成肥料，完全和国际接轨。A级绿色食品生产中则允许限量地使用部分化学合成肥料（但仍禁止使用硝态氮肥），以对环境和作物（营养、味道、品质和植物抗性）不产生不良后果的方法使用。科学施肥是保证果树高产、稳产、优质、低成本和防止环境污染的重要措施，是建立高品质丰产栽培技术体系的基本技术。因此，施肥技术在绿色果品（桃）的栽培技术和产业化经营中中居于非常重要的位置。施肥可提高单产，改善果实品质，倘若施肥不当，则会造成果实品质下降，病虫害发生严重，还会积累更多的有毒有害物质，如施氮过多，会增加果实中的亚硝酸盐等致癌物质的积累。大量施用化肥，还会破坏生态平衡，污染土壤和水源。因此，在绿色果品生产中，必须严格选用肥料，控制生产过程中的肥料污染，所施用的肥料应为农业主管部门登记的肥料或免于登记的肥料。生产绿色果品使用的肥料种类主要有腐熟无毒无害的各种农家肥料和商品肥料，农家肥料包括堆肥、沤肥、厩肥、沼气肥、绿肥、作物秸秆肥、泥肥、饼肥等；商品肥料包括商品有机肥、腐殖酸类肥、微生物肥、有机复合肥、无机（矿质）肥、叶面肥、掺合肥等，掺合肥中有机氮与无机氮之比不超过1∶1。

有机肥料营养元素含量多，能够改善土壤理化性状，促进土壤有益微生物的活动，提高土壤缓冲作用和保肥能力。在绿色果品生产中，应大力提倡使用农家有机肥料。农家肥料无论采用何种原料（包括人畜禽粪尿、秸秆、杂草、泥炭等）制作堆肥，必须高温发酵，以杀灭各种寄生虫卵的病原菌、杂草种子，使之达到无害化卫生标准。高温堆肥卫生标准见表2-15；沼气发酵肥卫生标准见表2-16。

表2-15　高温堆肥卫生标准

项　目	卫生标准及要求
堆肥温度	最高堆温达50～55℃，持续5～7天
蛔虫卵死亡率	95%～100%
粪大肠菌值	10^{-1}～10^{-2}
苍蝇	有效地控制苍蝇孳生，肥堆周围没有活的蛆，蛹或新羽化的成蝇

表2-16　沼气发酵肥卫生标准

项　目	卫生标准及要求
密封贮存期	30天以上
高温沼气发酵温度	53±2℃持续2天
寄生虫卵沉降率	95%以上
血吸虫卵和钩虫卵	在使用粪液中不得检出活的血吸虫卵和钩虫卵
粪大肠菌值	普通沼气发酵10^{-4}～10^{-2}
蚊子、苍蝇	有效地控制蚊蝇孳生，粪液中无孑孓，池的周围无活的蛆蛹或新羽化的成蝇
沼气池残渣	经无害化处理后方可用

当前随着我国果树的集约化、产业化发展，仅施用有机肥不能完全满足果树优质高产栽培的需要。在有机肥料不够满足生产需要的情况下，化肥允许与有机肥配合施用，要求有机氮与无机氮之比不超过 1∶1，例如，施优质厩肥 1 000kg 加尿素 10kg（厩肥作基肥、尿素可作基肥和追肥用）。化肥也可与复合微生物肥配合施用，例如，厩肥 1 000kg，加尿素 5～10kg 或磷酸二铵 20kg，复合微生物肥料 60kg（厩肥作基肥，尿素，磷酸二铵和微生物肥料作基肥和追肥用）。最后一次追肥必须在收获前 30 天进行。禁止使用硝态氮肥。

3. 果品采后的安全贮运　绿色果品（桃）应是自然成熟，禁止使用催熟素、防落素等；在采后贮运期间，尽量不用防腐剂、杀虫菌剂、保鲜剂等，以免造成污染。可以采用中草药如野菊花、艾叶、高良姜、银杏制剂、苦楝等的浸提液，必要时可用低毒的噻菌灵（45％特克多悬浮液）和多抗酶素，有条件最好辐射处理。或选用无毒无害的天然制剂，如蜂胶既能杀菌又能成膜减少水分蒸发；高锰酸钾可吸收乙烯延缓衰老；卵磷脂是细胞膜的成分，安全无毒，用它浸果能抑制虎皮病发生。贮运过程中，包装宜用纸箱，采取箱内分隔和用泡沫塑料网袋进行内包装，并注意密封，以减少动物、微生物及周围环境对果品的污染。贮藏应采用机械物理方法，如地窖、冷风库等。

第三章　桃优良品种

第一节　水蜜桃品种

1. 早美　北京林果所1981年用庆丰×朝霞杂交，1990年育成，原代号81－10－13，极早熟桃品种。

果实近圆形，果个均匀，平均单果重97g，最大168g，果顶圆，缝合线浅，两侧较对称；果皮底色黄白，果面1/3以上着暗红色晕，成熟时果面近全面玫瑰红色，果面绒毛少，不易脱离；果肉白色，肉质细，柔软多汁，软溶质，纤维少，可溶性固形物含量9.5%～11%，味甜，略有香气，粘核，不裂核，为硬溶质桃。果实发育期50～55天，在北京地区6月上旬成熟，比春蕾早3～4天，比早花露早2天。

该品种树势强健，树姿半开张，成枝力强，枝条较细，复花芽较多，蔷薇形花，花粉量大，坐果率高，各类枝均能结果，丰产性好。应适时采收，过迟风味变淡，影响品质。

2. 北农早艳　原代号6～25，北京农业大学园艺系于1963年杂交，1979年定名。

果实近圆形，果顶圆微凹，缝合线浅而明显，两侧较对称，果形整齐，平均单果重134g，最大果250g；果皮底色浅黄绿色，具鲜红色晕，果皮中等厚，完熟后易剥离，茸毛中等；果肉绿白色，近核处与果肉同色，肉质致密，完熟后汁液多，风味甜，有香气，粘核，核中等大。可溶性固形物含量为10.4%，含糖量为7.29%，含酸量0.34%，含维生素C6.30mg/100g。果实发育期为75天；全年生育期205天左右，北京地区采收期在7月初。

该品种树势健壮，树姿半开张。花芽节位低，复花芽多，有花粉。可利用副梢结果，丰产性良好，坐果期注意疏果。宜分批采。

3. 日川白凤 日本山梨县田草小利幸氏从白凤桃的枝变中选出，1994年青岛农科所从日本引入。

果实圆形，端正，果顶平，梗洼窄浅，缝合线浅，果个大，平均单果重245g，最大315g；果面着色容易，成熟后全红，果面光洁，绒毛稀而短；果肉白色，肉硬，纤维少，果汁多，味甜，风味佳良，可溶性固形物14.6%，粘核，无裂核裂果现象。耐贮运性好，常温下可自然存放10～12天，商品性优良。白凤桃表皮绒毛较短，果色白里透红，艳丽无比，而且花色红艳，花果都有较高的观赏价值。果实发育期85～88天，鲁南地区7月初成熟，6月25日果实开始上色，7月2～5日果实艳红成熟。

树势中庸，树姿较开张，复花芽多，萌芽率高，成枝力中等。各类果枝均能结果，初结果树以长中枝结果为主。花粉多，异花结实率高，丰产性能好，栽后第二年结果株率达100%，平均单株坐果29个，株产6.86kg，666.7m^2产果754.6kg；用3年生树作砧树高接，第二年平均株产16.0kg，折合666.7m^2产果960kg，生理落果很轻。

4. 大久保 原产日本，为日本人大久保重五郎在1920年发现，1927年命名，是日本栽培面积最大的品种。

果形圆而不正，果个大，果重约230～280g，果顶圆而微凹，缝合线浅，两侧较对称，果形整齐；果皮浅黄绿色，阳面乃至全果着红色条纹，易剥离，绒毛中等；果肉乳白色，阳面有红色，仅核处红色，肉质致密柔软，汁液多，纤维少，香气中等，风味甜酸而浓，离核，可溶性固形物含量12.0%；果实发育期105天，北京地区7月底8月初成熟。

该品种树势中庸，树姿开张，花芽节位低，复花芽多，花粉多，丰产性良好。

5. 砂子早生 日本品种。上村辉男从购入的神玉、大久保品种的苗木中发现，推测是偶然实生，1994年引入我国。

果实椭圆形，两半部较对称，果顶圆平，平均果重165g，最大单果重果400g；果皮底色乳白，果面40%着红晕，茸毛较少，果皮易剥离；果肉乳白色，伴有少量红色素，硬溶质，果实硬度17.55kg/cm²，果肉硬度5.95kg/cm²，纤维中等，可溶性固形物10%～12%，风味甜，有香味，半离核，果实较耐贮运。果实发育期77天，青岛6月中下旬成熟。

该品种树势中等，树姿开张，结果枝粗壮，稍稀，单花芽多，花粉败育，需配置授粉树。

6. 仓方早生 日本品种。仓方英藏用（塔斯康×红桃）与实生种（不溶质的早熟品种）杂交选育而成，1951年定名，1966年引入我国。

果实椭圆形，两半部较对称，果顶圆平，平均果重157g，最大单果重果266g；果皮底色乳白，果面40%着红晕，茸毛较少，果皮不易剥离；果肉乳白色稍带红色，肉质致密，可溶性固形物10.5%～13.5%，风味甜，有香味；粘核，果实较耐贮运；果实发育期80天，6月底～7月初成熟。

该品种树势强健，树姿半开张，枝条粗壮，幼树以长果枝结果为主，随着树龄增长，中短果枝增多，花粉少，稔性低，需配置授粉树，产量中等。

7. 大珍宝赤月桃 日本品种，是由潍坊富岛果树研究所于1997年从日本引进，系日本桃树王国福岛县最新桃品种。

果实圆形，果顶平，属大果型，平均单果重280～350g；果实底色白色，茸毛短而稀，果面美观，果实全面鲜红色；果肉硬溶质，果肉致密多汁，可溶性固形物含量17%，味极甜，口感好，香气浓郁；粘核，不裂果，耐贮运，货架期长；潍坊地区，7月下旬至8月上旬果实成熟。

该品种树势健壮，适应性强，抗旱耐涝，抗病性强。自花结实，花粉量大，自花结实，丰产性好，4 年生产量可达 3 000 kg/666.7m²，着色好，品质优，不裂果，耐贮运，货架期长，商品价值高。

8. 美香桃 日本品种，为“夕空”品种的大果型枝变。

果实短椭圆形，果实大型，平均单果重 350g，最大 500g；果实底色白色，果实着色极易，全面鲜红色，树冠内膛亦全红色，果面洁净美观；果实硬溶质，致密多汁，汁液多，可溶性固形物含量 16%以上，口感香甜，甜酸可口，香气浓郁，品质极佳；耐贮运，货架期长。果实在山东潍坊地区 8 月中下旬成熟。

该品种树势稍强，花粉量大，自花结实，早果，丰产稳产，位于新川中岛之后。抗旱，无裂果、裂核。

9. 青研 1 号 青岛农科所从上海水蜜桃自然杂交时生苗中选育而成，原代号 86-2-18。

果实圆形，果顶微凹，缝合线浅而明显，梗洼中深，平均单果重 214g，最大单果重 348g；果实着鲜红色，美观；果肉白色，近皮部散生红色，肉脆，汁多味甜，可溶性固形物含量 11%，粘核。生育期 76 天，青岛地区 7 月初成熟。

该品种树势中庸，树姿半开张，早果丰产，花粉少，需配置授粉树，需冷量低，是一个早熟的硬溶质桃优良品种。

10. 北京晚蜜 北京市农林科学院林业果树研究所 1987 年在所内杂交种混杂圃内发现，亲本不详。

果实近圆形，平均单果重 230g，大果重 350g；果实纵径 7.11cm，横径 7.11cm，侧径 7.33cm；果顶圆，缝合线浅；果皮底色淡绿或黄白色，果面 1/2 着紫红色晕，不易剥离，完熟时可剥离；果肉白色，近核处红色：肉质为硬溶质，完熟后多汁，味甜；可溶性固形物含量 12%～16%。粘核，核重 7.6g。生育期 210 天左右，北京地区 10 月 1 日左右成熟。

该品种树势强健，树冠大，树姿半开张。花芽起始节位 1～2 节，复花芽较多。各类果枝均能结果。蔷薇形花，花粉多，自花授粉，丰产性强，5 年生树亩产可达 1 500kg。

11. 二十一世纪 河北省职业技术师范学校从（丹桂×雪桃）的 F_1 代进行自交获得的 F_2 代中选育出来的。

果形圆正，果顶平或微凸，缝合线浅，对称。平均单果重 350g，果面光洁。果皮不易剥离，果肉白色，无红色素，粘核，果汁中等，不溶质，粗纤维少，风味甜，无涩味，成熟度一致。鲜食品质优良。

生长势强，幼树中、长果枝占 60%～70%，短果枝和花束状果枝占 30%～40%；成龄树中果枝和长果枝占 30%～40%，短果枝和花束状果枝占 60%～70%。以中、短果枝和花束状果枝结果为主。生理落果轻，采前不易落果，丰产性强。抗寒性稍差，在河北保定以北地区栽培应注意防寒。

12. 冬雪蜜桃 1986 年于从青州蜜桃中选育出的一个极晚熟桃珍贵新品种。

平均单果重 125g，最大单果重 155g；底色淡绿，向阳面为玫瑰红色；果肉乳白色，肉质细腻，香味浓，脆甜可口，含糖量 18%，品质上等。半离核。在山东青州市 11 月上旬成熟。

该品种适应性强，山坡地、沙壤地、轻盐碱地都表现良好，而且结果早，栽后第二年见果，第三年投产，4 年生树亩产可达 1 500kg，盛果期亩产可达 2 500kg 以上。耐藏性强，极耐贮运，普通室内可贮至元旦，低温冷库中可贮至春节，仍保持色泽鲜艳，果肉脆甜，品质基本不变。

13. 新川中岛 日本长野县池田正元在福岛县从川中岛桃中选育成的新品种。

果实圆至椭圆形，果顶平或有小尖，缝合线不明显，平均果重 260～350g；果实全面鲜红，色彩艳丽，果面光洁，绒毛少而短；果肉黄白色，为软溶质，果汁多，风味甜，可溶性固形物 13.5%，粘核，核小。果实发育期 120 天，在鲁南地区果实 8 月上旬成熟。

该品种幼树生长强壮，新梢多次分枝，如配合2～3次摘心，当年即可形成稳定的丰产树体结构。进入大量结果以后，树势趋向中庸，生长稳定，新梢抽枝粗壮，萌芽率高，成枝力强，复花芽多。初果幼树以长、中果枝结果为主，盛果期以中、短果枝结果为主，占果枝总量的75%以上。虽无花粉，但柱头接受花粉能力较强，所以自然授粉坐果率较高，配置授粉品种效果更好。幼树成花容易，结果早，具有早果丰产特性。

14. 重阳红 河北省昌黎县农林局历时10年选育出来的晚熟桃新品种（大久保芽变），1991年鉴定命名。

果实近圆形，果顶平，单果重250～350g，最大700g；果皮稍厚，鲜红艳丽，茸毛少，不易剥离。果肉白色，细脆多汁，无纤维，适口性好；含可溶性固形物13.90%，含酸0.46%，维生素C含量3.62mg/100g（鲜重），离核，品质上等；耐贮运，常温下可贮10～15天。果实发育期150～160天，在昌黎地区9月上、中旬成熟。

该品种树势强健，树姿半开张，萌芽率与成枝力均强，以短果枝结果为主，副梢结实力强，结果枝寿命长。顶端优势明显，结果后如不注意内膛枝组的更新复壮，易造成结果部位外移；花朵为雌能花，无花粉，栽培时要配授粉树。

15. 深州蜜桃 原产河北深县，分红蜜与白蜜两个品系。

果实较大，椭圆形，果顶钝尖，平均单果重180g，最大果重在200g以上；梗洼狭深，缝合线深；果皮淡黄绿色，向阳面呈紫红色，茸毛多；果肉淡黄白色，近核处微红或白色，肉质致密，汁较少，味极甜，粘核。河北一带采收期为9月上、中旬。

该品种树势强健，枝条直立，叶片长、大，色浓绿。盛果期以中、短果枝结果为主，多单花芽，较丰产。在生长势较强的果枝上易发生单性结实现象，桃奴较多。

16. 安农水蜜 又名寿州特蜜，安徽农业大学于1986年发现的砂子早生桃的变异株。

果实长圆形或近圆形，果顶部平、圆或微凹，缝合线浅；果型特大，平均纵横径 9.8cm×8.0cm，平均单果重 250g，果面底色乳白微黄，上着美丽红霞，外观极美；果皮易剥，果肉乳白色，局部微带淡红色，细嫩多汁，香甜可口，品质极佳；可溶性固形物含量 11.5%～13.5%，半离核。果实发育期 78 天，6 月 18 日前后成熟。

该品种树姿较开张，枝条粗壮，叶片宽，有较强的早果性，幼树以中、长果枝结果为主，5～8 年生树以中、短果枝结果为主。有明显花果自疏现象，有利于果实的增大和品质的提高，易成花，无花粉，应注意配置授粉树。

17. 布目早生 日本爱知县品种，1951 年定名，1966 年引入我国。

果实长圆形，果顶圆平；平均单果重 100～133g，最大果重 250g；果皮底色乳黄，顶部和阳面着玫瑰色红晕，皮易剥离；果肉白色，近核处微红，肉质软溶，汁多，风味甜，有香气；可溶性固形物 9%～11%。核半离，无裂核。果实发育期 76 天，在河南郑州地区 6 月 19 日果实成熟。

该品种树势强健，树姿半开张，以长、中果枝结果为主。幼树旺长，花芽形成少，成年树花芽起始节位低，丰产。花为蔷薇型，花粉量多。在多雨年份果实存在腐顶、裂核现象。

18. 沙红桃 陕西省礼泉县沙红桃研究开发中心从中选育而成的早熟桃新品种，是仓方早生的浓红色芽变。

果实圆形至扁圆形，果顶凹入，平均单果重 285g，最大果重 512g，缝合线浅，两半部对称；果皮较厚，绒毛较少、短，全面着鲜红色；果实底色乳白，果肉白色，近核处与之同色，果实细腻硬脆，硬度大，味甘甜且芳香浓郁，汁液中，可溶性固形物 13%，纤维少。粘核，核小。果实发育期 78 天，7 月上旬果实成熟。

该品种树势生长健壮，树姿半开张，萌芽力强，成枝力强，长中、短果枝均能结果，以长中果枝结果为主，自然坐果率高，丰产性强、抗逆性强。

19. 早久保　大久保芽变，香山水蜜，北京、天津、河北等地有栽培。

果实近圆形，果顶圆，微凹，缝合线浅，两侧较对称，果形整齐，平均单果重154.0g；果皮淡绿黄色，阳面有鲜红色条纹及斑点，易剥离，茸毛少；果肉白色，皮下有红色，近核处红色，可溶性固形物含量为10.0%，肉质柔软，汁液多，风味甜，有香味，粘核；果实发育期为91天，7月上旬采收果实。

树势中等，树姿开张，花芽着生节位低，复花芽多，花粉多；丰产性良好。

20. 惠民蜜桃　惠民县大陈乡特有的大果型中熟优质桃品种。

果实圆形或长圆形，单果平均重240g，最大750g；果面底色黄白，覆红色霞彩，外观亮丽；果肉乳白色，近核处有红色放射状条纹，硬溶质，味甘甜，含可溶性固形物10%～13%，品质佳；粘核。耐运输，常温下可存放10～13天。生育期115～135天，实于8月5日到25日陆续成熟。

该品种树势健壮，枝条萌芽力高，成枝力强，各类枝都易成花，早果丰产性好。对土壤要求不严，抗旱性强，不太耐涝。

21. 上海水蜜　主要分布在江苏、浙江、上海一带，为一古老品种。

果实短椭圆形，果顶圆，稍凹入，梗洼椭圆形，中深，缝合线浅而明显，两端稍深，平均单果重160g左右，大果重190g；果实底色黄绿，阳面有鲜红霞，果皮中厚、较韧，绒毛中多，易剥离；果肉黄白色，近核处红色，肉质致密，含可溶性固形物13%～14%，汁液多，味甜，微酸，粘核。果实生育期125天，江苏、浙江、上海一带8月上、中旬成熟。

该品种树势强健或中等偏强，树姿半开张，萌芽率和成枝率均高，盛果期以中、短果枝结果为主，雄蕊花药瘦小，且不育，注意配置授粉树。

22. 莱山蜜 山东烟台市莱山区曲村发现的实生单株芽变，1995 年经烟台市果树专家鉴定命名。

果实近圆形，果实大，果顶略突出，缝合线明显，平均单果重 326g，最大单果重 510g；底色乳黄，阳面鲜红，成熟时，果面鲜红色；果肉乳白，肉质细密细腻，可溶性固形物含量14%～16%、甘甜多汁，品质上，耐贮运，不裂果。生育期 140 天左右，果熟期 9 月上中旬。

该品种树势强旺，树枝开张，成枝力强，副梢发生明显少于一般品种，长中短枝均能结果，以中、长果枝结果为主，结果早，自花结实率高，丰产稳产。

23. 早凤王桃 北京市大兴县大辛庄于 1987 年从固安县实验林场早凤桃芽变选育而成，1995 年北京市科学技术委员会鉴定命名。

果实近圆形稍扁，果顶平微凹，缝合线浅，平均单果重 250g，最大果重 420g；果皮底色白果面披粉红色条状红晕；果肉粉红色，近核处白色，不溶质，风味甜而硬脆，汁中多，含可溶性固形物 11.2%，半离核，耐贮运，品质上，可鲜食加工。果实生育期 75 天，在北京地区 6 月底 7 月初成熟。

该品种树势强健，结果后树势中庸，树姿半开张，萌芽力、成枝力中等，盛果期以中短果枝结果为主，早果性、丰产性良好。

24. 城阳大仙桃 青岛市城阳区果树站于 1993 年在夏庄镇安乐村桃园中发现的实生变异单株选育出的晚中熟优良品种，1996 年经省内外果树专家鉴定，1997 年由山东省农作物品种审定委员会审定、命名。

果实微扁圆形，果形整齐，果形对称性好，平均单果重 330g，最大 510g；果面底色黄绿色，阳面鲜红色，成熟时果面

90%着艳红色，茸毛中多；果肉黄白色或浅绿色，阳面略带红晕，肉质细脆，汁多，可溶性固形物13.6%，离核，无裂核，酸甜适口；果实耐贮运，一般室温可存放10天左右，果实8月下旬成熟。

该品种树势强健，树姿开张，幼树以中、长果枝结果为主，成年树以中、短果枝结果为主。自花授粉坐果率较高，丰产，但因该品种为大型果，特别是结果大树，内膛个别枝条易出现光秃无果现象，适应性、抗逆性较强。

25. 莱州仙桃　莱州市果树站在1987年全市桃品种资源普查中发现的一优良实生单株，历经10年选育而成的中晚熟新品种，1998年通过山东省农作物品种审定委员会审定。属硬肉桃品种。

果实近圆形，果顶微凹，平均单果重273g，最大果重780g，梗洼深而狭，缝合线浅而明显；果皮底色黄绿，成熟后红色鲜艳，果面茸毛稀少；果肉乳白色，近果皮和核的果肉略带粉红色，肉质致密，脆，可溶性固形物12.36%，甜酸适口，品质上乘；核小，离核，可食率97.1%，较大久保高1.1%，不裂果，耐贮运。果实发育期120天左右，8月下旬成熟。

该品种树势健壮，树势开张，萌芽力、成枝力均较强，树冠成形快。初结果期树以中、长果枝结果为主，成龄树长、中、短及花束状果枝均能结果，以中、短及花束状果枝结果为主。该品种花粉极少，自花授粉不能正常坐果，与大久保、麦香混栽桃园，自然授粉坐果率12.6%，坐果量可以满足正常生产需要，进行人工授粉坐果率可提高到60%以上。果实较耐贮运，采后室温下可贮藏10天左右。

26. 中华寿桃　山东省莱西市选育的一个极晚熟桃品种，1998年通过山东省农作物品种审定委员会审定。

果实倒阔心形或近圆形，果顶渐尖，梗洼深广，腹缝线明显，两半部对称，果个大，平均单果重350g，最大果重975g；

果皮底色黄绿，阳面有鲜红彩色，套袋果底色乳黄，色泽鲜红，着色面积达77%，果面光洁；果肉乳白色，近核处呈放射状红色，肉质硬脆而韧，味甘甜，汁液中多，可溶性固形物含量15%，高者达20%，粘核。果生生育期190～195天，10月中下旬成熟，不耐贮藏，在常温条件下可贮藏20多天，过熟易褐变。

该品种树势健壮，树姿直立，树冠圆头形，萌芽力强，成枝力中等，有明显的短枝结果性状，幼树以中长果枝结果为主，成龄树以中短果枝结果为主，易成花，自花授粉率高达53%，早期丰产性好，易裂果，套袋后可减轻。

27. 红清水 原产日本岗山市，从清水白桃园的偶发实生苗中选育的早熟红色芽变，1992年引入我国。

果实扁圆形，果个整齐，平均单果重300g，最大单果重500g；果皮底色乳白，果面全红，外观很美；果肉白色，肉质软，蜜汁多，可溶性固形物14%～16%，糖度高，味浓甜、香味浓，粘核。西安地区8月上旬成熟。

该品种有花粉，易栽培，丰产、稳产，管理容易见效快，还可作为大多数品种的授粉树。

28. 加纳言白桃 日本山梨县加纳言农协在浅间白桃中选育的芽变品种。

果实扁圆形，果个大，平均单果重350g，最大单果重650g；果实底色绿黄，着色浓红，外观美；果肉白色，肉质软，汁多，可溶性固形物含量12%～14%，糖度高；粘核；果实生育期94天，7月上旬成熟。

该品种有花粉，丰产，极耐贮运，可挂树上一月不软，品质极优。

29. 红雪桃 河南省浚县中华冬熟果树研究中心用大果型青色满城雪桃作母本，小果型红色冬桃作父本杂交育成。

果实扁圆形，有短尖角，一般单果重130～220g，最大单果重300g，果实缝合线两侧基本对称，果形端正；向阳面着有鲜艳的紫红色，背阳面为全黄色，果实红黄相间十分美观；果肉白色，肉质细，口感脆甜，含糖量20%～26.5%；果实与雪桃同期成熟上市，在河南北部地区10月25日成熟。

该品种树势健壮，树姿半开张，长、中、短果枝均能结果，但以长、中果枝结果为主，自花授粉，坐果率极高，具有丰产、优质、抗裂果性极强等优点。

30. 濑户内白桃　日本冈山山阳农园在冈山白中选育的芽变品种，硬肉桃品种。2000年引入我国。

果实扁圆形，平均单果重400g，最大单果重550g；果皮着全面红霞，外观干净美丽；果肉白色，硬溶质，果肉极细，汁多，核极小，可食率高可溶性固形物含量15%～17%，品质特佳；粘核。果实发育期145天，西安地区9月上旬成熟。

该品种树势强，树姿半开张，需冷量低，有花粉，自花结实率高，特丰产，易栽培。

第二节　油桃品种

1. 早丰甜　美国品种，是山东省果树研究所1993年由美国引入一批特早熟复选材料中选出。

果实近圆形，果实中大，平均单果重70g，大者88g，果顶扁平，稍凹，缝合线不明显，两半部对称，果柄粗短，着生牢固，梗洼浅狭；底色黄绿，几乎全面鲜红色，果皮油光亮泽，完熟时更加艳丽，外观美丽；果肉黄色，肉质致密细脆，汁液较多，酸甜适中，有香气，含可溶性固形物11%～12%，风味较好；粘核；较耐储运，在0～5℃条件下，可储藏20天以上；5月底成熟，发育期58天左右。

该品种树冠紧凑，幼树长势旺盛，结果后树势中庸，树姿开张。萌芽力和成枝力均强。各类果枝均能结果，以中长果枝结果为主。花芽形成极易，早果性强，对气候、土壤的适应性强，抗旱、不耐涝，根系好氧性强，宜在土地疏松，排水良好的沙壤土生长、黏重土生长不良。无特殊病虫害。

2. 早红珠 北京市农林科学院选育，亲本为京玉×美国阿肯色州A369，1988年育成，1994年定名。

果实近圆形，平均单果重90～100g，最大单果重120g，果顶圆平或微凹，缝合线浅，两侧较对称，果实整齐；果皮底白色，着明亮鲜红色，外观艳丽；果肉白色，软溶，质细，风味浓甜，香味浓郁，可溶性固形物11%；粘核；果实6月上旬成熟。

该品种树势中庸，树姿半开张，各类果枝均能结果，自花结实，坐果率高，丰产。

3. 曙光 中国农科院郑州果树所以丽格兰特×瑞光2号杂交选育而成。

果实长圆形，果型端正，果顶平，梗洼中深，缝合线浅，不明显，两侧对称，平均单果重96g，大果重162g；果皮底色黄绿，大部分果面着有鲜红至红色，外观艳丽；果肉黄色，质地较细，初熟时肉脆，晚熟后肉软，多汁，甜酸可口，富芳香，可溶性固形物含量12.7%；粘核，耐贮运；果实生育期65天，6月10日成熟。

该品种树势健壮，树冠开张，萌芽力、成枝力均强，幼树以中长结果枝结果为主，盛果期树以中短果枝结果为主，自花结实力强，抗旱、抗寒、不耐涝、不裂果，采收过晚易发生“烂顶”现象。

4. 早红宝石 郑州果树所以早红2号×瑞光2号杂交育成，1998年通过品种审定。

果实近圆形，果顶凹，缝合线浅而明显，平均单果重98.5g，大果重152g；果面底色乳黄，着宝石红色，光洁艳丽，极美观；果肉黄色，柔软多汁，风味浓甜，香气浓，可溶性固形物12%～13%，不裂果；粘核；果实发育期60～65天。莱西成熟期为6月上中旬。

该品种树势旺盛，萌芽力、成枝力均高，进入结果期后长势中庸，各类果枝均能结果良好，以中长果枝结果为主，适应性强，丰产。

5. 丹墨　北京市农林科学院1989年以（京玉×NJ76）×早红2号育成。

果实圆正，稍扁，果顶圆平，缝合线浅，过顶，两半部对称，梗洼深，广度中等，果实整齐，平均单果重97g，最大单果重130g；果皮底色绿白，果面着深红至紫红色，有不明显条纹，着色不均匀，充分成熟时，果顶及部分果面呈黑色；果肉黄色，果肉细、硬溶质，皮下红色较多，近核无红色，风味甜，香味中等，可溶性固形物10.1%，总糖6.57%，总酸0.55%，维生素C含量5.19mg/100g；粘核；果实发育期仅65天，北京地区6月中下旬成熟。

该品种树势中等，树姿半开张，以长中果枝结果为主，耐贮运，适应性、抗逆性强。

6. 超红珠　北京市农林科学院植保环保所培育的极早熟品种。

果实椭圆形，缝合浅浅，果形正，平均果重122g，最大果重293g；果面全面着浓红色，鲜艳亮丽；果肉乳白，脆甜可口，含可溶性，固形物12.1%，完熟后品质更佳，有典型中国水蜜桃风味；粘核；果实生育期55天，北京地区6月14～18日成熟，比早红珠成熟早7～10天。

该品种树势健旺，自花结实，花粉量大，坐果率极高，且成花容易，早产、丰产、稳产，是我国目前早熟露地桃和大棚桃的更新换代品种。

7. 丽春　北京市农林科学院植保环保所培育的极早熟品种。

果实近圆形，缝合线直，果形正，平均单果重128g，最大320g；果实底色乳白，全面着玫瑰红色，极其美观；果实白色，近表皮有红色素，半粘核，含可溶性固形物13.2%，脆甜可口，完熟后更加甜蜜，硬度高，耐贮运；果实生育期 53～55 天，北京地区 6 月 12～16 日成熟。

该品种树势健旺，树姿开张，蔷薇形花，花粉量中等，自花结实力强，果品等级率高，管理容易，特丰产。

8. 千年红 中国农业科学院郑州果树研究所以 90－6－10（白凤×五月火）为母本，以曙光为父本杂交而成，2000 年定名。

果实椭圆形，果形正，两半部对称，果顶圆，梗洼浅，缝合线，平均单果重 80g，最大果重 135g；果皮光滑，底色乳黄，果面鲜红色，成熟状态一致，果皮不易剥离；果肉黄色，红色素少，肉质硬溶，汁液中，纤维少，可溶性固形物 9%～10%，可溶性糖 6.67%，可滴定酸 0.516%，维生素 C4.33mg/100g；果核浅棕色，粘核，不碎核；果实生育期 55 天，在郑州 5 月 25 日成熟。

该品种树势中强，树姿半开张，萌芽力、成枝力均强，幼树以中长枝结果为主，进入盛果期后，长中短果枝均能结果。

9. 东方红 江苏丰县油桃研究所通过多年的精心培育，原代号 98－3，系华光品种的早熟枝变。

实近圆形，果顶平，两半较对称，果个大小一致、平均单果重 98g，最大果重 180g；果皮底色白，果面光亮无毛，80%着玫瑰红色或全红，鲜艳美观，果皮难剥离；果肉白，软溶，含可溶性固形物 10%，有红色素，粘核，风味浓甜，香气浓，连续三年，没发现裂果现象；果实发育期 45～50 天，在丰县 5 月 23～25 日成熟，比华光早熟 10～13 天。

树势中庸，树姿半开张，芽萌发率及成枝力均强，各类果枝均能结果，自花结实，极丰产。花为大花型，花瓣浅红色，花粉多，适应性强。

10. 玫瑰红 中国农业科学院郑州果树研究所以京玉×五月火杂交选育而成，2000 年定名，2003 年通过审定。

果实椭圆形，果形正，果顶尖圆，梗洼浅，缝合线浅，平均单果重 150g，最大果重 250g；果皮光滑，底色乳白，果面 75%～100%着玫瑰红色，果皮不易剥离；果肉乳白色，红色素少，肉质硬溶，汁液多，纤维少，果实风味甜，含可溶性固形物 11%，可溶性糖 9.2%，维生素 C11.10mg/100g，可滴定酸 0.31%；果核浅棕色，半离核；果实生育期 86 天，在郑州地区 6 月 25 日左右成熟。

该品种树势中庸，树姿开张，萌芽力、成枝力均强，幼树以中长枝结果为主，进入盛果期后，各类果枝均能结果，自花结实率高。

11. 双喜红 中国农业科学院郑州果树研究所以瑞光 2 号为母本，以 89－Ⅰ－4－12（25－17×早红 2 号）为父本杂交选育而成，2003 年通过审定。

果实圆形，果形正，两半部对称，果顶平，果尖凹入，梗洼浅，缝合线浅，平均单果重 170g，最大果重 250g；果皮光滑无毛，底色乳黄，果面着鲜红至紫红色，果皮不易剥离，成熟状态一致；果肉黄色，肉质硬溶，汁液多，纤维少，果实风味浓甜，含可溶性固形物 13%～15%，可溶性糖 10.01%，可滴定酸 0.48%，维生素 C8.8mg/100g；果核浅棕色，半离核至离核。果实生育期 90 天左右，郑州地区 6 月底 7 月初成熟。

该品种树势中庸，树姿较开张，幼树以中长枝结果为主，进入盛果期后，各类果枝均能结果，自花结实率较曙光好。

12. 中油桃 4 号 中国农业科学院郑州果树研究所育成。

果实椭圆形至卵圆形，果顶尖圆，缝合线浅，平均单果重 148g，最大单果重 206g；果皮底色黄，全面着鲜红色，艳丽美观，果皮难剥离；果肉橙黄色，硬溶质，肉质较细，风味浓甜，香气浓郁，可溶性固形物 14%～16%，品质特优；粘核；果实发育期 80 天，郑州地区 6 月中旬成熟。

该品种树势中庸，树姿半开张，萌芽力、成枝力中等，各类果枝均能结果，以中、长果枝结果为主，花粉多，极丰产。

13. 中油桃5号 中国农业科学院郑州果树研究所育成。

果实短椭圆形或近圆形，果顶圆，偶有突尖。缝合线浅，两半部稍不对称，果实大，平均单果重166g，大果可达220g以上；果皮底色绿白，大部分果面或全面着玫瑰红色，艳丽美观；果肉白色，硬溶质，果肉致密，耐贮运。风味甜，香气中等，可溶性固形物11%～14%，品质优，粘核。果实发育期72天，郑州地区6月中旬果实成熟。

该品种势强健，树姿较直立，萌发力及成枝力均强，各类果枝均对结果，以长、中果枝结果为主。花为铃型，花粉量多，丰产，果实成熟度高时，果肉变软变淡，应适当早采。

14. 瑞光22号 北京市农林科学院林业果树研究所1990年用丽格兰特×82-48-12杂交选育而成。

果实椭圆或卵圆形，果顶圆，果形整齐，缝合线浅，梗洼中等深宽，平均单果重150g，大果重196g；果皮底色黄色，中等厚，果面近全面着红色晕间有细点，完熟后紫红色，耐贮运，不裂果，不易剥；果肉黄色，肉质为硬溶质，细韧，近核同肉色、无红，味甜，含可溶性固形物11%，维生素C8.09mg/100g果肉，可溶性糖7.39%，有机酸0.37%，糖酸比约为20：1；果核浅棕色，核大，半离核，不裂核；果实发育期73天左右，北京地区7月初成熟。

该品种树势强健，树姿半开张，花粉多，丰产，为早熟黄色浓红型甜油桃。

15. 瑞光2号 北京市农林科学院林业果树研究所1981年用京玉×NJN76杂交选育而成育成，1997年定名。

果实近圆形，果形正，两半部对称，果顶平，平均单果重150g，最大果重225g；果皮底色黄，果面玫瑰红色，着色面积1/2，不离皮；果肉黄色，核周围无红色素，硬溶质，风味甜，汁中多，香味浓，可溶性固形物含量9.5%～11.0%；半离核。

果实发育期90天，北京地区7月上旬果实成熟。

该品种树势强，树姿半开张。花粉量多，丰产性强。

16. 瑞光7号　北京市农林科学院林果所1981用京玉×NJN76杂交育成，1989年命名，1997年通过审定。

果实近圆形，果顶圆，缝合线浅，两侧对称，果形整齐，平均单果重145g，大果重240g；果皮底色淡绿或黄白，果面1/2至全面着紫红或玫瑰红色点或晕，不易剥离；果肉黄白色，肉质细，硬溶质，耐运输，味甜或酸甜适中，风味浓，半离核或离核，含可溶性固形物9.5%～11.0%，可溶性糖8.065 2%，可滴定酸0.580 6%，维生素C 9.860 0mg/100g。果实发育期90天左右，北京地区7月中旬成熟。

该品种树势中等，树姿半开张，树冠较小，各类果枝均能结果，丰产性好，不足之处是果面光泽度不够。生产上要注意加强早期肥水供应，加强夏剪促进果实着色，控制留果量，防止树势早衰。

17. 红珊瑚　1988年北京市农林科学院植保环保所以秋玉×NJN76杂交选育而成，1997年通过审定。

果实近圆形，果顶部圆，呈浅唇状，两侧对称或较对称，平均单果重160g，最大203g；果皮底色乳白，着鲜红-玫瑰红色，有不明显的条斑纹；果肉乳白，有少量淡红色，硬溶质，质细，风味浓甜，香味中等，可溶性固形物11%～12%，可溶性糖80.7%，可滴定酸0.24%，维生素C18.26mg/100g；粘核；果实发育期94～96天，在北京地区7月21～25日成熟。

该品种树势旺盛，树姿半开张，幼树半直立，丰产、稳产，各类果枝结果良好，幼树以长果枝结果为主，花粉多，坐果率高。

18. 瑞光18号　北京市农林科学院林果研究所以丽格兰特×81-25-15杂交选育而成，1996年命名。

果实椭圆形，果顶圆，缝合线浅，两侧较对称，果形整齐，平均单果重 180g，最大果重 250g；果皮底色黄，果面近全面着紫红色晕，不易剥离；果肉为黄色，肉质细韧，硬溶质，耐运输，味甜，粘核，含可溶性固形物 10.0%；果实发育期 104 天，北京地区 7 月底成熟。

该品种树势强，树姿半开张，花粉多，丰产性强，不裂果，耐贮运，生产上要注意控制留果量，防止树势早衰。

19. 瑞光 19 号 北京市农林科学院林业果树研究所以丽格兰特×81-25-6 杂交选育而成。

果实近圆形，果顶圆，缝合线浅，果个均匀。平均单果重 150g，大果重 220g；果皮底色绿白，果面全面玫瑰红色，色泽亮丽，不易剥离；果肉白色，硬溶质，风味甜，可溶性固形物含量 12.0%，半离核，不裂果。北京地区 7 月下旬果实成熟。

该品种树势强，树姿半开张，花粉多，丰产性强。

20. 双红油桃 河北昌黎选育，原名特大甜油桃、9103。

果实近圆形，果顶圆平，部分果微凸，缝合线浅，两侧对称，果实整齐，平均单果重 236g，最大果 452g；果皮较厚，不易剥离，全面着鲜红色，外观极美，平原栽培无裂果，无果锈；肉质细脆，纤维中等，果汁多，可溶性固形物含量 13%～15%，风味浓甜，无酸味，香味浓郁；半离核，核重 10.6g，可食率达 95.5%；果实发育期 75 天，7 月中旬成熟。

树势强健，树姿开张，萌芽力及成枝力均强，成形快，以中长果枝结果为主，占结果枝总数的 70%以上，自花授粉结实率高，结果早。

第三节 加工桃品种

1. 黄露 又名连黄，由大连市农科所于 1960 年播早生黄金自然杂交育成。

果实椭圆形，果顶圆平，两半部对称；果实较大，平均单果重170g，最大215g；果皮橙黄色，不易剥离，茸毛中等；果肉橙黄色，肉质细，致密，肉层厚，不溶质，味甜酸；鲜食品质中等，加工形状好，7月下旬成熟；成熟度过高时果肉渗透红晕较多，若在七八成熟时采收，后熟3～5天，待色泽变黄，红晕即可减少。

该品种树势强健，树姿开张，以中长果枝结果为主，丰产。树体抗寒力强，花芽耐寒力稍差。

2. 罐5　日本农林水产省园艺试验场育成。

果实圆正，较对称，果顶略凹或平；平均单果重107g，最大果重250g；果皮金黄色，向阳面红晕较多，不易剥离；果肉橙黄色，几乎无红色，近核处无红晕，肉质细，韧性强，汁液少，属不溶质类型，味酸甜；粘核，7月下旬成熟。

该品种树势强健，树冠大，树姿直立，发枝力强。幼树以长果枝结果为主，成年树长、中、短枝均可结果，适应性强，结果性能好。

3. 金童5号　原产美国新泽西州，金童系列品种。

果实较大，平均单果重200～250g；果皮、果肉均金黄色，硬肉，粘核，果皮下及近核处均无红晕，最适宜加工出口罐头。7月中下旬成熟。

该品种成花容易，早果丰产。

4. 金童7号　原产美国新泽西州，金童系列品种。

果实近圆形，较大，平均单果重181g，最大果重250g；果顶圆或有小突尖，两半部较对称；果皮底色橙黄，果面大部分着红晕；果肉橙黄色，腹部稍有红晕，近核出无红色或微显红色，肉质不溶质，细密，韧性强，纤维少，汁液较少，香气中等，味酸多甜少，粘核，耐贮运。加工性能良好，利用率高，成品橙黄，有光泽。8月中下旬成熟。

该品种树姿半开张，树势稍强，各类果枝均能结果，以中长果枝结果为主，自花结实，丰产性较好，结果部位易外移，抗寒性较强。

5. 金童9号 原产美国新泽西州，金童系列品种。

果实圆形，平均单果重160g，最大果重210g；果顶平圆，缝合线中深，明显，两半部对称；果皮橙黄色，阳面有红晕，茸毛多，皮厚，不易剥离；果肉橙黄色，肉质细韧，不溶质，果汁少，风味酸甜，有香气，粘核。加工性能优良，9月初成熟。

该品种树姿半开张，树势中强，定植后3年开始结果，以中长枝结果为主，花粉多，坐果率高，丰产，应注意疏花疏果。

6. 黄金 国外引进，来源不详。

果实近圆形，平均单果重150g，最大果重200g；果顶圆，尖微凹；果皮金黄色，阳面着玫瑰红晕，皮较薄，可以剥离，茸毛较多、细短；果肉黄色，质细，柔软多汁，纤维较少，味甜，有香气，粘核。为品质优良的中晚熟黄肉鲜食、加工兼用品种，8月中下旬成熟。

该品种树势中庸，长、中、短果枝结果均好，花粉败育，需配置授粉树。适应性强，抗旱、抗寒、怕涝。

7. 佛雷德里克 系美国新泽西州育成，经法国国立农科院波尔多试验选出，以佛雷德里克本人定名1981年引入我国。

果实近圆形，果顶圆平，两半较对称，平均单果重136.2g，最大果重203.6g；果皮橙黄色，果面1/4具红色晕；果肉橙黄色，近核与肉同色，肉质不溶质，细韧，汁液中等，纤维少，粘核，罐藏吨耗1∶0.918，加工适应性优良，成品色泽橙黄，有光泽，外形整齐，质地柔软，细密，味甜酸适口，有香气。果实生育期105天，北京地区8月上旬成熟。

该树势强健，树冠大，以中、长果枝结果为主，丰产性好，抗冻力强，坐果率高，生理落果少。

8. 郑黄5号 郑黄5号（原代号1-6-23）是以日本罐桃14号为母本，连黄为父本杂交选育出的晚熟罐藏品种。

果实近圆形，整齐度高，果顶圆平，梗洼中窄，缝合线浅，两侧对称；果皮橙黄色，有深红色晕；大果型，平均果重 180g，最大果重 300g。粘核，核窝稍红；果肉橙黄色，细韧，不溶质、汁少，酸甜味浓，有香味，肉厚 3.0cm 左右，含可溶性固形物 12.8%，pH3.5，总酸含量 0.73%，维生素 C 含量 11.2mg/100g；果实成熟期 8 月下旬。

该品种树势强，树姿开张，花粉量多，自花授粉力强，坐果率高，栽培管理容易，抗性较强。

9. NJC83　美国品种。

果实圆形，果顶圆平，两半部对称，茸毛中等，平均单果重 130.2g，大果 253g；果皮底色橙黄，果面 10%～15%着红色斑点或晕；果肉橙黄色，无红色素，近核处无红色，不溶质，汁液中等，香气中等，风味酸甜，可溶性固形物 12.2%，可溶性糖 8.045%，可滴定酸 0.715%，维生素 C 12.84mg/100g，果实带皮硬度 15.63kg/cm^2，去皮硬度 9.85kg/cm^2；粘核，核尖小；果实发育期 98 天，在河南郑州地区 7 月 10～13 日成熟。

该品种树势强健，树姿半开张，以中、长果枝结果为主；果形圆整，无红色素，丰产性好，加工利用率高，采收成熟度可控制在 8.5～9 成熟，是一个优良的中早熟制罐品种。

10. 红港　原名 Redhaven，美国密执安州农业实验站以 Halehaven×Kalhaven 杂交选育而成，1997 年引入我国，制汁品种。

果实近圆形，果顶圆，顶点有小尖，缝合线中深，两侧较对称，单果重 130g，大果重 200g；果皮橙黄色，果皮橙黄色，果面着玫瑰红晕，茸毛少，皮中等厚，易剥离；果肉橙黄色，近核处少有红色，肉质稍粗，纤维中多，汁液中多，充分成熟后为软溶质，风味浓，酸甜适中，有香气；离核；果汁风味浓；果实发育期 97 天，在郑州地区 7 月中旬成熟。

该品种树势旺盛，树姿半开张，以中长果枝结果为主，坐果率高，采收成熟度控制在九成熟为好。

第四节 蟠桃品种

1. 早露蟠桃 北京市农林科学院林果研究所1978年以撒花红蟠桃与早香玉杂交选育而成。

果形扁平，果顶凹入，缝合线浅，平均单果重68g，最大95g；果皮底色乳黄，果面50%覆盖红晕，茸毛中等，皮易剥离；果肉乳白色，近核处微红，硬溶质，肉质细，微香，风味甜，可溶性固形物9.0%；粘核，核小，果实可食率高；果实发育期67天，6月10日果实成熟。

该品种树势中庸，树姿开张，各类果枝均能结果，丰产，易栽培管理。

2. 新红早蟠桃 陕西省果树研究所于1976年以撒花红蟠桃为母本、新端阳为父本杂交选育而成，原代号76-2-12，1982年定名。

果形扁平，两半部对称，果顶圆平凹入，缝合线中深，梗洼浅而广，平均单果重86g，最大果重132g；果皮底色浅绿白，果顶有鲜艳的玫瑰色点或晕，覆盖程度为40%～60%，外观美，茸毛中等，厚度中等，易剥离；果肉乳白色，近核处亦同色；阳面果肉微红，柔软多汁，纤维中等，芳香爽口，甜酸适中，可溶性固形物10.5%，可溶性糖7.95%，可滴定酸0.56%，维生素C 16.42mg/100g；核半离，极小，扁平；果实生育期70天，在陕西地区6月中旬成熟。

该品种树势强健，萌芽力强，发枝量多，长、中、短果枝均可结果，以长果枝结果为主，丰产性能好。

3. 美国红蟠桃 美国引入。

果实扁平，平均果重185g，最大400g；果面100%着艳红色，内膛果也能全面着色，鲜红夺目；硬溶质，可溶性固形物

14.2%，味特甜，品质极优；果核小，离核，无采前落果现象，抗裂果，即使遇长期阴雨亦不裂顶、裂果。在重庆地区7月上旬果实成熟，但6月下旬可采摘上市。

该品种自花结实，极丰产，较耐贮运，需冷量低，无枯芽现象。

4. 瑞蟠2号　北京市农林科学院林果所1985年用晚熟大蟠桃×扬州124蟠桃杂交育成，1989年初选，初选号为85-1-9，1996年命名。

果实扁平形，果顶凹入，两侧较对称，果形整齐，果实平整，平均单果重150g，大果重220g；果皮底色黄白色，能剥离，果面1/2着玫瑰红色晕；果肉黄白色，肉质细，为软溶质；味甜，可溶性固形物含量11.5%；粘核；北京地区7月中旬成熟。

该品种树势中等，树姿半开张，坐果率高，应注意疏果，极丰产。

5. 瑞蟠4号　北京市农林科学院林果所1985年用晚熟大蟠桃×扬州124蟠桃杂交育成，初选号为85-1-12，1994年命名。

果实扁平形，果顶凹入，两侧对称，果形整齐，平均单果重221g，大果重350g；果皮底色淡绿或黄白色，完熟时黄白色，不易剥离，果面1/2着深红色或暗红晕；果肉白色，肉质细，硬溶质，含可溶性固形物12%～14%。含可溶性糖10.5%，可滴定酸0.30%，维生素C 13.55mg/100g，味浓、甜；粘核，耐贮运，品质上。果实生育期134天，北京地区8月下旬至9月上旬成熟。

该品种树势中等，发枝力较强，各类果枝均能结果，丰产性好。

6. 瑞蟠8号　北京农林科学院林业果树研究所1990年用大久保×陈圃蟠桃杂交育成，1997年定名。

果实扁圆，果顶凹入，缝合线浅，平均单果重125g，大果重180g；果皮黄白色，具玫瑰红晕，绒毛中等；果肉白色，风味甜，有香气，可溶性固形物10%～11.5%；粘核；果实生育期75天，在北京地区6月底采收。

该品种树势中庸，树姿半开张，各类果枝均能结果，坐果率高，丰产性好。

7. 中油蟠1号　中国农业科学院郑州果树所以WPN14（NJN78×奉化蟠桃杂交后代）与25-17（京玉×NJN76杂交后代）杂交选育而成，1998年命名。

果形扁平，两半部较对称，果顶圆平，微凹，缝合线中等、明显，单果重90～100g；果皮绿白色，光滑无毛，着红晕，约占75%，皮不易剥离；果肉乳白色，硬溶、致密，汁液中多，风味浓甜，有香气，可溶性固形物15%；粘核，品质上。果实发育期120天左右，7月底成熟。

该品品树势中庸，树姿半开张，各类果枝均能结果，花粉量大，丰产性好，但在多雨年份，有裂果现象。

8. 中油蟠3号　中国农业科学院郑州果树研究所选育。

果形扁平，果顶圆平，两半部较对称，平均单果重100g。果皮乳黄色，果面着红晕；果肉黄色，硬溶、致密，风味甜，可溶性固形物含量13%，有香气；离核，品质上；果实发育期120天，在河南郑州7月底果实成熟。

该品种树势中庸，树姿半开张，花粉多，极丰产，基本不裂果。

9. 蟠桃皇后　中国农业科学院郑州果树研究所用早红2号×早露蟠桃，经胚培养选育而成。

果实扁平，果个大，平均单果重173g，最大果重200g；果面60%着玫瑰红晕；果肉白色，硬溶质，风味浓甜，可溶性固形物含量15%，有香味，粘核；果实发育期70天，郑州地区6月13日左右成熟。

该品种树势中庸健壮，树姿半开张，各类果枝均能结果，花粉多，自花结实，有裂果现象，注意合理灌溉，保持土壤水分。

10. 仲秋蟠桃 山东省淄博市林科所从蟠桃自然实生苗中选出的晚熟蟠桃新品种，1994 年由山东省林业厅组织鉴定，并定名。

果实扁圆形，果形端正、对称，果顶浅凹、平广，梗洼广、中深，肩部平圆缝合线明显，平均单果重 137g，最大单果重 205g；果实底色乳白色，果面呈鲜红片状，着色面积达 60%以上，果面洁净，无果锈，美观，果皮薄，完熟后可剥离；果肉白色、质地细腻，含可溶性固形物 16.80%，味甜，品质上等，离核，不裂果；果实发育期 170 天左右，山东省淄博 10 月上中旬果实成熟。

该品种树势强健，树姿直立，萌芽力、成枝力强，幼树以中、长果枝结果居多，随着树龄增大，逐渐转为短果枝为主，但长、中、短果枝坐果率均良好，短果枝寿命长，可达 3 年以上，自花结实率较高，不需配置授粉树，生理落果和采前落果均较轻。无性繁殖幼树栽后第二年即可结果，第三年株产 8kg，第四年株产 35kg，第五年株产 60kg。早实性和丰产性均较强。

第四章　桃树的生物学特性

第一节　桃树的丰产结果特性

桃属于蔷薇科桃属，桃亚属，中型乔木果树，一般树高 3～4m，根系广而深，耐水性弱，耐旱，喜光，耐瘠薄土壤，适应性强，不论砂土、壤土或其他较瘠薄的土壤均可栽培。芽具有早熟性，定植当年可开花，2～3 年开始结果，4～5 年达丰产期，一般经济寿命 15 年左右。

一、树的年龄时期

1. 幼树期　是指树龄 1～4 年生，此期的主要目的是促使桃树成形，形成稳定的树架结构，为开花结果打好基础。

2. 初果期　3～5 年生，生长发育和结果同时进行，树形基本成型，已具有一定的经济产量。

3. 盛果期　5～15 年生，达到一定的经济产量并保持相对稳定，此期树相整齐，产量高、质量好，经济效益显著期。

4. 衰老期　一般指树龄 15 年以上，此期树势开始衰弱，树冠残缺不齐，树冠内膛光秃，产量明显下降，果实品质差，无经济栽培意义。

二、桃树的年生长周期

1. 休眠期　11 月～3 月，此期养分回流，停止生长，树体进入越冬状态。

2. 生长期　3月～11月，积累养分，开花结果，促进发育。

三、桃树主要物候期

1. 叶芽膨大期　鳞片开始分离，露出浅色痕迹，树体随温度升高，已经开始活动了。

2. 始花期　5%的花朵开放，表明已开始授粉。

3. 初花期　25%的花朵开放，表明大量花朵开始授粉，是将来产量的主要部分。

4. 盛花期　50%花朵开放，是授粉的主要时期。

5. 末花期　75%的花瓣变色，开始落瓣。表明花的授粉期已过，幼果开始膨大。

6. 展叶期　第一枚叶片平铺展开，表明已开始进行光合作用。

7. 枝条开始生长期　叶片分开，节间明显，表明枝条已开始生长。

8. 果实成熟期　树上25%的果实成熟，表明开始大量采收。

9. 落叶期　25%的叶片开始落掉，表明气温已明显下降，树体即将逐步进入休眠。

四、桃树的生长结果习性

1. 树性　桃是喜光性小乔木，芽具有早熟性，萌芽力强，成枝力高。新梢在一年中多次生长，可抽生2～3次枝，幼年旺树甚至可长4次枝，干性弱，中心主干在自然生长的情况下，2年后自行消失；层性不明显，树冠较低，分枝级数多，叶面积大，进入结果期早，5～15年为结果盛期，15年后开始衰退，桃树寿命的长短，与选用的砧木类别、环境条件和栽培管理水平有较密切的关系。

2. 根系生长 桃属浅根性树种，根系大部分为水平状分布。根系的扩展度大于树冠的0.5～1倍，深度只及树高的1/5～1/3，吸收根分布在离土表的40cm以内，其中10～30cm分布最旺。桃的根上有明显的横形皮目，说明特别需土壤通气，空气在土壤中的含量要求达10%，空气含量在5%以上根才能生长。空气含量在2%以下，生长差，甚至窒息死亡。地温4～5℃时，根系开始活动，15～20℃时，为根系生长活动的适宜温度，土温超过30℃时，停止生长。

3. 芽的生长 桃的侧芽（腋芽），有单芽与复芽之别，单芽有叶芽与花芽，顶芽为叶芽。复芽有双复与三复，三复中间一般为叶芽，也有无叶芽的，同一枝上的芽饱满程度，单芽、复芽的数量与着生的部位是有差异的，这与营养、光照状况有关。

4. 枝梢的生长 叶芽在春季萌发后，新梢即开始生长，在整个生长过程中，有2～3个生长高峰。第一个生长高峰在4月下旬至5月上旬，5月中旬逐渐减弱。第二个生长高峰在5月下旬至6月上旬，同时在该段时间新梢开始木质化，6月下旬新梢的伸长生长明显减弱。但幼树及旺树上的部分强旺新梢还出现第三次生长高峰。除此之外的新梢这时主要是逐渐进入老熟充实、增粗生长阶段，10月下旬进入落叶休眠阶段。

5. 萌芽与开花 桃芽的萌发，花芽比叶芽稍早，花芽为纯花芽，每朵花芽形成一朵花（蟠桃的一些品种有2～3朵花的）。花的开花期常依品种和其他条件的不同而有先后，在一般情况下，萌芽早的品种，开花亦早，老树比幼树早，短果枝比徒长性结果枝早。在同一地区，由于品种不同，其花期也不同。

6. 授粉受精和果实发育 桃的自花结实率很高，但也有许多品种如仓方早生、大团蜜露等，必须配置授粉树，或进行人工辅助授粉，才能正常结果。桃的结实率与花期的温度有关，花期温度高，则结实率高，在10℃以上，才能授粉受精，最适温度为12～14℃。

7. 花芽分化与形成　桃的花芽属夏秋分化型，具体分化时间依地区、气候、品种、结果枝的类型、栽培管理的状况、树势、树龄等方面的不同而差异，6～8月是花芽分化的主要时期，此时新梢大部分已停止生长，养分的积累为花芽分化奠定了基础。花芽基本形成后，花器仍在继续发育，直至翌春开花前才完成。

桃的全树花芽分化前后可延续2～3周，一般情况下，幼树比成年树分化晚，长果枝比中、短果枝分化晚，徒长性结果枝及副梢果枝分化更晚。环境条件、栽培技术的优劣，都能影响花芽分化的时期和花芽分化的质量与数量。桃极喜光，花芽分化时期如日照强，温度高，阴雨天气少，树冠结构合理，通风透光良好，就能促进花芽的分化。在树冠外围光照充足处，则花芽多而饱满，反之则花芽小而少。在栽培技术上，凡有利于枝条充实和营养积累的各种措施都能促进花芽的分化，如幼年树适当控氮肥，加强夏季修剪，改善通风透光条件，成年树采后及时追施采后肥等，是促进分化的有效措施。

五、桃树的结果枝类型

1. 徒长性结果枝　长60cm以上，横径8mm左右，具有副梢，多着生于幼树和旺长树上。徒长性果枝上的复花芽质量较差，但副梢可着生花芽开花结果。

2. 长果枝　长度为30～60cm，横径6～8mm，枝条中上部多着生健壮的复花芽，结果能力强，且能抽生2～3个新梢，连续结果。

3. 中果枝　长15～30cm，横径3～5mm，生长充实，单、复花芽混生，结果可靠，且能抽生中、短果枝连续结果。

4. 短果枝　长15cm以下，横径3mm左右，单花芽多。一般营养条件不良时坐果率低，且结果后易枯死，但它是华北系品种的较好结果枝。

5. 花束状结果枝 长度不足5cm，横径3mm以下，多见于弱树和衰老树，节间极短，除顶芽是叶芽外，其余全是花芽，呈花束状。除着生于背上者外，结果能力较差，易枯死。不同品系、品种间各类结果枝的结果能力不同，修剪时应予注意。

六、桃果实发育时期

1. 果实速长期 自落花至核层开始硬化，此期果实体积和重量迅速增加，一般需要45天左右。

2. 硬核期 自核层开始硬化至完全硬化，这一时期胚进一步发育，而果实发育缓慢。该期的长短，因品种而异，早熟品种约1～2周，中熟品种约4～5周，晚熟品种约6～7周或更长。

3. 果实后期生长期 从核层硬化后至果实成熟前，一般在采前10～20天果实体积和重量增长最快。

第二节 桃树对环境条件的要求

1. 温度 桃树对温度的适应范围较广。从平原到海拔3 000m的高山都有分布，除极冷极热的地区外，年平均温度在12～17℃的地区，均能正常生长发育，桃的生长最适温度为18～23℃，果实成熟期的适温为25℃左右。桃树生长期温度过低或过高会影响桃树的正常生长，温度过低树体发育不正常，果实不易成熟，温度过高，枝干容易被灼伤，果实品质下降，南方品种群较耐高温。冬季休眠时，须有一定时期的低温，桃树一般需要7.2℃以下，经过750～1 250小时后花芽叶芽才能正常发育。北方品种群的大部分品种比南方品种群的品种需要低温的时间要长，如果冬季3个月的平均气温在10℃以上，翌春萌芽期开花期会参差不齐，甚至引起花蕾枯死脱落，影响坐果，造成减产。

桃在不同时期的耐寒力不一致，休眠期花芽在－18℃的情况下才受冻害，花蕾期只能忍受－6℃的低温，开花期温度低于0℃时即受冻害。

2. 水分　桃原产于大陆性的高原地带，耐干旱，雨量过多，易使枝叶徒长，花芽分化质量差，数量少，果实着色不良，风味淡，品质下降，不耐贮藏。各品种群由于长期在不同气候条件下形成了对水分的不同要求，南方品种群耐湿润气候，在南方表现良好，北方品种群在南方栽培易引起徒长，花芽少，结果差，品质低。因此在选用栽培品种时，应注意种群的类型，以避免在生产中带来麻烦。

桃虽喜干燥，但在春季生长期中，特别是在硬核初期及新梢迅速生长期遇干旱缺水，则会影响枝梢与果实的生长发育，并导致严重落果。果实膨大期干旱缺水，会引起新陈代谢作用降低，细胞肥大生长受到抑制，同时叶片的同化作用也受到影响，减少营养的累积。南方雨水较多，早熟品种一般不会缺水，晚熟品种果实膨大时，正处于盛夏干旱时期，叶片的蒸腾量也大，因此，应视实际进行适当的灌水，以促进果实膨大。

桃树花期不宜多雨，有时在桃开花期遇连续阴雨天气，致使当年严重减产，桃树属极不耐涝树种，土壤积水后易死亡。

3. 光照　桃属喜光性很强的植物，树冠上部枝叶过密，极易造成下部枝条枯死，造成光秃现象，结果部位迅速外移，光照不足还会造成根系发育差、花芽分化少、落花落果多、果实品质变劣的后果。

4. 土壤　桃树对土壤的要求不严，但以排水良好、通透性强的沙质壤土为最适宜。如沙性过重，有机质缺乏，保水保肥能力差，生长受抑制，花芽虽易形成，结果早，但产量低，且寿命短。在黏质土或肥沃土地上栽培，树势生长旺盛，进入结果时期迟，容易落果，早期产量低，果个小，风味淡，贮藏性差，并且容易发生流胶病，因此，对沙质过重的土壤应增施有机质肥料，加深土层，诱根向纵深发展，夏季注意树盘覆盖，保持土壤水分。对黏质土，栽培时应多施有机肥，采用深沟高畦，三沟配套，加强排水，适当放宽行株距，进行合理的轻剪等等。

土壤的酸碱度以微酸性至中性为宜，即一般 pH5～6 生长最好，当 pH 低于 4 或超过 8 时，则生长不良，在偏碱性土壤中，易发生黄叶病。桃树对土壤的含盐量很敏感，土壤中的含盐量在 0.14％以上时即会受害，含盐量达 0.28％时则会造成死亡。因此在含盐量多的地区栽培桃树时，根据盐随水来，盐随水去，水化气走，气走盐存的活动规律，应采取降盐措施，如深沟高畦，增施有机肥料，种植绿肥，深翻压青，地面覆盖等，以确保桃树生长良好，确保丰产丰收。

第五章　桃树的繁殖技术

第一节　优质苗木的标准

一、苗木的类型

生产上常用的苗木主要有实生苗、营养砧苗、芽苗、一年生苗、二年生苗；其中实生（砧）苗是指用种子繁殖的砧木，包括毛桃、山桃、甘肃桃、新疆桃、光核桃等；营养砧是指通过营养繁殖的方法生产的砧木；芽苗，又称半成品苗，指当年播种、秋季嫁接但接芽当年不萌发的苗木；一年生苗木，又称速生苗，指当年播种、当年嫁接、当年成苗出圃的苗木；二年生苗木是指播种当年嫁接或第二年春天嫁接成活后，生长一年，于秋季落叶后或第三年春天出圃的苗木。生产上要求最好选用二年生或一年生苗木，一般情况下不要用芽苗，但在繁育栽植新品种时，由于苗木的缺乏，也可用芽苗。在选择苗木时同时要注意苗木的粗度、高度以及整形带内的芽等具体指标，砧段粗度指距地面3cm处的砧段直径；苗木粗度是指嫁接口上5cm处茎的直径；苗木高度是指根茎处至苗木顶端的高度；整形带指二年生苗和当年生苗地上部分30～60cm之间或定干处以下20cm的范围；饱满芽指整形带内生长发育良好的健康叶芽。

二、优质苗木的标准

苗木质量的好坏，直接关系着桃树的生长发育、丰产结果及结果寿命，因此选择符合质量标准的苗木是建设优质桃园的首要条件。苗木的质量基本要求见表5-1，具体到一年生、二年生苗木又有具体的要求（见表5-2、表5-3）。

表5-1 桃树苗木质量基本要求

项目			要求		
			二年生	一年生	芽苗
品种与砧木			纯度≥95%		
根	侧根数量条	毛桃、新疆桃	≥4	≥4	≥4
		山桃、甘肃桃	≥3	≥3	≥3
	侧根粗度/cm		≥0.3		
	侧根长度/cm		≥15		
	病虫害		无根癌病和根结线虫病		
	苗木高度/cm		≥80	≥70	—
	苗木粗度/cm		≥0.8	≥0.5	—
	茎倾斜度/(°)		≤15	—	
	枝干病虫害		无介壳虫		
	整形带内饱满叶芽数/个		≥6	≥5	接芽饱满，不萌发

表5-2 一年生桃树苗木质量要求

项目				级别		
				一级	二级	三级
品种与砧木				纯度≥95%		
根	侧根数量（条）	实生砧	毛桃、新疆桃、光核桃	≥5	≥4	≥4
			山桃、甘肃桃	≥4	≥3	≥3
		营养砧		≥4	≥3	≥3
	侧根粗度（cm）			≥0.5	≥0.4	≥0.3
	侧根长度（cm）			≥15		
	侧根分布			均匀，舒展而不卷曲		
	根部病虫害			无根癌病和根结线虫病		
茎	砧段长度（cm）			5～10		
	苗木高度（cm）			≥90	≥80	≥70
	苗木粗度（cm）			≥0.8	≥0.6	≥0.5
	倾斜度（°）			≤15		
	根皮与茎皮			无干缩皱皮和新损伤处，老损伤处总面积≤1.0cm²		
	枝干病虫害			无介壳虫		

（续）

项目		级别		
		一级	二级	三级
品种与砧木		纯度≥95%		
芽	整形带内饱满芽数（个）	≥6	≥5	≥5
	接合部愈合程度	愈合良好		
	砧桩处理与愈合程度	砧桩剪处，剪口环状愈合或完全愈合		

表 5-3　二年生苗木质量标准

项目				级别		
				一　级	二　级	三　级
品种与砧木				纯度≥95%		
根	侧根数量（条）	实生砧	毛桃、新疆桃、光核桃	≥5	≥4	≥4
			山桃、甘肃桃	≥4	≥3	≥3
		营养砧		≥4	≥3	≥3
	侧根粗度（cm）			≥0.5	≥0.4	≥0.3
	侧根长度（cm）			≥20		
	侧根分布			均匀，舒展而不卷曲		
	根部病虫害			无根癌病和根结线虫病		
	砧段长度（cm）			5～10		
	苗木高度（cm）			≥100	≥90	≥80
	苗木粗度（cm）			≥1.5	≥1.0	≥0.8
	倾斜度（°）			≤15		
	根皮与茎皮			无干缩皱皮和新损伤处，老损伤处总面积≤1.0cm²		
	枝干病虫害			无介壳虫		
	整形带内饱满芽数（个）			≥8	≥6	≥6
	接合部愈合程度			愈合良好		
	砧桩处理与愈合程度			砧桩剪处，剪口环状愈合或完全愈合		

第二节　砧木苗的繁育

一、砧木的种类

我国桃树用砧木主要有山桃、毛桃、山樱桃等，在我国南方及西部地区多用实生毛桃；北方则多用山桃（主要特性见表5-4)；也有少数采用杏、李、扁桃作砧木的。近年来为了矮化密植的需要，开始以毛樱桃、榆叶梅等作砧木，矮化效果虽较明显，但各地表现不一，有待进一步观察。

表5-4 我国桃树常用砧木及其特性

砧 木	主要特性	适用地区
山 桃	抗寒抗旱，耐盐碱耐瘠薄	华北、西北
毛 桃	耐盐碱耐瘠薄，较抗旱	华北、中原
山 杏	抗寒抗旱，耐瘠薄	华北、西北
毛樱桃	抗寒、耐旱、耐瘠薄	我国南北方

1. 山桃 山桃新梢纤细，果实小，7～8月成熟，不能食用，出种率35%～50%，嫁接亲和力强，成活率高，生长健壮，长势不如毛桃发达；耐寒、耐旱，抗盐碱、耐瘠薄，主根发达，不耐湿，在地下水位高的黏重土壤生长不良，易感染根癌病、颈腐和黄化病，适宜我国大部分地区。

2. 毛桃 毛桃新梢绿色或红褐色，果实较大，8月份成熟，可以食用，但品质差，果实出种率15%～30%，嫁接亲和力强，根系发达，长势较强，寿命较山桃强，耐寒、耐旱，抗盐碱、耐瘠薄，耐多湿温暖，结果早；在黏重土壤和渗透性差的土壤上易患流胶病。

3. 毛樱桃 作为桃的矮化砧木，加拿大应用的最早，是日本应用较多的矮化砧木。抗寒、耐旱、耐瘠薄，与桃亲合力较强，矮化作用明显，适于主干树形，根系不耐湿，对除草剂敏感。

二、种子的选择

1. 种子的采集 作为砧木用的种子应该品种纯正，采种的植株，生长强健，无病虫害，选用发育正常、充分成熟的果实采种，将果实堆藏7天左右，待种子充分成熟后除去果肉，清洗干净、阴干，包装放在阴凉通风干燥的地方贮藏备用，贮藏期间严防鼠害。然后在低温干燥下贮藏。加工或腐烂取核时，要避免45℃以上的高温，以免种子失去活力。生产上要选成熟度好，核大而饱满，外形完整，色泽鲜亮、个头匀称的当年生种子作砧木，纯度应在95%以上，务必选用当年的种子，陈种子不能用，桃品种种子不能用，近几年发现有人用黄金桃等品种种子做繁育砧木用的种子，种苗长势强健，苗粗壮，出苗率高，当年生苗木高度可达1.5～2.0m，但是这种苗木栽植后容易出现早衰，死苗率高。常用种子大小见表5-5。

表5-5 桃常用砧木种子大小

砧木种类	种子大小（粒/kg）
毛桃	350～400
山桃	500～600
杏	550～650
李子	1 000～2 000
毛樱桃	5 000

2. 种子的沙藏 第二年播种的种子必须进行层积处理，满足一定的冷积温和湿度，才能完成种子的后熟和发育。层积时先将种子在清水中浸泡3～5天，每天换一次清水，使种子充分膨胀，然后在背阴不积水的地方开深50cm、宽80～100cm的沟，沟长依种子多少而定。沟底铺湿细沙10～15cm厚，将种子和不少于种子体积5倍的湿细沙混合后放在上面，再盖上5～7cm厚的沙子保湿，一层种子一层砂，直至种子放完，最后在种子上放一层约60cm后的湿沙，如果沙藏沟较长时，应隔30～50cm放一草把，通出地面，草把与种子同时埋入，以利于通气。沙藏的适宜温度是5～10℃，湿度是40%～50%，沙的湿度以手捏能成团，松手不散为宜。层积期间，保持湿润，并防止积水霉烂，另外，温度必须保持与自然温度相同，过高会抑制胚的活动而影响出苗率，整个冬季注意保持湿度，

如无雨雪，应在种子堆上泼3～5次水，春天开冻后，翻倒一两次，以保证出芽整齐；层积时间因种子种类而不同（不同种子层积时间见表5-6），桃、山桃等90～100天，杏、李50～70天，毛樱桃30天左右即可。发芽以毛樱桃最早，杏、李其次，桃较晚。在华北的自然条件下，通常杏、李12月中、下旬层积，到第二年3月中旬即可播种。对虽经沙藏处理但到播种时仍未萌动的种子，可人工去除核壳，再用100mg/L赤霉素浸种24小时，能有效地促进发芽。

表5-6　果树砧木种子层积日数（2～7d）

树　种	层积日数（天）	平均日数（天）
山杏	45～100	72.5
扁桃	45	45.0
山桃、毛桃	80～100	90.0
中国李	80～120	100.0
山樱桃	180～240	210.0

三、苗圃的选择和整理

育苗地要选择未种过桃树和未育过桃苗、土质较好、容易排水和灌溉方便的田块，应符合下列条件：

（1）地势，应背风向阳、排水良好，避开易涝和地下水位高的地块；

（2）土壤，偏沙性的壤土好，太沙或重黏土都不好；

（3）灌溉条件，最好有喷灌或滴灌等良好的灌溉设施；

（4）忌老果树地、菜地，以减少病虫害，避免重茬的隐患。

在育苗地选定后，为育苗作好土壤准备，在秋冬进行深翻，施足基肥，一般要施入腐熟好的有机肥2 000～3 000kg/666.7m^2，硫酸钾复合肥50kg/666.7m^2，硫酸亚铁30～50kg/666.7m^2；开好沟畦，畦宽1.2m，长10～20m，让土壤充分熟化；移植圃宜在移前1个月左右即3月上旬应及时整好地，作好畦，使土壤保持实而不坚，这样桃苗移后，可提高成活率，有利于桃苗的生长。

四、种子的播种时期

秋播一般从9月份至土地结冻前进行，种子可不经沙藏，浸泡5～7天便可直接播种，秋播发芽早，出苗率较高，生长快而强健，同时可省去层积手续。

春播种子需经沙藏，华北地区在土地解冻后即可播种。

五、种子的播种方法

秋播在秋季封冻前进行，要求在播种前，将种子用清水浸泡24小时，漂去空壳后再浸泡3～5天，捞出放到荫凉处凉干，即可播种，每公顷播种量＝每公顷播种的计划留苗数/（每千克种子粒数×种子发芽率×损耗），在生产中播种密度一般行距为40cm，株距为10cm，每666.7m^2留苗1万株左右，播种量视种子大小而定（表5-7）。种子之间距离20cm，深度为种子大小的3～4倍，山桃、毛桃种播深4～5cm，保水性差的沙地可深些，黏重地可浅些。播种后浇足底水，第二年春天盖地膜，方法简单省工，第二年出苗早，生长壮。但冬春天旱年份要浇水保墒，否则出苗率低也不整齐。播种方法，畦播、垄播、沟播、穴播均可。

春播一般在春季化冻后及时进行，当种核裂开将仁儿捡出，置放30分钟（勿阳光直射），待芽略变黄方可播种（目的是使芽尖萎蔫变黄，相当于断主根，促侧根萌发），先开沟浇足水，然后隔10cm左右点一种，并撒施辛硫磷颗粒2～5kg/666.7m^2，最后覆土刮平耧实。层积或浸种后的种子，为提高苗木整齐度和出苗率，春季播种前最好实行催芽，既将种子拌少量的湿砂，放在背风的向阳的温暖的地方，白天的时候用塑料薄膜扣好，夜间增加覆盖物保温，温度保持在15～20℃，每天翻动一至二次，有20%的种子发芽即可播种，种子不拌砂直接放在温暖地方催芽也行，但要注意每天早晚用清水冲洗种子，排除多的二氧化碳，以防霉变。

表5-7　桃常用种子的播种量

砧木种类	用种量（$kg/666.7m^2$）
毛桃	25～30
山桃	20～25
毛樱桃	2～3

六、苗期的管理

幼苗出土后，注意防止杂草侵没，及时中耕、及时防治病虫害，特别是蝼蛄、金龟子、蚜虫和立枯病。幼苗期应追施1～2次氮肥并配合灌溉，特别是早春提倡小水浇灌，以利提高地温，可撒施速效氮肥，以促进苗壮；生长季节可喷施3～5次0.3%尿素、0.3%磷酸二氢钾、300～500倍氨基酸复合微肥等叶面肥，生长季后期追施磷钾肥并控水，以促进苗木充分木质化，达到嫁接粗度，保证其安全越冬。当苗长至20cm时，可在苗行之间锄一条沟，使沟帮的土覆在苗根上，保护幼苗。及时对砧木抹芽、除萌蘖，促主枝生长。加强肥水管理，为了使砧木提前达到嫁接的粗度和嫁接苗当年达到出圃标准，必须加强肥水管理，促使苗木迅速生长，苗木生长期要多施巧施追肥，八月份以前以“促”为主，从定苗到接芽萌发应追施三次，每次每$666.7m^2$施尿素10kg，8月份以后应控制氮肥，增加磷肥，钾肥，每次$666.7m^2$施复合肥10kg。此外每半月左右要叶片喷肥一次，前期可喷300倍尿素，加适量生长激素，后期可喷300倍的磷酸二氢钾，浇水是快速育苗中的重要措施之一，从定苗开始一直到9月份，都不能缺水。

幼苗长出2～3片真叶时进行间苗，疏去密，弱小和受病虫为害的幼苗，及时在缺苗的地方进行移植补苗，幼苗4～5片真叶时，按10～20cm株距定苗，苗床集中育苗的，在幼苗长出1～2片真叶时即可定植于圃地。

定苗要结合中耕弥缝，以免幼根裸露，漏风死苗，移植补苗要及时灌水，以利于幼苗成活，幼苗5～7片真叶时，要控制灌水，进行蹲苗，5～6月份，幼苗生长较快，天气比较干旱，必须注意灌水，结合灌水追肥1～2次，每亩每次施尿素5～10kg，如果苗木细弱，7月上旬可再追施一次。桃砧木苗生长较快，且容易发生副梢，嫁接前一个月左右，苗高30cm时，要进行摘心，以促使其加粗生长，苗干距地面10cm以内发生的副梢，应留基部叶片及早剪除，以利嫁接，其余副梢则应全部保留，以扩大叶面积，增加养分积累。

病虫害防治　春季幼苗容易发生立枯病和猝倒病，特别是在低温高湿的情况下，会造成大量死苗，防治方法为幼苗出土后，地面撒粉或都喷雾进行土壤消毒，施药后浅锄，开始发病，要及时拔除病株，并在苗垄两侧开浅沟，用硫酸亚铁200倍液或65%的代森锌可湿性粉剂500倍液灌根。

第三节　嫁接苗的繁育

一、嫁接品种的选择

（一）鲜桃品种的选择

桃品种很多，用途广，根据当地实际情况，依用途、肉色、成熟期等正确确定品种，要求果实大，外观美，风味浓，口感好，耐运输，丰产性好，抗逆性强，易管理。一般要求具备以下几个条件：

1. 对当地环境条件的适应，做到适地适栽 每个品种，只有在它的最适条件下才能发挥该品种的优良特性，产生最大效益。如：肥城桃、深州水蜜只有在当地才能表现个大、味美、产量好，其他地方种植则表现不佳。白凤在各地表现均好。又如油桃对水分很敏感，常因水分分配不合理而引起裂果，如久旱不雨、骤然降雨，尤其在果实迅速膨大期，发生严重的裂果现象，有时连阴雨也会引起裂果。所以，当前各地选择油桃品种时，就要注意果实迅速生长期、成熟期和降雨的关系。南方宜选择雨季到来之前即采收的极早熟品种；黄河故道地区以选用早熟品种为主，中晚熟品种应套袋防雨栽培，北方、西北选择品种时可不考虑果实成熟期。

2. 市场销售良好 生产园所在地的人口、交通、加工条件等都直接影响果品的销售。城市近郊可选用鲜食品种，在交通不便地区要选用耐贮运或加工品种。

3. 成熟期合理搭配 首先要考虑与其他瓜果成熟期排开，进而确定桃品种间的早中晚搭配。一般早中晚的比例为5∶2∶3或6∶1∶3，突出以“早”为中心。作为生产品种不可过多，一般以3～4个为好。

4. 科学配置授粉品种 桃的多数品种自花结实能力强，但异花授粉可明显提高结实率。对于花粉不育的品种如砂子早生、霞晖1号、仓方早生等应配置授粉树。

主栽品种无花粉时，应配置30％～50％的授粉树，授粉品种的花期必须与主栽品种一致。

（二）制罐品种的选择

制罐桃不同于鲜食桃，要求果实圆形，果实横径在55mm以上，个别品种可在50mm以上，重量为100～200g，新鲜饱满，成熟适度，风味正常，白桃为白色至青白色，黄桃为黄色；

果皮、果尖、核窝及合缝处允许稍有微红色；果肉不溶质，果肉尽可能为橙黄-橙红色或乳白-乳黄色，黄桃罐头成品色卡达到7以上；含酸比22～30∶1为好，含酸量在0.45%以上，香气浓郁；吨耗量不高于1.38t/t。无畸形、霉烂、病虫害和机械伤（表5-8）。

表5-8 糖水桃罐头感官要求

指标/规格	优级品	一级品	合格品
果实颜色	白桃呈白色至乳黄色，黄桃呈金黄色至黄色。同一罐内色泽一致	白桃呈乳黄色至青白色，黄桃呈黄色至淡黄。同一罐内色泽基本一致	白桃呈青白色，黄桃呈淡黄色或青黄色。同一罐内色泽大体一致
	果尖及合缝处不带微红，核窝附近允许稍有变色	果尖及合缝处允许稍带微红色，核窝附近允许稍有变色	果尖、核窝及核缝处允许带微红色
	糖水中果肉碎屑极少	糖水中果肉碎屑很少	糖水中允许有少量果肉碎屑
滋味	具有糖水桃罐头应有的滋味、气味；滋味，香味浓郁，无异味	具有糖水桃罐头应有的滋味；有香味，无异味	具有糖水桃罐头应有的滋味及气味，无异味

（三）制汁品种的选择

制汁（原浆）用桃要求出汁率高，不容易褐变，风味浓，制汁用桃果实等级标准见表5-9，生产上常用的品种见品种介绍章节。

表5-9 制汁用桃果实等级标准

项目名称	特等	一等	二等
果实重量（g）	≥125	≥100	≥75
成熟度	加工成熟度	加工成熟度	非生理成熟度
可溶性固形物含量（%）	≥12.0	≥10.0	≥8.0
单宁（mg/100g）	<70.0	<70.0	<70.0
可滴定酸（%）	≥0.4	0.3～0.4	<0.3

（续）

项目名称	特等	一等	二等
红色素	少	少	少
肉色	橙黄或乳白	橙黄或乳白	黄或白
肉质	溶质	溶质	溶质
果肉褐变程度	轻	轻	中
裂核率（%）	<1.0	<3.0	<5.0
出汁率（%）	≥65	≥60	≥55

二、接穗的采集和保存

接穗应从健康树的树冠中、上部外围，选剪健壮、充实的发育枝，应选3年生以及优良品种桃树上头年长出的新枝条，且皮光滑细嫩、生长健壮、无病虫害、花芽饱满充实、茎粗与砧木保持一致；芽接用的接穗最好随剪随用，接穗剪下后立即去掉全部叶片，保留下叶柄。田间嫁接时，接穗应放在盛水小桶或小盆内，或用湿布或湿报纸包盖保湿，切勿在阳光下爆晒。接穗短期保存的条件是冷凉、湿润和适当通气，贮存场所有冷库、冷凉室、山洞、水井等，量少时也可放在家用冰箱的贮藏室内，贮存时添加半湿的蛭石、珍珠岩、沙子或锯末，用塑料膜捆扎，以防止接穗因呼吸缺氧而丧失活力；枝接接穗在落叶后冬季休眠期或结合冬季修剪时剪取，在背阴处开沟用湿沙埋藏或在0℃左右的冷库内保湿贮藏，留作春季嫁接用。为缩短贮藏时间，接穗可延迟到早春萌动前剪取，也可将接穗蘸石蜡液封存，保存效果好，嫁接成活率高。

三、嫁接的时期

桃苗的嫁接时期可从早春至休眠，其方法也很多，可根据不同季节选择不同的方法，可在春季、夏季、秋季等多个季节进行，春季多采用枝接法，夏秋季采用芽接法，以秋季嫁接最为广泛应用。

四、主要的嫁接方法

1. “T”字形芽接　芽接从6月到9月下旬均可进行，只要接芽充实饱满，砧木已够嫁接粗度。但需避开阴雨天气，以免接后流胶，降低成活率。芽接以“T”字形芽接最普遍。

嫁接时先从接穗上取芽，选用两刀取芽，即先在芽上方0.3cm处横切一刀深及木质部，然后从芽下方1cm处向上方连带木质部斜削至芽上方的横切口，芽片剥下后成盾形，取芽片时，不要撕去芽内侧的维管束，以免影响成活，芽片大小与砧木粗度相适应，一般要求宽0.6cm左右，长1.0cm左右。将接芽剥下后立即含入口中，同时在砧木距地面10～15cm处，选择平滑、向西北面处切“T”字形切口，用芽接刀稍将切口上端两边的皮层撬开，迅速将接芽插入，使接芽上端与砧木上的横切口密接，再用塑料薄膜条从接芽上方向下方绑缚，绑缚时留出叶柄及芽。同时要注意嫁接刀要保持锋利，剪砧木、削接穗要快，切口平滑，接穗插入要与砧木尽量吻合，要尽快绑缚紧实。绑缚材料以塑料膜取材较方便。枝接用的接穗，经过配合绑缚，接口和接穗不易失水，嫁接成活率高。

2. 带木质部芽接　带木质部芽接选择砧木的切口方法略有不同，即在接穗上要削取较大盾形芽片，芽片背面要稍带一层木质，在砧木的适宜部位削掉和芽片大小相同的稍带木质的皮层，然后将接穗芽片镶上，并用塑料薄膜条绑缚，缠法与“T”字形芽接相同，春、夏、秋均可进行。

3. 枝接　枝接多在春季，以叶芽萌动前后最普遍。依接穗和砧木接合的方式不同大致又分多种：从砧木中间的劈口插入接穗的叫劈接，从砧木一边切口插入接穗的叫切接，从砧木皮层与木质部之间插入接穗的叫插皮接，从砧木腹部切一斜口插入接穗的叫腹接。当砧木与接穗粗度相近时，将砧木与接穗削成马耳形斜面，并分别在各自的斜面上切竖切口，嫁接时从切口处相互插入，斜面接合的叫舌接。依嫁接部位不同又可分为土接、高接等。枝接法多用于大龄砧木，加之砧木多在原地生长，成活后生长旺盛，形成树冠快，结果早，但不适于批量育苗。

4. 切接 切接适用于根颈1～2cm粗的砧木作地面嫁接。将接穗截成长5～8cm，带有3～4个芽为宜，把接穗削成两个削面，一长一短，长斜面长2～3cm，在其背面削成长不足1cm的小斜面，使接穗下面成扁楔形。嫁接时在离地4～6cm处剪断砧木，选砧木皮厚光滑纹理顺的一侧，用刀在断面皮层内略带木质部的地方垂直切下，深度略短于接穗的长斜面，宽度与接穗直径相等，把接穗大削面向里，插入砧木切口，务必使接穗与砧木形成层对准靠齐，如果不能两边都对齐，对齐一边亦可，最后用塑料条扎紧，并由下而上覆上湿润松土，高出接穗3～4cm，勿重压。

5. 插皮接 插皮接是枝接中常用的一种方法，适应于3cm以上的砧木，也可用于高接换头，该法操作简便、迅速，此法必须在砧木芽萌动、离皮的情况下才能进行。嫁接时把接穗削成3～5cm的长削面，如果接穗粗，削面应长些，在长削面的背面削成1cm左右的小削面，使下端削尖，形成一个楔形，接穗留2～3个芽，顶芽要留在大削面对面，接穗削剩的厚度一般在0.3～0.5cm，具体应根据接穗的粗细及树种而定。在砧木上选择适宜高度，在较平滑的部位剪断，断面要与枝干垂直，截口要用刀削平，以利愈合，在削平的砧木口上选一光滑而弧度大的部位，通过皮层划一个比接穗削面稍短一点的纵切口，深达木质部，将树皮用刀向切口两边轻轻挑起，把接穗对准皮层接口中间，长削面对着木质部，在砧木的木质部与皮层之间插入并留白0.5cm，然后绑缚。

6. 舌接 这种嫁接很适合接穗和砧木的直径都很小（直径在6～12mm），且粗度相当的情况下采用，这种方法砧穗形成层接触面相当大，愈合快，有利于成活。在接穗基部芽下面的节间部位削一个长2.5cm左右的长削面。削面要求光滑平整，再在削面距顶端1/3处，垂直切一纵切口，长约1cm，这样形成一个舌形口向下的接穗。砧木处理方法同接穗削取。嫁接时将接穗与砧木的舌形口对接，形成层对齐，不能两边对齐时也要对齐一边，最大限度使形成层接触，最后用塑料条将接口安全地扎好。

五、嫁接苗的管理

1. 解绑与剪砧 要求当年成苗的嫁接后要及时检查成活，若发现没有嫁接成活，可及时进行二次嫁接。接后七八天，如果保留的叶柄一触即掉，芽色新鲜，则证明嫁接成活。接活后的植株要及时解绑，萌芽一周后解除薄膜；在接口上部0.5～1cm处剪砧，剪砧要进行2～4次。注意砧木苗基部一定要留老叶5～8片叶，嫁接后对砧木上所萌生的芽及时抹掉，以促使营养集中，接芽旺长，一般每7～10天检查一次；待嫁接新枝条长到20cm以后，在砧木上绑一木棍或竹竿，将新梢捆在支柱上，以防被风吹折；待嫁接部位伤口完全愈合后，即可去掉塑料包扎条，以防缢伤。枝接后20天，检查成活率，稍后松绑，剪除嫁接部位上下的砧木的萌芽。

2. 除萌 砧木本身的芽比接芽长得快，一般要进行2～3次除萌，及时抹除接芽以外的芽，保证接芽正常生长，除萌务必要尽，在除萌时不要把砧木上保留的叶片去掉，以促进苗木的生长。

3. 肥水管理 嫁接后的植株由于生长旺盛，需肥量大，要及时追施适量的化肥，以氮肥为主，每隔10～15天追施1次尿素，每次每666.7m^{2}施10kg左右也进行叶面喷肥，前期用

0.5%的尿素溶液喷施2～3次，后期用1%磷肥过滤浸出液喷施1～2次，追肥后浇一次透水，为使嫁接苗粗壮充实，为使苗木成熟度提高，每隔15天左右结合防治虫害喷施0.3%的磷酸二氢钾。后期要控制浇水，防止冬前贪青徒长，以保证安全越冬。同时要注意雨季的及时排水防涝，及时中耕除草，使苗圃地无杂草为害。

4. 圃内整形 桃树嫁接苗新梢生长迅速，一年可发生二到四次副梢。因此，圃内整形是桃树育苗的一项重要措施，当新梢生长到80cm左右时，在60～70cm进行摘心定干，同时将距地面30cm以下的副梢全部剪除，其余副梢任其生长，8月下旬至9月上旬干高40～60cm处，选留生长健壮，方位合适的3～4个副梢作为主枝培养，并将其基角调整到60～70度，其余副梢全部加大角度，用枝软化，短截，疏间方法严加控制。打算利用副梢进行圃内整形时，砧木苗的株行距应适当加大，一般行距不小于60cm，株距不小于30cm。

5. 病虫害防治 嫁接枝条由于生长嫩绿，易遭受害虫侵袭，如食心虫、毛虫、刺蛾等，可用20%速灭杀丁乳油2 000～3 000倍、20%杀蛉脲2 000～3 000倍、10%吡虫啉2 000～3 000倍、20%三氯杀螨醇1 000～1 500倍液等，同时可用70%甲基托布津1 000～1 200倍、80%大生M-45的800倍、50%多菌灵800倍防治多种常见病害。

六、苗木的出圃

苗木出圃是育苗工作的最后一道程序，也是把苗木质量关的最后一个环节，苗木出圃质量直接影响建园的质量。起苗应按计划进行，起苗前应对苗木的品种、数量、质量有详尽的调查清单，并准备好起苗、包装、运苗的工具和材料，有临时的假植场地和暂时存放条件，组织安排好劳力。起苗时间应与建园栽树的时间衔接，于春季或秋季栽树，随起随栽最好。起苗时应尽量少伤根系，同时要保护好地上部分的枝梢和芽子。起出的苗子根据苗木质量要求立即分级和拴上标记，待运或临时假植。若土壤干旱，应充分浇水后再起苗，以免起苗时损伤过多的根系。

七、苗木的检疫和消毒

1. 苗木的检疫 按照植物检疫的规定，把好桃苗的检疫关，一旦发现桃树根癌、根结线虫等检疫对象，应立即就地烧毁，严格控制其蔓延，发病的苗圃地要进行土壤消毒。苗木运输前，须经国家检疫机关或指定的专业人员进行检疫，合格后方可运输，严禁引种带检疫对象的苗木，避免接穗带病传播。

2. 苗木的消毒 起苗时可适当剪除主根和过长的侧根，每100株捆成一捆，远距离运输苗木可用黄泥浆蘸根。最好用3°～5°Be石硫合剂浸苗10分钟，然后用清水冲洗干净，也可用抗根癌剂蘸根消毒，防止根癌病。同时要注意消毒要彻底，更要注意消毒安全。

八、苗木的贮藏

起苗后暂时不栽植的话，要进行假植，暂时把苗木集中埋入土中，作到不露根、保湿、不伤苗。方法是挖深1m，宽0.8m的沟，长视苗木多少酌定，放一排苗木（苗略斜靠坑边）埋一层细沙（理到苗木1/2处），再放一排苗木，再埋一层沙，一直到苗木排放完，最后灌足水。待天气变冷要封冻时，再用细沙将苗盖严或露小尖儿，盖上草帘以便越冬。

第六章 桃树的栽植技术

第一节 园地的选择

一、园址的选择原则

1. 交通 桃树的结果量大，成熟期集中，这就要求交通便利，使运载工具能够畅通。

2. 地形 桃树适宜坡地生长，因为坡地通透条件好，所以桃园一般建在丘陵地带，或建在有一定坡度的耕地上；当然平地也可以建园，但要修排水沟渠。坡地建园以东南坡向为好，东坡、南坡也可以建园，可起到避风透光作用。

3. 土壤 地下水位不高于1m、pH不超过8的壤土或沙壤土为好；如是黏性较大的黄土，应结合挖树坑进行改造；忌在涝洼地建园。

4. 忌重茬 如在原来的桃园建园需间隔2～3年，间隔期间最好种豆类、禾本科作物或绿肥。

二、地势条件

地势每升高100m，气温平均下降0.6℃，海拔越高，气温越低。所以，一般在海拔2 200m以下，桃树生长结果良好，因此建园应选择以2 200m以下为宜。山地、坡地通风透光，排水良好，栽植桃树病害少，品质比平地桃园好。谷地易集聚冷空气并且风大，因桃树抗风力弱，故要避免在谷地或大风地区建园。山地、坡地的地势变化大，水土易流失，土壤瘠薄，需改造后建园，并以坡度不超过20°为宜。平地地势平坦，土层深厚、肥沃，供水充足，气温变化和缓，桃树生长良好，但通风、排水不如山地，易染真菌病害。平地还有沙地、黏地、地下水位高、盐渍地等不良因素，故以先改造后建园为宜。

三、土壤条件

1. 桃树适应性强，平原、山地、砂土、沙壤土、黏壤土上均可生长。但是桃最适宜的土壤为排水良好、土层深厚的砂质壤土，pH4.9～6.0呈微酸性，盐的含量应在0.1%以下。当土壤石灰含量较高，pH在8以上时，由于缺铁而发生黄叶病，在排水不良的土壤上，更为严重，土壤pH过高或者过低都易产生缺素症；在瘠薄地沙地上，桃根系容易患上根结线虫病和根癌病，且肥水流失严重，易使树体营养不良，果实早熟而小，产量低，盛果期短，炭疽病重等；在肥沃土壤上营养旺盛，易发生多次生长，并引起流胶，进入结果期晚；黏重的土壤易发生流胶。根系对土壤中氧气敏感，土壤含氧量10%～15%时，地上部分生长正常；10%时生长较差；5%～7%时根系生长不良，新梢生长受到抑制。

2. 桃树对重茬反映敏感，往往表现生长衰弱、流胶、寿命短、产量低，或者生长几年后突然死亡等，原因主要有①线虫多，直接食害根部，并分泌一种扁桃苷酶分解于根部，形成有毒物质；②前作老桃树的根系有较多的扁桃苷，水解后变为氢氰酸和苯甲醛，这两种物质抑制根呼吸作用。应采取轮作，在桃园中种植2～3年农作物对消除重茬的不良影响很有效果，若土地无法轮换，需挖大定植穴彻底清除残根，进行客土，晾坑，土壤消毒，才会有所改善。挖定植穴时最好与旧址错开，填入客土、加强肥水管理等综合措施相结合等都有较好的效果。

3. 果树再植病的综合防治　再植病也叫重茬病，是指在老果园旧址上，重新栽植同种果树时，表现出的栽植成活率低、生长量小、产量低、品质差等现象。其原因：一是前茬果树分泌物对重茬果树的抑制；二是土壤微生物的侵害；三是土壤营养元素比例的失调。

（1）土壤处理　用含 37％甲醛的福尔马林土壤消毒处理效果较好，成本较低。处理时将定植穴内或栽植沟内的土壤挖起，然后边填土边喷洒福尔马林，喷洒后用地膜覆盖土壤，杀死土壤内线虫、细菌、放射菌和真菌。也可用 1，3－D，EDB，BBCD（1，-二溴-3 氯丙烯）等杀线虫剂、克菌丹杀菌剂、广谱性生物杀伤剂：如三氯硝基甲烷、溴甲烷以杀死线虫、真菌和细菌。也可用棉隆，在每平方米的土壤内施入 50g 甲边远，再加入 22.5g 氰化苦；或用高剂量的溴甲烷，每平方米土壤中施入 100g 溴甲烷。

（2）土壤加热　在夏季和早秋的晴朗天气，利用地膜覆盖土壤，使果园土壤温度上升到 50℃以上，能起加热杀菌的作用。少量土壤加热时，可用容器加温的方法。一般温度到达 50℃，可以部分消除再植病的发生，达到 60～70℃时可以完全消除再植病的发生，70℃经 1 小时的效果最好。土壤处理后重栽时对桃、苹果、梨、杏、樱桃均有促进生长的作用。

（3）深翻换土　可在定植穴内进行深翻，把定植穴内 $0.5m^3$ 的土壤挖起移走，换好土填入定植穴，然后栽植果树，可避免果树再植病的发生。

（4）果树轮作　前茬桃树的果园内不宜再栽植核果类果树，如桃、杏、李和樱桃，以栽植梨树较为理想。前茬为苹果的果园，以重栽樱桃较好，可以防止樱桃发生再植病。

（5）土壤辐射　少量土壤也可用 γ-射线照射处理，杀死土壤中的线虫和微生物，防止再植病的发生。

（6）施用 VAM 真菌　VAM 真菌即泡囊-丛枝菌根真菌，是一种与果树发生有益共生的内生菌根真菌。重茬地果树栽植时，在果树根际直接接种 VAM 真菌，可减轻果树再植病的发生，促进果树的生长和结果。也可在果树栽植前，先种植豆科植物如小冠花、三叶草和苜蓿。这些豆科作物是 VAM 真菌的寄主，种植这些作物，可以促进土壤内 VAM 真菌的发生、发育和大量繁殖；同时还可固定氮素，增加土壤肥力，果树定植后不易发生再植病。特别是在土壤消毒的基础上再接种 VAM 真菌，为防止果树再植病的发生有十分显著的效果。

（7）科学补充土壤营养元素　果园重茬栽植前应进行果园的土壤分析，了解果园土壤内营养元素亏损或积累情况，然后确定果园施肥方案，补充和调节土壤内的营养元素，特别注意有机肥料和微量元素的应用。

（8）应用抗性苗木　果园重茬栽植果树时，选用抗再植病的果树苗木是比较理想的措施。我国在这方面的研究已取得了一定成果。扁桃和桃杂交砧木品种 GF677，对桃树再植病的抵抗能力强。栽培品种嫁接到这一砧木上后，在连续栽过两茬的桃园里进行栽种，其树体生长仍然表现良好，产量也不受影响。

第二节　桃园的规划

一、桃园的规划

（一）桃园规划设计的基本原则

1. 要从全局出发，全面规划，统筹安排建园的各项事宜。

2. 应有长远的观点，慎重考虑建园的前景和可能出现的问题。

3. 要遵循“因地制宜”、“相对集中”的原则，建立适应本地情况的桃园。

4. 要了解掌握当地各种不良环境因素的情况，及早因害设防，防患于未然。

5. 要适应新科技的应用，为桃园的科学化管理创造条件。

（二）规划设计的内容

园地规划包括桃园及其他种植业占地，防护林、道路、排灌系统、辅助建筑物占地等。规划时应根据经济利用土地面积的原则，尽量提高桃树占用面积，控制非生产用地比率。一般认为，桃园各部分占地的大致比率为：桃树占地90%以上、道路占地3%左右，排灌系统占地1.5%，防护林占地5%左右，其他占地0.5%左右。

1. 果树栽植小区 果树栽植小区即作业区的面积通常在1～10hm² 左右，可根据果园规模、地势等情况决定，平地宜大，山地宜小，栽植小区面积较大时，有利于提高土地利用率；小区形状和方位，一般以长方形为宜，其长、宽比例为2～5∶1，长边宜南北向或垂直于主风向；山地、丘陵地可以一面坡或一个丘为一个小区，山地果树小区，长边必须沿等高线延伸。

通常栽植小区总面积应占果园面积的80%以上，其余为道路、水利、林带及果园建筑物等。果园建筑物中的管理用房、工具农药肥料室、包装场、果品贮藏库等，应设在交通方便处或果园的中心处，包装场和果品贮藏库应设在较低的位置；配药池应设在靠近水源、灌溉渠道处和较高的位置。

2. 道路系统 果园道路可分为主路、支路和小路三级。主路连接公路，宽度5～7m。支路筑在小区之间，供较大型车辆通行，外接主路、内连小路，宽度3～5m。小路即作业道，设在小区内果树的行间，宽度1～3m。山地、丘陵果园，坡度小于10°的园地，支路可以直上直下，路面中央稍高，两侧稍低；坡度大于10°的山地果园，支路宜修成“之”字形绕山而上，路面适当向内倾斜。小路设在梯田背沟边缘或两道撩壕之间。

3. 水利系统 蓄水池与引水沟 山地、丘陵果园应选址修建小型水库蓄水，无修建水库条件的地方，可在果园上方根据荒坡坡面、地形和降水量等情况，挖掘拦水沟，并在拦水沟的适当处修建蓄水池。引水沟宜设在果园高处，最好用混凝土或石头砌成。

输水渠和灌水渠　输水渠上接引水沟，下连灌水渠，其位置低于引水沟，高于灌水渠，多设在干路的一侧，也可采用木制架槽缩短其长度，输水渠可以用混凝土或石头砌成，也可以采用塑料管，输水渠的宽度与深度或塑料管的直径，视小区多少和输水量而定；灌溉渠设在小区内，接受输水渠的流水灌溉果树，输水渠多在树行的外缘采用犁沟将水引入树盘和树行内灌溉。山地梯田或撩壕果园，利用梯田的背沟或撩壕的壕沟为灌溉渠。

4. 排水系统

（1）明沟排水　在地表挖掘一定宽、深的沟排水。山地果园，其上方有荒坡或坡面时，由拦水沟（包括蓄水池）、集水沟和总排水沟组成。果园上方无荒坡或坡面时，则由集水沟和总排水沟组成。拦水沟拦截果园上方的径流，贮在蓄水池内。蓄水池与灌溉系统的引水沟相通。集水沟是利用梯田的背沟或撩壕的壕沟，集水沟上端连接引水沟，下端通总排水沟。总排水沟利用坡面侵蚀沟改造而成。平地果园，通常由小区内的集水沟、小区间的干沟和果园的总排水沟组成。集水沟多与灌溉系统的灌水渠结合使用。干沟可以单设，也可设在干路输水渠的另一侧，上端连接集水沟，下端通总排水沟。总排水沟可以单设，在大型果园里也可以设在主路的另一侧，上端连接干沟，将水排出果园。

（2）暗管排水　在果园地下埋设管道排水。通常由排水管、干管和主管组成。其作用和位置分别类似明沟的集水沟、干沟和总排水沟。主要用于平地果园。暗管埋设的深度与排水管的间距，根据土壤性质、降水量和排水量决定。一般其深度为地下1.0～1.5m，排水管的间距为10～30m。暗管均用无管口套的瓦管或塑料管，每段长约30～35cm，口径为15～20cm。铺设时干管与主管成斜交。管道下面和两旁均铺放小卵石或砾石，各管段接口处均留 1cm 缝隙，缝隙上面盖塑料板，管段和塑料板上面也需铺盖砾石，然后填土埋管平整地面。

5. 防风林系统 在果园四周或园内营造林带防御自然灾害，不同地区的果园，可营造不同的防风林系统。如山区以涵养水源、保持水土、防止水土冲刷为主；沙荒地以防风固沙为主；沿海地区以防御台风为主等。

（1）林带一般是长方形　迎风面为主林带，栽 5～9 行树，两个主林带的间隔距离为 200～400m；顺风面设副林带，栽 3～5 行树，两个副林带的间隔距离为 400～800m。面积在 $70hm^2$ 以下的果园，可在外围设主林带，其余林带与道路相结合，在路的一侧栽植 1～2 行乔木，形成 200～500m 间距的防风林网络。

（2）林带宜采用透风林带结构　透风林带由阔叶的乔木树种和灌木树种构成，其中，中间栽乔木，两侧栽灌木。透风林带的防风距离，在林带前面约为树高的 5 倍；在林带后面约为树高的 25 倍。

（3）防风林的树种应选速生、高大、抗风，与果树无相同病虫害或中间寄主，经济价值较高的树种。适于做防风林的阔叶乔木树种有各种杂交杨树、泡桐、枫树、悬铃木、乌桕、皂角、臭椿、白桦、核桃楸等；灌木树种有紫穗槐、荆条、枸杞、枳、女贞、夹竹桃等。

（4）林带的营造要在果树栽植前或与果树栽植同时进行。林带树种的行株距，一般乔木树种为 1.5～2.0m×1.0～2.0m，灌木树种减半。林带与果树需保持 10～30m 的距离，果树南面的林带距离要大些，北面的距离可小些。

6. 辅助建筑物 包括管理用房，药械、果品、农用机具等的贮藏库，包装场，配药池，畜牧场，积肥场等。管理用房和各种库房最好建在靠近主路（交通方便）、地势较高、有水源的地方。包装场、配药池等建在桃园或作业区的中心部位较合适，以利于果品采收集散和便于药液运输。畜牧场、积肥场位置则以水源方便、运输方便的地方为宜。山地桃园，包装场应建在下坡，积肥场建在上坡。

7. 绿肥地　利用林间空隙地、山坡坡面、滩地种绿肥，必要时还应专辟肥源地，以供桃树用肥。

二、果园水土保持

为了减少和防止山地、丘陵果园的水土流失，通常在栽植果树后，不断扩大栽植穴和栽植沟，增施有机肥料。当果园的坡度为6°～10°和11°～25°时，应分别修筑撩壕和梯田。

1. 治坡　坡度较大25°以上的地段不宜栽桃树。在坡度一般的地段建园，其上坡应结合定植用材林、护坡林，以涵养水源，减少水流量。

2. 撩壕　坡度在6°～10°的丘陵果园，可采用等高撩壕，壕上挖沟，将土撩于坡上方成壕，沟宽1m左右，深30～40cm，沟依等高线绕坡延伸。在一定距离也可加筑小埂以缓水势。苹果树栽于壕顶外侧。

3. 梯田　梯田适用于11°～25°的坡地果园。梯田的主要部分为梯壁和阶面。梯壁可用石头或土壤筑成直壁式或斜壁式。坡度大、梯壁高、取石方便时，宜用石头砌成直壁式；坡度小、土层较厚时，通常用土壤筑成斜壁式。阶面一般为水平式，阶面的宽度，宜使梯壁的高度控制在1.5m以内。边梗位于阶面的外沿，底宽约40cm、高约30cm。背沟位于梯壁基部或间隔梯壁基部约50cm处，深约30cm、宽约40cm，沟内每隔5～10m筑有缓水埂，形成竹节状，背沟通向总排水沟。

山坡、丘陵地新建果园时，应先修梯田，后栽树。梯田宜从上坡向下坡修筑，边筑梯壁，边填阶面。石壁需砌牢固，土壁应拍打紧实。待基本完成梯壁和外高内低的阶面后，再依次挖背沟、筑边埂和平整阶面，然后将树栽在阶面由外向内的1/3处。

4. 挖鱼鳞坑 单株定植穴外围做水簸箕状土窝以保持水土的设施叫鱼鳞坑，坑内平，坑缘有埂，保持局部水土，拦蓄小面积地表径流。

三、土壤改良

发展桃树往往是利用丘陵、坡地、瘠薄的沙荒、低产田，如在土壤瘠薄和土壤结构较差的条件下建园，必须进行土壤改良。改良的办法通常是挖定植沟或定植穴。定植沟一般挖沟宽 80～100cm，深 60～80cm，行向以南北行向为宜，深施底肥，底肥以有机肥为主，化肥为辅。有机肥一般每 666.7$m^2$5 000kg，化肥可用多元素复合肥，一般每 666.7m^2 用 100kg 左右，施一层有机肥，撒上一层化肥，然后回填熟土，回填平面高出表土平面 10cm 左右。若有机肥缺乏，也可用秸秆、野草、树叶之类，先填入沟（窝）内，厚度以压实后距土面 30cm 为宜，然后灌水以湿透秸秆，再将化肥兑成肥液均匀浇于秸秆上，回填泥土至比表土平面高 10cm，回填泥土应尽量使用耕作层的土壤，时间应比栽植时间提前一个月以上，有利于底肥腐熟。定植穴一般 80cm 见方，深 60cm，其余方法与定植沟相同。

对黏重或沙性较强的土壤，宜通过掺沙或掺黏进行改良；对坚实、黏重的土壤，应进行深翻，打破不透水层。同时施入足量有机肥，一般每 666.7m^2 施优质腐熟厩肥 8 000kg，腐熟鸡粪 3 000～5 000kg。

第三节　品种选择

一、品种选择的原则

桃品种很多，用途广，依用途、肉色、成熟期等可分成十多种。如何根据当地实际情况正确确定品种十分重要。主要依据有：

1. 环境条件的适应性，做到适地适栽 每个品种，只有在它的最适条件下才能发挥该品种的优良特性，产生最大效益。如：肥城桃、深州水蜜只有在当地才能表现个大、味美、产量好，其他地方种植则表现不佳。白凤在各地表现均好。又如油桃对水分很敏感，常因水分分配不合理而引起裂果，如久旱不雨、骤然降雨，尤其在果实迅速膨大期，发生严重的裂果现象，有时连阴雨也会引起裂果。所以，当前各地选择油桃品种时，就要注意果实迅速生长期、成熟期和降雨的关系。南方宜选择雨季到来之前即采收的极早熟品种；黄河故道地区以选用早熟品种为主，中晚熟品种应套袋防雨栽培，北方、西北选择品种时可不考虑果实成熟期。

2. 销售情况 生产园所在地的人口、交通、加工条件等都直接影响果品的销售。城市近郊可选用鲜食品种，在交通不便地区要选用耐贮运或加工品种。

3. 成熟期 首先要考虑与其他瓜果成熟期排开，进而确定桃品种间的早中晚搭配。一般早中晚的比例为5∶2∶3或6∶1∶3，各地区可根据本地的实际，采取不同的比例，突出特色，可以突出以“早”为中心，也可突出以“晚”为中心，形成自己的成熟特色。作为生产品种不可过多，一般以3～4个为好。

4. 果品利用目的进行选择 选择品种要结合利用目的：鲜食品种要求果型大、果肉为溶质，白色、乳白色或者黄色，果面红色鲜艳，果形整齐，糖酸比高，风味浓而芳香，成熟度均匀；罐藏加工品种要求果实大小均匀，缝合线两侧对称，果肉厚，粘核，核圆，核小，不裂，核周围不红或者少红色，果肉以不溶质、金黄色为好，果肉褐变慢，具有芳香味，含酸量可比鲜食品种稍高。制干（脯）品种与罐藏桃大体相似，最好是离核，风味更甜。用于出口品种应该选择个大、色艳、味美和耐贮运的品种，如中华寿桃、寒露蜜桃等。

5. 选择品种要注意交通条件、据市场的远近、技术水平的高低等条件 在大城市附近或主要交通道路边，可选择肉质柔软的的品种，居市场远、需长途运输的地区应选择硬肉性品种；面向国外和大城市市场的产区，要选择大果、全红、优质、适合精品包装的优良品种。

二、授粉树配置

在桃树所有品种当中，大多数品种都具备有自花结实能力，而且坐果率高。但是也有一部分品种自花结实能力差，需配置授粉树，同时异花授粉结实率高，果实品质好。因此在建园时不论主栽品种自花结实率是否高，一定要配置2～3个授粉品种作为授粉树。要求授粉品种的花期要与接受花粉品种相遇，花粉量大，授粉亲和力高，且经济价值较高。授粉品种的比例可按1∶3成行排列，或多品种成带状排列，也可按双行、四行间栽植一行授粉树，最好在主栽品种行内按配置比例定植，以利于蜜蜂传粉。建立良好的授粉组合应具备下列条件：

①品质优良；②丰产性好；③花期一致；④比例适当；⑤花粉量大；⑥稔性好。

第四节 合理栽植

一、栽植前的准备工作

1. 土地改良 栽植前最好先深翻土壤，可采用带状深翻或定植穴深翻的方法，施入有机肥，对改良土壤结构，提高土壤肥力，促进果树根系生长有明显的作用。

2. 定植穴 带状深翻或定植穴深翻要按株行距，以定值点为中心，挖深80～100cm、宽80cm的定植沟（穴）；挖沟（穴）时要将表土和底土分别放置，回填时不要打破土层；栽植时先在地层放置20～30cm农作物秸秆，在按4 000～6 000kg/666.7m²准备腐熟的有机肥和适量的磷肥作基肥，将土与基肥按1∶1混合后填入，厚度25cm，然后在其上填土与地面持平，充分浇水“阴坑”，栽前用表土在定植穴中央填土堆呈馒头状，准备栽植。

3. 苗木处理　苗木对于建园的质量至关重要，甚至影响整株果树一生的产量，因此应选择品种纯正、砧木适宜的壮苗建园，即所谓的“良种良砧”，尽量选用优质苗木，以保持园貌整齐。对劈伤的枝干和主侧根应予修整，并对从外地调入的苗木用100倍的K84或0.3%硫酸铜溶液浸根1小时，或者用3°Be石硫合剂喷布全株消毒后再定植。定植前用50kg水加1.5kg过磷酸钙及土壤调成泥浆，将桃苗的根系蘸满泥浆后栽植，可以提高成活率。

4. 起垄栽培　对于地下水位过高的桃园，以及排水通气不良、容易积涝的黏土地等可采用起垄栽培。方法是：定植前根据栽植的行距起垄，将土壤与有机肥混匀后起垄，垄高为30～40cm，宽为40～50cm，起垄后将桃苗直接定植于高垄上，行间为垄沟，实行行间排水和灌水。起垄栽培的优点是利于排水，桃园通气性好，可防止积涝现象。起垄栽培的特点是增加疏松土层的厚度，使土壤结构疏松，空隙度大，透气好，供氧充足。

二、栽植的时期

桃树的栽植时期一般为春季或秋季，春季以3月上旬至3月下旬发芽前栽植为最适宜，此期栽植，地温回升快，易生根，成活率高；冬季较温暖地区最好秋栽，秋栽在落叶后至土壤封冻前进行，一般在10月下旬或11上旬苗木落叶或带叶栽植，秋栽的苗木根系伤口愈合早，翌春发根早，甚至当年即可产生新根，缓苗快，有利于定植后苗木的生长，生产上提倡带叶栽植，但在寒冷地区，容易受冻或抽条。北方地区以春栽为主，南方地区秋冬栽更好。

三、栽植密度

合理确定栽植密度可有效利用土地和光能，实现早期丰产和延长盛果期年限，栽植密度小时，通风透光好，树体高大，寿命长，虽单株产量高，但单位面积产量低，进入盛果期晚，管理不方便。栽植密度大时，结果早，收效快，单位面积产量高，易管理，但树体寿命短，易早衰。一般栽植密度为：平原地区株行距3m×4～5m，丘陵山地 2m× 3～4m，栽植 45～111 棵/666.7m²。为促进早产，也可实行矮化密植，通过合理密植，促进花芽分化和利用副梢结果等三项措施，达到早产、丰产的目的，一般栽植量可达 111～417 棵/666.7m²（见表 6-1）。

表 6-1　桃矮化密植不同地区栽植密度

地　区	株行距（m）	株/666.7m²
长江流域	0.8×3	278
中原地区	0.8×2.5	333
华北地区	0.8×2	417

四、栽植模式

1. 宽行栽植　就是行距特宽、株距特密的栽植方式，株行距一般为（2～3）m×（4～6）m，栽植 37～83 棵/666.7m²。优点是株密行不密，桃园通风透光好，早产、丰产，有利于果园管理和间作。

2. 正方形定植　就是株行距相等的栽植方式，株行距一般为 4m×4m 或 5m×5m，栽植 27～42 棵/666.7m²。优点是桃园内光照分布均匀，通风透光好，利于树冠的发展，便于园内作业；缺点是不便于间作和管理，容易出现果园郁闭。

3. 带状定植　包括双行带状栽植和篱状栽植，一般两行为一带，带间距为行距的3～4倍，带内可采用株距较小的长方形栽植。优点是带内栽植较密，可增加群体抗逆性，方便园内管理；缺点是行内较密，带内管理不方便。

4. 长方形定植　株距小，行距大的栽植方式，一般为3m×4m、4m×5m或3m×5m、3m×6m，栽植56～33棵/666.7m^2。优点是行间大，受光条件好，密度大，能达到早产的目的。

5. 计划密植　先密后稀的栽植方式，即按长方形的永久株的株行距，增植1～4倍，开始出现封行、过密时，将加密的临时株有计划的分批分期进行移植或间伐，解决树体采光的目的。优点是桃园早结果、高产、稳产，增加果园的早期效益。

6. 等高线栽植　丘陵山地果园沿等高梯田成行栽植，单株梯田的梯面水平宽度即为行距，梯田内的栽植距离为株距。优点是能适应山地的变化，有利于水土保持，是山地果园的主要栽植方式。

7. 三角形定植　相邻行间的单株位置互相错开，呈三角形排列。优点是可提高土地利用率，提高单位面积的栽植株数；缺点是通风透光条件差，不便于管理和操作。

栽植时，先在回填好的穴内挖一小穴，让根系均匀分布在土中，并注意株行间前后左右位置对齐，然后填土，接近填满坑时，将苗木轻轻向上提一下，让根系舒展开，尽量使根系不相互交叉或盘结，并将苗木扶直，做到左右对准，纵横成行，不论嫁接成苗，还是半成苗、实生苗，栽植时切忌过深，以苗木在原来苗圃地里的土印与地表齐平为准，踏实后，浇足水，待水全部渗下后，整平树盘。栽植行向以南北向为好，秋栽的应做好埋土防寒工作。

五、栽后管理

1. 定干 定植后应立即定干，定干高度应根据苗木高度及土壤类型等确定，一般平原地定干高度为70～80cm，丘陵地为50～60cm，保留5～10个饱满充实的叶芽。

2. 覆膜 春季干旱少雨多风，水分蒸发散失快，苗木栽植定干后，要立即覆盖1m见方的地膜，既保温、保湿，又促进根系活动，是提高苗木成活率，缩短苗木缓苗期的有效措施 。

3. 灌水 秋栽桃园，越冬前应灌一次透水，提高越冬能力。

4. 埋土防寒 秋栽的苗木，特别是速成苗，组织发育不充实，应注意培土防寒，翌春天气转暖后扒开防寒土，整平后覆盖地膜。

5. 除萌 及时除去砧木上发出的芽或成品苗30cm以下的新梢，以免影响整形带内新梢的生长。

6. 加强肥水管理 定植后第一年的重要任务是确保苗木生长健壮，为形成丰产骨架打下良好基础。为此，应加强土肥水管理，可与6～8月份追施1～2次速效肥，每次50g左右，追施时要离树干30cm以上，采用环状沟法或用木棍捅施，要防止离根太近烧伤根系；同时要加强叶面肥的应用，每隔15～20天左右喷施一次0.3%尿素、0.2%～0.5%磷酸二氢钾、300～500倍氨基酸复合微肥等叶面肥；干旱时可结合追肥适量浇水，雨季要注意排水防涝。

7. 注意病虫防治 幼树病虫害较少，主要加强对穿孔病、白粉病、金龟子、蚜虫等病虫害的综合防治，以使幼树生长健壮。

第七章 桃树的土壤管理

我国的土壤有机质含量平均为0.7%，而日本、美国等国家的桃园土壤有机质含量在4%～5%，有些果园甚至达到10%，而我国发展果树的原则是“上山下滩，不与粮棉争地”，这就造成了我们的一些桃园土壤有机质含量极低，甚至在0.1%～0.3%，导致土壤缺素症、病虫害严重，树体发育不良，果实品质低。因此要加大果园投入，规范土壤管理措施，彻底改善土壤理化性状，增加果园有机质含量，为桃园优质丰产打好基础。

第一节 桃园土壤管理制度

一、免耕制

1. 免耕制的概念 免耕制，即果园全园或只一部分地面（另一部分生草或覆盖）用化学除草剂除草，不耕作或很少耕作（故又称零耕法或最少耕作法）。免耕制已经在我国果树生产上应用多年，虽然不普及，但它的省工高效的特点已被人共识。

2. 免耕法的优点

①无耕作或极少耕作，土壤结构保持自然发育状态，无“犁底层”，适于果树根系生长发育；土壤随时间的变化见表7-1。

②果园光照、通风好，特别是果树树冠下通风透光更好。洁净的地面有反射光，可改善树冠内光照状况。

表 7-1　土壤实行免耕后土壤随时间的变化

（中国科学院东北地理与生态研究所）

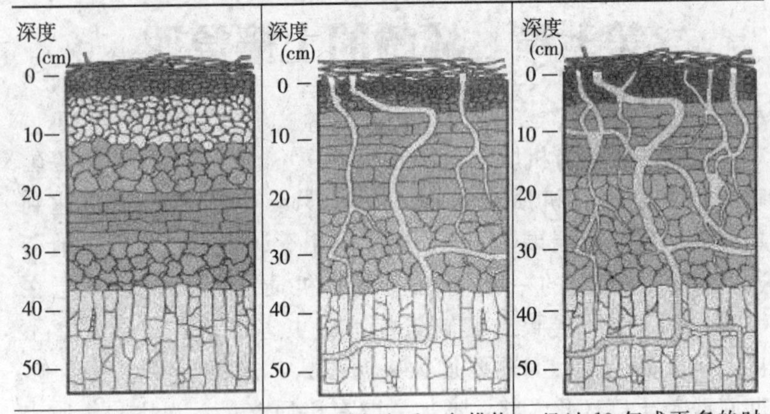

在免耕的开始几年间，土壤属性变化不大。遭受侵蚀的土壤地表颜色仍然灰淡，结壳时有发生，犁底层仍然存在（如果有）	至少 3 年之后，免耕使以前受侵蚀地力退化的土壤开始出现生命活力。随耕作搅动减少和土壤有机质增加，蚯蚓数量显著地增加	经过 10 年或更多的时间，土壤性状将发生本质的改变。在增高的土壤有机质和活跃的蚯蚓帮助下形成更厚且结构稳定的耕作层
土壤条件还不适合土壤动物活动，尤其是蚯蚓	耕层土壤的块状结构逐渐被良好的团粒状结构代替。在这层下边，土壤可能形成较厚的片层结构	表下层土壤的片层结构被根系和蚯蚓的综合作用而打破。长期免耕使土壤恢复到草地和林地土壤状态

③易清园作业，果树病虫潜藏的死枝、枯叶、病虫果、纸袋等一次清除，效率高。

④省劳力。免耕用除草剂，可结合灌溉、地面追肥或喷施农药进行。一次人工清耕除草，每公顷需劳力 20～30 个，而免耕法化学除草只需 1～2 个劳力或更少，而且劳动强度大大降低。

3. 实施免耕制的条件　免耕制也要一定的条件，即：土壤肥力较高，尤其是土壤有机质含量较高，因为免耕条件下土壤有机质含量下降得很快；土壤肥力若低，则对人工施肥的依赖性大。较密植的果园，实施生草、覆盖或清耕均较难，实施免耕更合理一些。

4. 免耕制技术要点

①免耕和施用除草剂原则　果树与农作物、蔬菜或其他密植经济作物比较，单位土地面积上种植的密度小，土地空余面积大，这样对草的危害和防治的要求都降低了，即草对果树的影响，小于草对密植作物的影响。所以，果园应当允许一些低矮的草存在，或对高的草允许其幼苗期存在。现代果树生产中的免耕制，是在人们承认果园有一定量的草生长有利无害的前提下实施的。

②对果园杂草种类、数量应有清楚的了解　了解杂草的状况，并依据此制定除草对策，包括免耕和施用除草剂的方法。主要应了解哪些种类的杂草是危害大的杂草（生长高大、攀援性茎蔓、禾本茎枝、“串根性”地下茎和粗大主根等）、危害的主要时期、在果园杂草中占的比例等，只有清楚了解这些情况，才能正确地选择除草剂种类、用量、施用时期和施用方法。

③了解各种除草剂性能，结合果树情况正确选用除草剂　每种除草剂均有其除草对象。广谱性除草剂只是少数，果园尽量不用全杀性除草剂。一般豆科草和禾本科草、一年生草和多年生草，不用一种除草剂。

④桃园免耕适用的除草剂有：

灭除一年生及多年生杂草可用草甘膦、磺草灵、特草定、杀草强、茅草枯、百草枯、五氯酚钠。

灭除一年生杂草可用草萘胺、敌草隆、西玛津、扑草净、恶草灵、敌稗、利谷隆、除草剂1号、伏草隆。

灭除一年生及多年生禾本科杂草可用禾草克、拿扑净、盖草能、精稳杀得。

灭除一年生禾本科杂草可用氟乐灵、杀草丹、菌达灭、拉索、毒草胺。

灭除一年生莎草科杂草可用草乃敌。

⑤除草剂的施用时期　果园用除草剂应当主要在两个时期：一是春末夏初，正值果实迅速生长、枝叶也旺盛时，地上杂草多数已长起来，有的达一定高度，但茎叶幼嫩，易用除草剂灭除。此时对草杀死或半杀死，使其保持一定覆盖率。二是秋初，地上杂草要结籽，用除草剂半杀死杂草，控制其生长和产籽量，对第二年杂草量亦有控制效果。只要不影响果园通风透光，这两次除草就可以了。夏季中期、雨季之前，个别易攀援的、易长高秆的杂草、可以进行人工刈割（铲除也可）或涂抹除草剂。

5. 介绍两种常用除草剂的使用方法

①草甘膦　草甘膦是一种传导型灭生性叶茎处理剂，通过植物茎叶吸收输导，使根中毒，失去再生能力，主要用于禾本科、莎草科和阔叶杂草，对白茅（茅草）、狗牙根、香附子（莎草）有良好的效果。对一、二年生杂草每公顷用10%的草甘膦9 750～15 000mL，再加入0.3%～0.5%的洗衣粉效果很好。对多年生深根杂草要适当增加药量，每公顷用22 500～37 500mL，兑水750～900mL，每公顷用10%草甘膦7 500mL＋硫胺7.5kg＋洗衣粉9kg＋水450L，对禾本科、莎草科杂草的防治效果为100%。

注意使用时勿将药液喷在树冠上，不要将药液放在钢制容器中，以免产生氢气，遇火引起爆炸。

②茅草枯　茅草枯是一种内吸传导型除草剂，植物根系、叶面都可吸收，主要用于深根性杂草，如白茅、碱草等，每公顷用85%的茅草枯可湿性粉剂15kg，加洗衣粉300g、水750L，在杂草长到15cm左右时进行茎叶喷雾。每公顷用茅草枯9kg与50%利谷隆可溶性粉剂3.75kg混合喷雾，可将白茅一次斩草除根。

茅草枯要现用现配，对金属有腐蚀性，喷药后要及时清洗喷药器具。

二、清 耕 制

1. 清耕制的概念 清耕是我国北方桃园传统的土壤耕作方法，是通过经常耕耘来保持果园地面无杂草和土壤表层疏松的土壤管理方法。

桃园无其他作物时，为防止杂草与树体争肥水，应经常耕作，使土壤疏松、无杂草，以促进桃树的生长。特别是在较为黏重的砂姜黑土和黄坚土，雨后或灌水后要及时松土保墒，防止地面裂缝。但若长期清耕，反而使土壤有机质下降，土壤结构受到破坏而造成板结，也不利于桃树的生长，所以清耕的次数和深度要掌握好。

2. 清耕制的优点

①保持桃园整洁，避免病虫害滋生，它对干旱地区桃园，可以切断土壤毛细管，保持土壤湿度，是抗旱保墒的好方法。

②采用清耕法，由于土壤直接接触空气，所以春季可提高地温，发芽早。

③清耕的桃园，通风透光性好，尤其是密植园，一般能保持较好的产量水平，且果实品质较好。

④清耕条件下，果园易做到较彻底的清园，清园加深翻土地，以农业防治法控制病虫害效果较好。

⑤技术简易，物力投入小。

3. 清耕制的缺点

①长期清耕，破坏土壤结构，表层水土肥易流失，表层以下有一个坚硬的“犁底层”，影响通气和渗水；

②长期清耕，土壤有机质含量下降得快，对人工施肥，特别是对有机肥的依赖性大。这是许多果园的一项大负担；

③清耕条件下，果树害虫天敌少。清耕果园虽然通风透光好，但不是理想的生态环境；

④清耕管理,劳力投入多,劳动强度大,这也是现代果园中清耕法难以维持的一个重要原因。当然,清耕法也有一定优点,主要是:

a. 清耕从桃园里把杂草锄掉，也就是除去了部分有机物质，这就需要多增施有机肥料；b. 其缺点是破坏土壤的物理性状，而且也较费工。

4. 清耕制的做法

①早春在根系第一次生长高峰前灌水后深耕 5～10cm 一次，既可保墒又能提高地温。

②在果实硬核期，根系生长缓慢，而地上部正值旺盛生长期，为防止伤根，只浅耕松土即可。

③到八九月份，根系进入夏眠，又逢雨季，不松土有利于水分的蒸发，故只除草不中耕。

④桃树的秋耕是在落叶前进行，每年都要进行一次。这时树体的营养正从树冠向下输送，是根系秋季活动的旺盛季节，深耕（深翻）时被切断的根很快愈合并长出新根。秋耕深度要根据土壤状况与根系分布情况而定。一般是自主干处向外里浅外深，内深 10～15cm，树冠外围可达 20～30cm。秋耕时难免切断一些根系，但要注意少切 1cm 粗的输导根，同时注意少伤根，特别是防止伤大根、粗根。但耕作时间不宜过晚，否则有害无益。

⑤中耕一般在灌水后或降雨后进行，可以使土壤疏松通气，保持土壤湿度，防止土壤板结，减少杂草对土壤水分和养分的竞争，减少病虫害的来源。

三、覆盖制

覆盖制，即用覆盖物覆盖全园或部分面积，其目的是土壤保墒、提高地温、灭草或改善树冠内光照状况等。所用的覆盖物有薄膜、秸秆（粉碎或不粉碎）、粗沙、石板（块）、城镇垃圾（粉碎或不粉碎）等。在薄膜覆盖中，又分保墒覆盖和反光膜覆盖，覆盖材料不同，其功能和管理特点也不同。

（一）覆膜

1. 覆盖的方法　常用的薄膜材料是 0.02mm 厚的聚氯乙烯塑料膜，白色或无色透明，每千克可铺 $45m^2$ 左右地面，操作与保管好可用 2 年，一般只用 1 年。

2. 薄膜保墒覆盖的优点

①抑制土壤水分蒸发，尤其春夏季节，这种保墒效果非常好，胜过 2～4 次灌溉。北京郊区，3～5 月 3 个月土壤蒸发量 500～750mm，薄膜覆盖可以减少 40％～70％。

②提高地温，尤其是早春，可促使果树根系早开始吸收活动和生长，地上萌芽、开花亦早。

③灭除或抑制杂草，主要是窒息和灼伤作用。

④土壤养分转化效率高，使果树当年营养状况好。

⑤果园通风透光好，树冠内光照状况有一定改善。

⑥减轻一些病虫害，一些在土壤中越冬，春季返回树上的害虫受阻。

⑦排水良好的情况下，雨涝害轻。

3. 薄膜保墒覆盖的缺点

①早春果树由于覆盖而早萌芽、开花，有的地区可能增加了晚霜危害的几率。

②土壤有机质含量降低得快，土壤中养分转化得快，土壤肥力降低得快，对人工施肥依赖性更大了。

③减少了蚯蚓等有益动物和果树害虫的天敌种群与数量，增加果园化学防治病虫害的投入。这些缺点通过采取带状覆盖、树盘覆盖、春季晚些覆盖等措施均能缓解。

（二）覆草法

1. 覆草的方法　果园可用麦秸、豆秸、稻草、玉米秸或谷糠，也可用杂草等取之方便的植物材料，覆盖全园或带状、树盘状覆盖，覆盖厚度均 15～20cm 以上，以后每年加草保持 15～20cm 以上的厚度，覆草后要立即浇水，在草上均匀地压些小土堆，以免草被风吹散，并注意防止火灾。

2. 覆草的优点

①保墒，覆后土壤较稳定地保持一定湿度，冬季可减少雨雪被风吹走，保持降水量。

②长期覆草，增加土壤有机质含量，提高土壤肥力，增加土壤团粒结构。

表 7-2　覆盖后土壤结构变化图

（中国科学院东北地理与农业生态研究所）

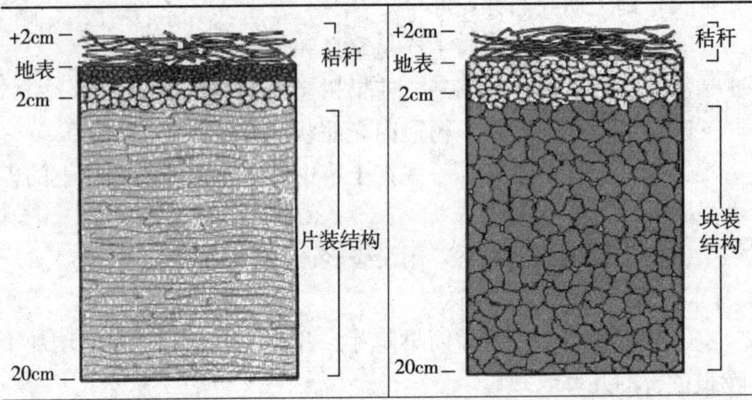

表层土壤生物活性极强，土壤结构也相对稳定。不过，土壤结构也容易在耕种等机械搅动中解体。从上图可看出有秸秆覆盖的地表同常规耕种下的裸露地表是何等不同。在表下层，粗质地土壤（左图）易形成片层结构；相比之下，黏土则易于形成块状结构（右图）。随时间延长，黏土将形成新的次级结构，结构体通常在手指头的压力下破碎。土壤结构的形成通常需要很长的时间，但也很脆弱。

③覆草也是一种形式的免耕，覆盖使土壤结构得到良好的发育，团粒结构增加。

④防止返盐。由于地面蒸发受抑，下层可溶性盐分向土表的上升、凝集也自然减少。因此，在旱季根系分布层中的盐分减

少，盐害减轻。

⑤使土壤温度变化缓慢，较稳定；炎夏因覆盖减少太阳直射地面的辐射能，使桃园的气温和地温降低，严冬又因覆盖层使地温提高，对避免高温灼果和护根防凉有明显作用。一般春季解冻迟，但冻土层薄。

⑥也有一定抑制杂草的作用。山区、半干旱地区的果园，秸秆覆盖应当进一步总结经验，稳步发展。

3. 覆草的缺点

①秸秆覆盖费材料、费工，果园成本增加，所以只宜在劳动力多、秸秆材料丰富又方便的地区实施。

②第一年麦收后覆盖，第二年春季延迟果树萌芽、开花期，若授粉品种花期不同步往往影响坐果率和产量。

③山坡地覆盖不当时，雨季引起大的水土流失，加重山坡冲刷。

④易发生鼠害和火灾，不注意会造成果园的极大损失。

4. 覆草负面影响的改正措施

①早春翻晾覆盖材料，或轮番倒翻一边，使部分覆盖过的地面晒太阳，以利于土壤升温。

②做畦埂压住覆盖材料，防冲刷、隔火。

③树干套铁皮或包扎塑料膜，避鼠。田鼠的防治，可采用毒饵法，将毒饵投放到鼠洞 10cm 深处，每个鼠洞投放 2～3 条毒饵；也可将适量毒饵投放到距主干约 20cm 的覆草下；投放毒饵的时间以 10 月份的效果较好。拌制和投放毒饵时，应严格遵守鼠药的使用说明和安全要求进行操作。覆盖 3～4 年后于秋季浅翻入土中。

5. 覆草的几项关键技术

①覆草前深翻土壤。

②许多果园利用秋冬季清园的落叶、杂草等作为覆盖材料，这虽是一项可行的措施，但需对落叶、杂草采取喷 6～8 波美度

石硫合剂等防病虫措施。

③覆草要全园进行。

（三）砂、石覆盖

我国西北地区，如河西走廊的农田，包括果园有用砂、石覆盖的传统。其目的主要是保墒，也有使土壤积温增加的效果，这在干旱和半干旱地区、年积温低的地区，是非常有意义的。

砂、石覆盖，可分为长期覆盖和短期覆盖两种类型。长期覆盖，先在幼树树冠下小面积覆盖，后逐渐扩大面积，至带状覆盖或全园覆盖，覆盖厚度10～20cm，施肥时可挪动石块，施肥后恢复原覆盖状。短期覆盖，主要在土壤蒸发量最大、降雨最少的季节覆盖，厚度也是10～20cm。

四、生草制

1. 生草制　全园种草或只行间带状种草，如豆科或禾本科作物，长高后刈割覆盖于行内，一般每年要2～4次，这是一种先进的土壤管理制度，可提高土壤有机质含量，改善果园小气候，防止水土流失，是目前推广的、广泛采用且效果很好的方法。但在干旱且无灌溉条件地区不适宜。欧美、日本等国家的土壤管理以生草制为主，果园生草面积达55%～70%，甚至高达95%左右，实施生草制是果园土壤耕作管理的方向，一般按照“行间种草、株间清耕覆盖”的方法进行，旱地果园要遵循“限制性生草与果树枝、叶、果限制性输出综合协调”的原则，力争草、树营养达到良性循环。

2. 生草制优点

①显著地保持水土肥不流失，尤其是山坡地、河滩沙荒地，效果更突出，果树缺磷和钙的症状减少，果园很少或根本看不到缺铁的黄叶病、缺锌的小叶病、缺硼的缩果病。这是因为果园生

草后，果园土壤中果树必需的一些营养元素的有效性得到提高。因此，与这些元素有关的缺素症得到控制和克服，如磷、铁、钙、锌、硼等（见表7-3）。

表7-3 草类种植方式、开垦方式的不同对桃园土壤养分影响

（肖雪辉）

分析项目 处理方法		有机质 (g/kg)	全氮 (g/kg)	有效氮 (mg/kg)	全磷 (g/kg)	有效磷 (mg/kg)	全钾 (g/kg)	有效钾 (mg/kg)	pH (H_2O溶)
梯田区	梯壁种植百喜草	8.8	0.70	53.52	0.34	26.69	14.91	50.01	5.30
	梯壁裸露	6.3	0.54	29.20	0.31	22.60	14.73	50.05	5.30
梯田开垦区	全园种植百喜草	9.7	0.83	62.84	0.41	4.289	15.73	58.59	5.50
	百喜草草带+花生	8.5	0.52	57.20	0.31	2.467	15.29	67.29	5.40
	百喜草带状覆盖	7.4	0.60	46.30	0.33	2.571	14.05	51.66	5.40
	全园假俭草	7.6	0.45	33.28	0.32	0.673	13.73	50.08	5.30
	全园裸露	7.0	0.51	31.10	0.36	2.059	13.13	46.07	5.20
	香根草草带+大豆	8.1	0.78	40.20	0.33	3.178	14.60	59.61	5.30

②增加土壤有机质，改善土壤结构，使土壤肥力提高。据试验，含土壤有机质0.5%～0.7%的果园，经5年生草，土壤有机质含量可增加到1.5%～2.0%。团粒结构多18%～25%，团聚体数量增加，容重降低，总孔隙度及有效隙度增加，克服了土壤原有的坚实、板结等不良性状（见表7-4）。

表7-4 牧草改土效果比较（占干土中的比率，0～30cm土层）/%

处 理	根 系		有机质		0.25～5mm团粒粒径	
	含量	比较	含量	比较	含量	比较
一般对照	0.47	100	0.52	100	9.2	100
紫花苜蓿	7.18	1 527.7	2.30	442.3	32.25	350.5
毛苕子	7.01	1 491.5	0.77	148.1	21.44	233.0

注：引自西北农业大学主编，旱农学，1991。

③缓和土壤表层温度的季节变化与昼夜变化，有利于果树根系的生长和吸收活动。夏季炎热的中午，清耕园沙土地表面温度可达65℃左右，而生草之后地表温度可明显下降；冬季清耕园冻土层（北京）最厚达40cm，而生草园只有20cm，北京种植三叶草试验结果表明8月份林地距地面2m高度的气温下降了2～4℃，果园生草对桃园土壤状况与气温的影响见表7-5、表7-6。

表7-5　果园生草对桃园（4年生）土壤状况与气温的影响

处　理	土壤有机质(g/kg)	全氮(%)	0～20cm 土壤含水量(%)	林内距地面2cm高度的气温（℃）	相对湿度(%)
种植白三叶	2.25	0.157	42.2	27～29	57.1
清耕园（对照）	1.24	0.08	30.2	30～32	45
较对照%	增加82	增加97	增加38	下降2～4	增加27

表7-6　不同的种草方式、不同草类对土壤吸湿水、容重、土壤孔隙度的影响

（肖雪辉）

处理		测试项目	吸湿水(g/kg)	容重(g/cm^3)	毛孔度(%)	总孔度(%)	黏粒含量(%)
百喜草草带+花生	梯田区	水平梯田梯壁种植百喜草	39.0	1.27	46.52	52.08	45.5
		水平梯田梯壁裸露	39.8	1.28	44.33	50.92	45.5
	顺坡种植区	全园种植百喜草	42.0	1.23	48.21	54.13	45.7
		百喜草草带+花生	40.3	1.33	47.65	50.00	43.5
		百喜草带状覆盖	40.7	1.24	47.36	53.21	45.6
		全园种植假俭草	40.5	1.26	49.27	52.45	43.6
		全园裸露	39.9	1.44	45.25	47.18	43.5
		香根草草带+大豆	37.7	1.23	47.13	53.58	45.5
根箱区		百喜草	35.3	1.02	52.08	60.38	59.5
		宜安草	29.2	1.22	57.07	53.96	59.5
		鸭　茅	30.5	1.21	52.89	54.34	45.5
		弯叶画眉草	30.4	1.29	41.48	51.23	45.5
		白三叶	29.8	1.05	40.97	55.37	59.5
		香根草	29.6	1.12	40.25	61.57	57.7
		马尼拉草	29.6	1.28	41.99	51.70	59.5
		裸地（对照）	23.5	1.32	41.53	53.96	55.5

④生草条件下，果园机械或人力可随时作业，尤其是黏重土壤果园，即使雨中、雨后也不影响作业。这样能保证一些作业及时进行，不误季节。

⑤生草园有良性生态条件，害虫天敌的种群多、数量大，可增强天敌控制病虫害发生的能力，减少人工控制病虫害的劳力和物力投入，减少农药对果园环境的污染，创造了生产“绿色产品”的良好条件。

⑥生草条件下，使果园土壤温度和湿度昼夜变化幅度变小，有利果树根系生长和吸收活动。雨季来临时草能够吸收和蒸发水分，缩短果树淹水时间，增强了土壤排涝能力，特别对于桃这样的不耐涝树种尤为重要，果园雨涝害减轻。此外还可以减轻落地果的损伤，尤其是采前落果或雨季风灾之后的落果。同时，生草果园“日烧”病也减轻，落地果损失也小。

⑦土壤管理的人力物力投入上，生草管理比清耕园、覆盖园低，且省工高效，尤其是夏季，生草园可有较多的劳力投入到树体管理和花果管理。

3. 人工生草种类选择原则　人工生草种类选择原则是：草的高度较低矮，但生物量（通常用产草量表示）较大、覆盖率高；草的根系应以须根为主，没有粗大的主根，或有主根而在土壤中分布不深；没有与果树共同的病虫害，能栖宿果树害虫天敌；地面覆盖的时间长而旺盛生长的时间短；耐荫耐践踏，繁殖简单，管理省工，便于机械作业。

4. 人工种植生草的草种类　人工种植生草是果园生草的一种。目前果园中所采用的生草种类有：白三叶草、匍匐箭舌、豌豆、扁茎黄芪、鸡眼草、扁蓿豆、多变小冠花、草地早熟禾、匍匐剪股颖、野牛草、羊草、结缕草、猫尾草、草木樨、紫花苜蓿、百脉根、鸭茅、黑麦草等。根据果园土壤条件和果树树龄大小选择适合的生草种类，目前主要推广豆科草种如三叶草、小冠花、毛苕子、草木樨，禾本科草种黑麦草、高羊茅等，宜推广

“以三叶草为主、其它草种为辅”的草种选择方案；果园人工生草，可以是单一的草种类，也可以是两种或多种草混种，通常果园人工生草多选择豆科的白三叶草与禾本科的早熟禾草混种，白三叶草根瘤菌有固氮能力，能培肥地力；早熟禾耐旱，适应性强两种草混种发挥双方的优势，比单种一种生草效果好。果园草生产性能见表 7-7、表 7-8。

表 7-7 果园草生态、生物学特性

种/品种	直播生长 3 个月后		越夏率（%）	越冬率（%）
	生长高度（cm）	草群盖度（%）		
白三叶草（白霸）	13.4	100	100	100
白三叶草（铺地）	12.7	100	100	100
白三叶草（艾丽丝）	15.2	100	100	100
红三叶	33.4	85	100	95
杂三叶	30.3	85	100	75
波斯三叶草	22.4	75	100	25
阿尔刚金	66.7	95	100	100
WL323	62.4	95	100	100
WL252HQ	67.1	95	100	100
CW300	69.5	95	100	100
CW400	68.2	95	100	100
苜蓿王	64.7	95	100	100
三得利	64.1	95	100	100
鸭茅（大拿）	43.7	85	100	85
鸭茅（凯瑞）	40.2	80	100	15
鸭茅（波多洛）	43.8	85	100	85
多年生黑麦草（雅晴）	43.6	90	100	20
多年生黑麦草（马蒂达）	42.8	90	100	65
无芒雀麦	48.5	90	100	90
白脉根	24.3	85	100	100

表7-8 果园草生产性能比较

种/品种	产草量（第1次刈割干重 kg/666.67m²）	累计产草量（第1次刈割一整年量 kg/666.67m²）	粗蛋白（%）	粗纤维（%）
白三叶草（白霸）	96.6	172.4	28.28	15.74
白三叶草（铺地）	89.9	178.3	27.21	16.41
白三叶草（艾丽丝）	86.4	159.2	25.42	16.90
红三叶	132.7	386.7	15.15	30.17
杂三叶	107.6	116.5	17.78	26.82
波斯三叶草	100.1	65.8	17.42	26.99
阿尔刚金	265.8	1 098.5	22.44	30.50
WL323	298.3	999.8	20.79	32.77
WL252HQ	266.5	1 246.1	21.44	33.25
CW300	318.7	1 953.9	20.89	33.13
CW400	353.1	1 144.4	20.46	34.42
苜蓿王	252.4	1 018.6	21.18	31.21
三得利	287.5	1 028.9	20.62	31.14
鸭茅（大拿）	152.7	232.8	13.50	34.82
鸭茅（凯瑞）	101.5	152.5	12.49	35.76
鸭茅（波多洛）	146.1	247.8	13.78	32.61
多年生黑麦草（雅晴）	219.9	110.2	15.87	31.33
多年生黑麦草（马蒂达）	233.6	196.5	15.26	30.25
无芒雀麦	189.7	376.3	15.23	34.53
白脉根	125.4	295.6	26.09	13.78

5. 可利用的自然生草 自然生草就是利用果园自然杂草的生草途径，即果园有什么杂草，就利用什么草，只对那些高大、容易荒地的恶性杂草进行控制，如人工铲除，如此连续进行多次这些恶性杂草就少了，再通过自然竞争和多次刈割，最后剩下适合当地自然条件的草种。这种自然生草实施比较容易。具体做法是，生长季节任杂草萌芽生长，人工铲除或控制不符合生草条件的杂草，如灰菜、千里光、白蒿、白茅等高大草。国外这种自然生草果园比较普遍，我国还较少。

6. 果园生草种植方法

①播种方法　果园主要采用直播生草法，即在果园行间直播草种子，又分为条播和撒播。这种方法简单易行，但用种量大，而且在草的幼苗期要人工除去杂草，用工量较大。土地平坦、土壤墒情好的果园，适宜用直播法，分为秋播和春播，春播在3～4月份播种，秋播在9月份播种，温度是确定播种期的首要条件，一般而言，土壤温度上升到草种子萌发所需要的最低温度时，开始播种比较适宜，果园常用草种子萌发所需要的温度见表7-9。

表7-9　果园常用草种子萌发所需要的温度（℃）

种　类	最低温度	适宜温度	最高温度
紫花苜蓿	0～4.8	31～37	37～44
三叶草	2～4	20～25	32～35
箭舌豌豆	2～4	20～25	32～35
黑麦草	2～4	25～30	35～37
黑麦	0～4.8	25～31	31～37
鸭茅	2～4	20～25	30

②播种量　播种量跟种子的大小、发芽率、纯净度等有直接关系，总的原则是：种子粒大者应多播，粒小者应少播；同一草种子，纯净度、发芽率低的比高的播种量要大；种子品质好的播种量要小，品质差的播种量要大；干旱地区比湿润地区播种量要大；条播比撒播节省种子20%～30%；整地质量好的、土壤细碎的可以相对少播，果园主要草适宜的播种量、播种深度见表7-10。

表7-10　果园主要草适宜的播种量（种子用价100%的理论播量）**与覆土深度**

草种种类及名称		播种量（$kg/666.7m^2$）		种子覆土深度（cm）		
		撒播	宽行条播	轻质土	中黏土	重质土
禾本科	鸡脚草	1.0～1.25	0.75～1.0	2.0	1.5	1.0
	多年生黑麦草	0.75～1.0	0.35～0.6	3.0	2.0	1.0
	意大利黑麦草	0.75～1.0	0.35～0.6	3.0	2.0	1.0

（续）

草种种类及名称		播种量（kg/666.7m²）		种子覆土深度（cm）		
		撒播	宽行条播	轻质土	中黏土	重质土
豆科	紫花苜蓿	1.0	0.5	2.0	1.5	1.0
	红三叶	1.0	0.5	2.0	1.0	1.0
	白三叶	0.5～0.75	0.25～0.5	1.0	0.5	0.5
	杂三叶	1.0～1.5	0.5～0.75	2.0	1.0	1.0
	百脉根	0.75～1.0	0.35～0.5	1.0	0.5	0.5
	春箭舌豌豆	5.0	2.0～3.0	8.0	6.0	4.0
	冬箭舌豌豆	6.0	1.5～2.5	5.0	4.0	3.0
	紫云英	1.5～2.5	1.0～1.5	5.0	3.0	2.0

③播种技术　直播法的技术要求为：进行较细致的整地，然后灌水，墒情适宜时播种。可采用条播或撒播，条播先开沟，播种覆土；撒播先播种，然后均匀在种子上面撒一层干土。出苗后及时去除杂草，此方法比较费工。通常采用在播种前进行除草剂处理，选用在土壤中降解快的和广谱性的种类，如白草枯在潮湿的土壤中10～15天即失效，就可以播种了。也可播种前先灌溉，诱杂草出土后施用除草剂，过一定时间再播种。也可采用苗床集中先育苗后移栽的方法。采用穴栽方法，每穴3～5株，穴距15～40cm，豆科草穴距可大些，禾本科穴距可小些，栽后及时灌水。为控制杂草通常也是采用预先在土壤中施用除草剂，除草剂有效期过后再栽生草的幼苗，果园种植三叶草和禾本科草后常见的防除杂草的除草剂见表7-11。

表7-11　果园种植三叶草和禾本科草后常见的防除杂草的除草剂

草地种类	防治对象	药物名称	用量（kg/hm²）	处理方式
三叶草草地	双子叶杂草	2，4-D丁酸	0.25～2.24	苗期，选择传导性
	禾本科杂草	Slepter		内吸传导性
	一年生禾本科杂草	苯胺灵	2.24～4.5（13℃） 4.5～9.0（24℃）	播前/苗前/苗后均可
	一年生禾本科杂草及部分阔叶杂草	氯苯胺灵	1.2～3.5	出苗前后均可喷洒，选择性

（续）

草地种类	防治对象	药物名称	用量（kg/hm²）	处理方式
禾本科草地	双子叶杂草	2，4-D	0.3～1.2	分蘖末期，选择传导性
		2，4-D丙酸	2.25～3.3	分蘖末期，选择传导性

果园生草通常采用行间生草，果树行间的生草带的宽度应以果树株行距和树龄而定，幼龄果园行距大生草带可宽些，成龄果园行距小生草带可窄些。果园以白三叶和早熟禾混种效果最好。全园生草应选择耐荫性能好的草种类。

④播后管理

幼苗期管理：出苗后，根据墒情及时灌水，随水施些氮肥，及时去除杂草，特别是注意及时去除那些容易长高大的杂草。有断垄和缺株时要注意及时补苗。

刈割：生草长起来覆盖地面后，根据生长情况，及时刈割，一个生长季刈割 2～4 次，草生长快的刈割次数多，反之则少。草的刈割管理不仅是控制草的高度，而且还有促进草的分蘖和分枝，提高覆盖率和增加产草量，割下的草覆盖树盘。刈割的时间，由草的高度来定，一般草长到 30cm 以上刈割。草留茬高度应根据草的更新的最低高度，与草的种类有关，一般禾本科草要保住生长点（心叶以下）；而豆科草要保住茎的 1～2 节。有些茎节着地生根的草，更容易生根。草的刈割采用专用割草机。秋季长起来的草，不再刈割，冬季留茬覆盖。

生草地施肥灌水：苗期注意管理，草长大后更要加强管理，草要想长得好一定要施肥，有条件的果园要灌水，一般追施氮肥，特别是在生长季前期。生草地施肥水，一般刈割后较好，或随果树一同进行肥水管理。

7. 果园生草应注意的问题

①预防鼠害和火灾，禁止放牧　特别是冬春季，应注意鼠

害，鼠类等啮齿动物啃食果树树干。可采用秋后果园树干涂白或包扎塑料薄膜预防鼠害，冬季和早春注意防火。果园应禁止放牧以保护草的生长。

②严格控制草体生长区域（果树定植带 1～1.5m 内保持清耕带），当草长至 30cm 左右时，及时刈割，覆盖于树盘，刈割留茬高度 5～10cm。

③果园秋施基肥　随土壤肥力提高可逐渐减少施肥。在树下施基肥可在非生草带内施用。实行全园覆盖的果园，可采用铁锹翻起带草的土，施入肥料后，再将带草土放回原处压实的办法。生草初期，草与果树争肥、争水矛盾比较突出，肥水管理特别重要。果园生草要和节水灌溉措施相配套，果园长期干旱缺水将导致生草失败。果园生草前三年，亩施肥量应增加 1/3 左右。生草 3～5 年后，土壤有机质含量增加，持水保肥能力增强，可逐渐减少化肥用量。

④合理灌溉　生草果园最好实行滴灌、微喷灌的灌溉措施，防止大水漫灌。果园喷药，应尽力避开草，以便保护草中的天敌。

⑤注意清园，重视病虫害防治　刮树皮、剪病枝叶，应及时收拾干净，不要遗留在草中。生草制果园生态环境与清耕制相比有明显改变，生物多样性增加，病虫防治技术措施应做相应调整。

⑥草的更新　一般情况下果园生草 5 年后，草逐渐老化，要及时翻压，使土地休闲 1～2 年后再重新播草。也有的地区采用使用除草剂和地膜覆盖的方法进行草的更新。

8. 介绍几种果园常见的生草品种

①白三叶草

生物学特性：白三叶为豆科三叶属多年生草本植物，常选用的品种为铺地、海发。主根短，侧根和须根发达，主要分布于 15cm 之内的土层中，根上着生许多根瘤。主茎短，分枝多，匍匐生长，长30～60cm，圆形实心，细软光滑，茎节易生根、长出新的匍匐茎向四周蔓延，形成密集草层覆盖地面，草高30～40cm。三出复叶，叶小，倒卵形，叶缘有细锯齿，叶面和叶背光滑，叶柄细长。总状花序，花小，白色或粉色，花柄长25cm左右。荚果小而细长，每荚有种子3～4粒，种子心脏形，黄色或棕黄色，千粒重0.5～0.7g。种子落地自然更新的能力强，具有耐荫性能，在30%透光率的环境下正常生长，适宜果园种植。

植物学特性：白三叶草属宿根性植物，生长年限7～8年，成坪后具有较发达的侧根和匍匐茎，与其他杂草相比有较强的竞争力，具有一定的耐寒和耐热能力，对土壤pH的适应范围达到4.5～8.5，可以在我国广大南北地区生长，在我国华北地区绿期可长达270天左右，开花早、花期长、叶形美观。

生产特点：白三叶草茎叶柔软，叶量丰富，一年播种能利用多年，是放牧与刈割兼用型草，在北方可刈割利用2～3次，当年可获鲜草1 000kg/666.7m^2，第2年可获鲜草2 500kg/666.7m^2。

种植白三叶草能增强生物防治能力，减少病虫发生。由于种植白三叶草改善了果树的生长环境和营养条件，从而使果树抗病力增强，特别是对果树腐烂病有明显的抑制作用。同时白三叶有利于红蜘蛛、蚜虫等害虫天敌的生存和繁育，使虫害发生率明显下降。此外，白三叶是良好的蜜源植物，开花早（4月初）、花期长（约5个月），有利于吸引蜜蜂等授粉昆虫，从而提高果树的授粉率。

果牧结合发展，提高综合经济效益。白三叶是食草类畜禽优质饲草，产量和营养价值高。白三叶的营养成分优于很多豆科牧草，鲜草的粗蛋白含量为29.8%，全株为19.3%，混合牧草的粗蛋白含量为16%，另外还含有大量氨基酸和维生素B_1、维生素B_2、维生素C、维生素E和维生素K等，干物质消化率可达80%。实验证明，在混播的白三叶草地终日放牧，不补任何精料，黄牛可日增重902g。四川农学院把白三叶加入奶牛的日粮中，用以取代粗饲料，三天后即提高产奶量11.8%，净收益增加23.7%～34.6%。为防止牛羊发生食用豆科类牧草常见的泡沫性膨胀病，采用白三叶作饲草时，一定要和其它非豆科类牧草混喂；在放牧区，白三叶应与其它禾本科草（如黑麦草）合理混播，同时不在雨天或露水较大的时候放牧，牧后不要让牧畜大量饮水。

白三叶草播种与管理：白三叶草一年四季播种均可，以春秋二季播种最佳。因白三叶最适生长温度为19～24℃，故春季播种可在3月中下旬，气温稳定在15℃以上时即可播种。秋冬播种一般从8月中旬开始直至9月中下旬，秋季墒情好，杂草生长势弱，有利于白三叶生长成坪，因此较春播更适宜。白三叶草种播前宜将果树行间杂草及杂物清除，翻后整平，覆土应浅（1～2cm），一般把种子撒于地表后以轻度钉齿耙耙过即可，每666.7m^2播量0.4～0.6kg。苗期保持土壤湿润，补充少量N肥，并及时清除杂草，成坪后需补充磷、钾肥，并于长期干旱时适当浇水。白三叶草更新的主要措施是刈割和翻压，白三叶草植株低矮，一般30cm左右，可于高度长到20cm左右时进行刈割，刈割时留茬不低于5cm，以利再生。每年可刈割2～4次（新建的草被在最初的几个月中最好不割），割下的草可就地覆盖，也可作牧草饲料使用。每次刈割后都要补充肥水。生草5年左右后草已老化，应及时翻耕，休闲1～2年后，重新播种。深翻的时期以晚秋为宜，并需注意防止损害果树根系。

②红三叶

生物学特性：红三叶草喜温暖湿润气候，适应生长温度15～25℃，不耐热，为需水型草，在年降水量400mm以下的地区种植需灌溉，耐酸性强，抗碱性弱，适宜的pH6～7.5属突根性多年生植物，如管理适当，可持续生长3年。喜光，适于幼龄桃园行间种植，覆盖地面能力较差。

植物学特性：属多年生豆科三叶草属，株高50～70cm，从生，多分枝；直根系，较短（约20cm），测根发达、须根并生有根瘤固定氮素；三出复叶，卵形，叶表面有白色“V”字形斑纹，头形总状花序，聚生于茎顶或枝梗上，有小花50～100朵，花序腋生，头状紫红色。荚果小，每荚有一粒种子，种子圆形或肾形，棕黄色，千粒重1.5g左右。

生产特点：红三叶草为高产型草种，在北方地区每年可刈割2～3次，鲜草产量可达2 000kg/666.7m^2，是优良的蜜源植物和草坪绿化植物；据国内外专家测定，在达到一定覆盖率的情况下，每666.7m^{2}红三叶茎可固定氮素20～26kg尿素，相当于施44～58kg尿素，四年生草园片全氮、有机质分别提高110.3%和159.8%，果园种植红三叶草可大大降低乃至取代氮肥的投入。不耐干旱，对土壤要求也较严格，pH6～7时最适宜生长，pH低于6则应施用石灰调解土壤的酸度，红三叶不耐涝，要种植在排水良好的地块。在红三叶草的植被作用下，冬季地表温度可增加7℃，土壤温度相对稳定，有利于果树正常的生理活动，生草后抑制了杂草生长，减少了锄地用工。红三叶草是畜禽的优质饲料，产草量高，可作为饲草发展畜牧业，增加肥料来源。

播种与管理：红三叶草春夏秋季均可播种，最适宜的生长温度为19～24℃。春季播种可在3月中下旬气温稳定在15℃以上时播种。秋播一般从8月中旬开始至9月中下旬进行。秋季墒情好，杂草生长弱，有利于红三叶草生长成坪，因此秋播更为适宜。播种前需将果树行间杂草及杂物清除，翻耕20～30cm将地整平，墒情不足时，翻地前应灌水补墒。

果树行间可单播红三叶，也可与黑麦草按1∶2的比例混播。可撒播也可条播，条播时行距15cm左右。播种宜浅不宜深，一般覆土0.5～1.5cm。红三叶草每666.7m^{2}用种量0.5～0.75kg。苗期应适时清除杂草，以利红三叶草形成优势群体。

红三叶草属豆科植物，自身具有固氮能力，但苗期根瘤菌尚未生成需补充少量氮肥，待形成群体后则只需补磷、钾肥。苗期应保持土壤湿润，生长期如遇长期干旱也需适当浇水。当株高20cm左右时进行刈割，一年可刈割4～6次。刈割时留茬不低于5cm，以利于再生。割下的草可作为饲草，也可就株间覆盖。最后一次刈割后的留茬高10～12cm，7～8月高温时常行灌溉，可降低土温，利于越夏。红三叶最常见的病害为菌核病，可喷施多菌灵防治。红三叶宜在短期轮作中利用，忌连作，一次种植后须隔数年方可再种，在土质较黏而雨水较多地方应整地作畦，以利排水和田间管理。

③杂三叶

生物学特性：杂三叶喜温凉湿润气候，生态习性与白三叶极相似，耐寒性及耐热性比红三叶、绛三叶强，耐旱性较差，但特别耐湿，在湿地可正常生长，也耐短期水淹。形态介于红三叶与白三叶之间，有主根，侧根多，根系入土浅，多根瘤。杂三叶喜凉爽湿润气候，且耐寒冷气候。耐湿、耐碱、较耐干旱和高温，但在春季水淹和夏季高温条件下不易存活，耐盐性和耐荫性较差，适宜pH6.5～7.5，pH小于5.5的酸性土壤不能种植，具有一定的耐荫性，生长年限为3～4年，管理好的可达4～5年。

植物学特性：多年生草本植物，直根系，主根穿透力强，侧根发达，并且耐寒力强，即使经过非常寒冷的冬季其碳水化合物也不会流失。茎光滑，高60～150cm，分枝横向生长，分枝力强，一般10～20条，多者30条，生长习性为主轴无限生长，即使在花期腋芽也不断分枝。叶冠丰满，叶丰富；三出掌状复叶，小叶卵形或倒卵形，叶面有灰白“V”形斑纹；整个生长季都开花，总状花序，花朵为粉红色或白色，花冠约1cm，种子小，颜色为黄绿混色，千粒重0.7～0.8g。

生产特点：营养价值及栽培技术与白三叶相似，生长速度快，产草量高，鲜草产量1 500～2 000kg/666.7m^{2}多在盛花期刈割，每年可刈割2次。由于根系发达，可作为水土保持植物。

播种与管理：播前精细整地，在瘠薄土壤或未种过三叶草的土地上，应施足底肥，并用相应的根瘤菌拌种。春、夏、秋均可播种，北方宜三月春播。条播 20～30cm，播深 1～1.5cm，每 666.7m^2 播种量 750～1 000g，撒播要适当增加播量，苗期生长缓慢应注意中耕除草。生产上常用的品种为曙光（Aurora）：其喜冷凉湿润气候，且耐寒性强，它是三叶草中最耐寒的品种之一，持续耐湿、耐碱地，较耐干旱和高温，但在春季水淹和夏季高温条件下不易存活，耐盐性和耐荫性较差。产草量高，适口性好，是优良的牧草。同时，它生长速度快，根系发达，地面覆盖度高，又是良好的水土保持植物。

④多年生黑麦草（*Lolium perenne* L.）

生物学特性：多年生黑麦草适合温暖、湿润的温带气候，适宜在夏季凉爽，冬无严寒，年降雨量为 800～1 000mm 的地区生长。生长的最适温度为 20～25℃，耐热性差，35℃以上生长不良，分蘖枯萎。在我国南方夏季高温地区不能越夏，但在凉爽的山区，夏季仍可生长。耐寒性较差，－15℃时不能很好生长。在我国东北、内蒙古和西北地区不能稳定越冬，遮荫对生长不利，对土壤要求较严格，在肥沃、湿润、排水良好的壤土和黏土地上生长良好，也可在微酸性土壤上生长，适宜的土壤 pH 为 6～7，多年生黑麦草生长快，成熟早。一般利用年限为 3～4 年，第二年生长旺盛，生长条件适宜的地区可以延长利用。

植物学特性：又称黑麦草，宿根黑麦草，牧场黑麦草，英格兰黑麦草，是世界温带地区最重要的禾本科牧草之一。多年生黑麦草多为多年生草本植物，须根发达，分蘖多，茎秆细，中空直立，高 80～100cm，疏丛型，穗状花序，小穗互生，颖果被坚硬内外稃包住，种子无芒，呈扁平，千粒重为 1.5～1.8g。

生产特点：青贮在抽穗前或抽穗期刈割，每年可刈割 3 次，留茬为 5～10cm，一般 666.7m^2 产鲜草 5 000～6 000kg，放牧利用可在划层高 25～30cm 时进行，666.7m^2 产种子为 50～80kg。

播种与管理：多年生黑麦草可春播或秋播，最宜在9～10月份播种，播前需精细整地，保墒施肥，一般每666.7m² 施农家肥1 500kg，磷肥20kg用做底肥，条播行距为15～30cm，播深为1～2cm，播种量每666.7m² 为2～2.5kg，人工草地可撒播，最适宜与白三叶、红三叶混播，建植优质高产的人工草地，其播种量为每年多年生黑麦草0.7～1kg，白三叶0.2～0.35kg，或红三叶0.35～0.5kg。对草地要加强水肥管理，除施足基肥外，要注意适当追肥，每次刈割后应及时追施速效氮肥，生长期间注意浇灌水，可显著增加生长速度，分蘖多，茎叶繁茂，可抑制杂草生长。若用做干草，最适宜刈割期为抽穗成熟期；延迟刈割，养分及适口性变差。采种时种子极易脱落，当穗子变成黄色，种子进入蜡熟期间，即可收获，666.7m² 产种子为50～75kg。生产上常用的品种为喜尔（Sherpa）：喜尔是四倍体多年生杂交黑麦草。春季生长早且长势旺盛，可以尽早为牲畜提供春季饲草，植株高但抗倒伏，非常适合刈割。喜尔抗锈病，鲜草和干物质产量都非常高，全年的干物质产量比普通四倍体多年生黑麦草高4%，第一次刈割的干物质产量比普通四倍体多年生黑麦草高6%，比二倍体中型多年生黑麦草高22%。

五、果园间作

果园间作的原则：果园间作的作物和草类应与桃树无共生性病虫，间作物生长旺盛期不能与桃树旺盛生长期同步，品种应选择浅根、矮秆，以豆科植物和禾本科、豆科牧草为主，具体如下：适宜间作的作物：花生、大豆、绿豆、草莓等，生草的种类有：白三叶草、红叶草、杂三叶草、多年生黑麦草等等。不适宜间作的作物：烟草、甘蔗、高粱、玉米、红薯等。

果园间作的意义：可提高土地利用率，更好地发挥土地的生产潜力，取得较好的经济效益，弥补桃园前2年的收入。桃园间作地上形成林网，地面形成覆盖层，可降低风速，减轻风害，减少蒸发，提高土壤含水量和有机质，增加土壤腐生菌和蚯蚓数量，改善土壤结构，提高土壤肥力，调节桃园和土壤温、湿度的效应。

在桃苗定植后 1～2 年内，行间可以间作其他作物，如花生、草莓等，但避免种植高秆作物如玉米、棉花等，严重影响树体生长，并遭蚜虫、红蜘蛛等危害，种番茄、西瓜在沙土地能使根结线虫加重，所以在选择间作物时要考虑病虫害、与桃树争水争肥的问题。还可以在行间种植绿肥，既可防止杂草丛生，又能肥田，给牲畜提供饲料。据中国农业科学院郑州果树所报道，种植“毛叶苕子”平均每公顷产 34 680kg 鲜草，显著增加土壤有机质并改善土壤结构，“毛叶苕子”可“自生自灭”，不需每年播种，连续种植 7 年产量仍很高，是沙地果园改土的良好绿肥品种。

第二节　深翻改土

一般在桃树落叶后，结合施基肥进行。此时正值根系生长高峰，伤口易愈合，并能生长新根。如结合灌冬水，可使土粒与根系迅速密接，有利于根系生长。深翻也可在早春解冻后进行。此时地上部仍处于休眠状态，根系刚开始活动，生长比较缓慢，伤根后容易愈合和再生。春季土壤解冻后，水分上移，土质疏松，操作省工。北方多春旱，深翻后要及时灌水。在风大、干旱缺水地区不宜春翻。深翻应与每年的清耕结合进行。

一、深翻扩穴

扩穴又叫放树窝子。桃树定植后，可逐渐向外深翻，挖 40cm 左右深的环形沟，扩大栽植穴，结合土施基肥。在沙砾较多的地方，要抽沙换土。深翻应每年进行，直到株行间全部深翻一遍为止。

二、全园深翻

将栽植穴以外的土地结合施肥一次深翻完毕。这种方法动土量大，需劳力较多，但便于平整土地，有利于桃园的耕作。一次性深翻一般在低龄小树果园进行，因为树小根量少，伤根不多，对树体影响不大。

三、深翻注意的问题

1. 深翻要结合果园施基肥进行，深翻回填时，现将不易腐烂的树枝、秸秆分层填入沟的底部，沟的中部回填表土、农家肥、复合肥或果树专用肥，最后将沟填平。

2. 深翻时一定要彻底，不留夹层。

3. 深翻时尽量少伤根，对各种较粗的伤根要将伤头剪齐茬，以利伤口愈合，并要及时回填封沟、踏实，避免晒根、冻根。

4. 填土后，一定要灌透水，实根与土密接。

四、免深耕改良土壤

Agri-sc免深耕土壤调理剂是一种高科技产品，广泛适用于黑土、黄土、红黄壤等类型的土壤和各类免耕、少耕的田地、翻耕不便的各类果树、蔬菜、茶园、药材等经济林地，以及各种土壤水分、养分分布不均，耕层较浅的土壤和林地、草原。尤其配合免耕法使用，效果更佳。针对一般土壤，第一年使用两次，第二年开始每年只需使用一次，在同等产量时，可起到节省肥料，降低生产成本的功效。它能起到疏松土壤，打破土壤板结；加深耕层，提高土壤保水蓄肥能力；节省肥料，提高肥料利用率；促进生长，减少土传病害；增加产量，改善品质；省工省力，减轻耕作负担等作用，打破了传统土壤调理剂的作用模式，能标本兼治，从根本上改善土壤生态环境，具有省工、省时、保水、节肥、绿色环保的特点，被誉为二十一世纪世界农业新一轮“土地革命”的高科技产品。一般200g瓶装兑水60～100kg直接喷施于666.7m^{2}面积的田地，雨后或浇水后应用效果最佳。但不能与芽前除草剂混合使用；误饮或入眼时，用干净清水冲洗并遵医嘱；气温低于－5℃时，有结块现象，经温水溶解后不影响效果。

第三节　不良土壤的改良

一、沙质土及其改良

1. 砂质土的肥力特征　蓄水力弱，养分含量少，保肥力较差，土温变化较快，通气性和透水性良好，容易耕作。

2. 改良及管理措施

①抽沙换土　把果园的沙换走，从园外搬来好土填充，具体做法是从行间开沟，把表层较肥沃的土壤翻到树株间，把下面的沙运走，用运来的土填充，最后把表土复原。

②掺黏土　把运来的黏土特别是汪泥等铺在地表面，然后深刨，使土和沙充分混合，以达到改造的目的。

③管理上选择耐旱品种，保证水源，及时灌溉，尽可能用秸秆覆盖土面，以防水分过快蒸发。

④砂质土本身所含养料比较贫乏，因此对砂质土要强调多施有机肥料，施用化肥时应强调少施勤施。由于砂土的通气性好，好气性微生物活动旺盛，施入砂质土中的有机肥料分解迅速，常表现为肥效猛而不稳，前劲大后劲不足。所以对砂土施肥，一方面应掌握勤施少施的原则，另一方面要特别注意防止后期脱肥。砂质土壤含水量少，热容量小，昼夜温度变化大，这对某些作物

生长不利，但有利于桃果实品质的提高。

二、黏质土及其改良

1. 黏质土的特点　保水力和保肥力强，养分含量丰富，土温比较稳定，但通气透水性差，并且耕作比较困难，黏质土由于粒间孔隙很小，孔隙相互沟通后形成曲折的毛细管，水分进入土壤时渗漏很慢，保水力强，蓄水量大，水分蒸发慢，排水比较困难。

2. 改良及管理措施

①营养沟改土　在株间挖沟，挖透穴隔，行间用营养沟代替扩穴，分2～4年完成改土深度60～80cm，并注意冠下起垄要高，回填时填入适当的有机肥并拌入适量的沙；

②采用深沟、高畦、窄垄等办法，加强排水措施的建设，整地时要尽可能干耕操作，精耕细锄，基肥要足，以利于桃树早期生长的营养需要；

③黏质土中黏粒含量越多，所含养料特别是钾、钙、镁等阳离子也越丰富；

④黏质土对施肥的反应表现为肥劲稳、肥效长，这些特性和砂质土相反，生产上要特别注意增施有机肥，防止土壤黏结（成大块，不利耕作）。

三、山岭地土壤改良

1. 山岭地的特点　山岭地土层较浅，雨水冲刷严重，地表裸露，肥力一般。

2. 改良措施

①果园培土　主要针对山地果园因雨水冲刷而造成根系裸露而采取的加厚土层的措施，培土前，要先刨地松土，培土层不超

过15cm，并结合培土，在培土中掺入20%～30%土杂肥。

②深翻扩穴（见本章第二节）。

③爆破松土　利用炸药在树冠外围进行小穴放炮松土，一般在休眠期进行，以采果后落叶前进行为好，炮窝挖在树冠内缘30cm处，每树开1～2个；炮眼直径5～6cm、深80～100cm，每眼装0.5kg炸药（80%硝酸铵＋20%的0.4～0.6mm的锯屑或地瓜秧碎粒），雷管1个，导火索1m；引爆后要及时消除石砾，填入表层熟土及有机肥，并及时灌水；爆破松土要注意因地制宜，合理用药量，以穴炸开、土松动而不飞石为宜；爆破松土要在当地派出所的监督指导下进行。

第八章　桃园的施肥技术

第一节　桃树的需肥特点

一、桃树的需肥特点

1. 桃树树体具有储藏营养的特性　桃树的花芽分化和开花结果是在两年内完成的。且桃树的树体具有储藏营养特点，前一年营养状况的高低不仅影响当年的果实产量，而且对来年的开花结果有直接的影响。研究表明，桃树早春萌动的最初几周内，主要是利用树体内的储藏营养。因此，前一年的秋天桃树体内吸收积累的养分多少，对花芽的分化和第二年的开花影响很大，进而影响桃树的产量，在桃树的施肥调控方面，要有全局的观点，桃子收获之后仍要加强肥水管理。

2. 桃树的根系特性　桃树的根系较浅，吸收根主要分布在10～30cm；但根系较发达，侧根和须根较多，吸收养分的能力较强。生产中为防止根系过于上浮，影响树的固地性和抗旱能力，在桃树施肥中应注意适当深施，或深施与浅施相结合。

桃树的根系要求较好的土壤通气条件，土壤的通气孔隙量在10%～15%较好。为保证根系有较好的呼吸条件，在施肥中注意多施有机肥，并将有机肥与土壤适度混合，以增加土壤的团粒结构，提高土壤的空气含量。有条件的地方，还可在桃树下种植绿肥后进行翻压，提高土壤的有机质含量，以提高土壤自身调控水气的能力。

3. 桃树的营养特性　桃树的幼树生长较旺，吸收能力也较强，对氮素的需求不是太多，若施用氮肥较多，易引起营养生长过旺，花芽分化困难。进入结果期晚，容易引起生理落果。进入结果盛期后，根系的吸收能力有所降低，而树体对养分的需求量又较多，此时如供氮不足，易引起树势衰弱，抗性差、产量低，结果寿命缩短。因此，桃树在营养的需求上，幼树以磷肥为主，配合适量的氮肥和钾肥，以诱根长粗为主。进入盛果期后，施肥的重点是使桃树的枝梢生长和开花结果相互协调，在施肥方面以氮肥和钾肥为主，配施一定数量的磷肥和微量元素。

4. 砧木类对养分吸收利用的影响 使用的砧木不同对桃树的生长发育和养分吸收也有明显的影响。如用毛桃类的砧木，嫁接的栽培表现为根系发达、对养分水分的吸收能力强，耐瘠薄和干旱，结果寿命较长；但土壤如很肥沃，容易生长过旺。如排水不良或地势低湿，易生长不良，最终都使桃树的结果较差。山毛桃作砧木，表现为主根大而深、细根少，吸收养分的能力略差，早果性好，耐寒、耐盐碱的能力较强，缺点是在温暖地区不善结果。

5. 桃树对养分的需要 各地的试验资料表明，桃树每生产100kg 的桃果需要吸收的氮量为 0.3～0.6kg、吸收的磷量为0.1～0.2kg、吸收的钾量为 0.3～0.7kg。由于养分流失、土壤固定以及根系的吸收能力不同等因素的影响，肥料的施用量因土壤类型和桃树品种的差异、管理水平的高低等，有较大的差异，一般高产桃园每年的氮肥施用量以纯氮计为 20～45kg，磷肥的施用量以五氧化二磷计为 4.5～22.5kg，钾肥的施用量以氧化钾计为 15～40kg。桃树也需要微量元素和钙镁硫等营养元素，它们主要靠土壤和有机肥提供。对于土壤较瘠薄、施用有机肥少的桃树可根据需要施用微量元素肥料等。

6. 桃树对氮、磷、钾肥的需求比例 与苹果和梨树相比，桃树对钾肥的需求量更大。富坚通过测定桃树枝叶及果实吸收的氮、磷、钾含量，提出桃树氮、磷、钾的需求比例为 1∶0.4∶1.3。

在枝叶中，若氮含量为10，则磷为3，钾为7；但在果实中，若氮含量为10，则氮、磷、钾的比为10：7：33。由此可见，果实是需钾最多的器官，如果生产上施肥不当，氮肥施用过多时，则枝叶徒长，影响钾的吸收，容易造成落花落果。

日本以及中国台湾等地不同产量条件下桃树对氮、磷、钾的吸收量，在1 000m^2 平均产量2 090kg的生产条件下，桃树吸收的氮含量为10.2kg，磷为4.1kg，钾为14.6kg，进而计算出每生产1 000kg桃果实，需要的氮、磷、钾、钙、镁含量分别为4.9kg、2.0kg、7.0kg、8.8kg和1.5kg。

据北京地区的经验，产量为2 500kg/666.7m^2 的高产桃园的施肥量，每生产100kg，需施基肥100～200kg，氮肥（纯氮）0.7～0.8kg，磷（五氧化二磷）0.5～0.6kg，钾（氧化钾）1kg。

二、桃树主要营养元素的生理作用

1. 氮 氮是叶绿素的重要成分。氮不足时，新梢短，叶片变薄，颜色变浅，尤其是老枝、老叶表现比较明显。严重缺氮时，叶呈黄绿色；基部叶出现红褐色斑点或穿孔；枝条短硬、纤细，呈纺锤状；小枝表皮棕红或紫红色；果小，味涩，品质差；树势弱，花芽少且瘦弱，产量低，寿命短。氮过多时枝叶生长过旺，树冠易郁闭，上强下弱，下部易光秃；花芽少，坐果率低；果实小，味淡，品质差，着色差，产量低。

2. 磷 磷是植物细胞核的重要成分。磷可在树体内转移。桃树缺磷的表现与缺氮相似，症状多发生在新梢老叶上，叶片狭小，初期暗绿色，随后呈棕褐色。如遇气温下降，叶变成红色或紫色，顶叶直立，进而有的出现叶斑，叶缘下卷而早落；新梢节间短，甚至呈轮生叶；细根发育受抑制，植株矮小；果早熟，肉干汁少，风味不良，并有深的纵裂和流胶。

3. 钾 钾虽然不是植物组织的组成成分，但是它与植物许多酶的活性有关。缺钾的桃叶色淡而小；皱缩卷曲，有时纵卷并弯曲呈镰刀状；叶上散布小孔或裂口，叶缘焦枯，叶片破碎，部分脱落；新梢细短，生理落果严重；成花少，甚至完全没有花芽，果小，产量低。轻度缺钾时，前期不易表现症状，到后期果实膨大，需钾量增加，容易表现病症。桃对钾的需求量也较其他果树（苹果、梨）高，施钾可有效增加产量和提高品质。

4. 钙 钙以果胶钙的形式构成细胞壁的成分，钙在植物体内移动性很小。缺钙，桃树根系生长受阻，根短而密，长到一定长度（1.5～7.5cm）后，根尖便开始向后枯死，枯死后又长出新根，逐渐加密，形成膨大、弯曲的须根。春季或生长期缺钙，顶梢上的幼叶从叶尖或中脉处坏死。严重缺钙时，枝条顶端的幼叶似火烧般地坏死，并迅速向下部枝条发展，致使许多小枝完全死亡。生长后期缺钙，枝条异常粗短；顶叶深绿色，大型叶片多，花芽形成早，茎上皮孔胀大，叶片纵卷。晚熟桃（如中华寿桃、寒露蜜桃）生长后期发生裂果与缺钙密切相关。

5. 镁 镁是叶绿素的组成成分，镁在植物体内可运转重新利用，但桃树常表现为上部和基部几乎同时出现缺乏症。缺镁初期，成熟叶片呈深绿色，有时呈蓝绿色，随后基部老叶出现坏死区，呈深绿色水渍状斑纹，并具有紫红色边，坏死区可变成灰白至浅绿色至淡黄棕色、棕褐色。老叶边缘褪绿、焦枯，常造成落叶。严重缺镁时，花芽明显减少。

6. 铁 铁是叶绿素合成和保持所必需的元素，铁在植物体内不易移动。桃对缺铁敏感。缺铁症从幼叶开始。缺铁的典型症状是，叶脉保持绿色，而叶脉间褪绿。严重缺铁时，整个叶片全部黄化，最后白化，伴有棕黄色坏死斑，可导致幼叶嫩梢枯死。在砂姜黑土等石灰性或pH较高的土壤栽培桃树，容易发生缺铁症。

7. 硼 硼能促进花粉的发育、萌发和花粉管的生长。桃对硼比较敏感。桃树缺硼，茎尖、根尖生长锥将停止生长，褐变枯死；在新梢生长过程中发生顶枯，叶片增厚而脆；果实呈现凹陷的青斑，使果形凹凸不平和流胶。缺硼还将引发晚熟桃裂果。

8. 锌　锌参与生长素。桃对锌比较敏感。缺锌时，新梢生长受阻，表现叶片小而脆，常丛生在一起，称小叶病、簇叶病，顶端叶先出现症状。新梢有时呈扫帚状，节间短，丛生。老叶呈现不规则叶间失绿。花芽少，产量低，果个小，果皮厚，质量差。

9. 锰　锰是形成叶绿素和维持叶绿素结构所必需的元素。缺锰时，嫩叶和叶片长到一定大小后出现特殊的侧脉间褪绿。严重缺锰时，叶脉间有坏死斑，亦有早期落叶。新梢可能死亡，整个树体叶片稀少。根系不发达，开花结实少，果色暗淡，品质差。缺锰也能引发裂果。

10. 铜　铜是许多重要酶的组成成分，在光合作用中有重要作用。缺铜时，新梢幼嫩及新生长的部分枯死；叶片暗绿，进而叶脉间褪绿呈黄绿色，网状叶脉仍为绿色。顶端叶变成窄而长、边缘不规则的畸形叶；顶端生长停止而形成簇状叶，并开始萌发不定芽。

第二节　施肥的判断标准

一、形态诊断

根据树体和土壤的营养状况进行化学或形态分析，据此判断果树营养盈亏状况，从而指导施肥，形态诊断是一种直观辅助性的施肥指标，是根据果树的外观形态，判断营养的盈亏，它要求果树经营者具有丰富的经验。通常叶片大而多，叶厚而浓绿，枝条粗壮，芽眼饱满，未结果树新梢长度 50cm 以上，结果树新梢长 30～40cm，短枝具 6～8 片健叶，结果均匀，丰产稳产者，是营养正常，否则应查明原因，采取措施加以改善。在形态诊断和叶分析诊断的基础上，最后确诊可用施肥诊断的方法，即设置施肥处理和不施肥处理。经过一段时间观察，如果缺肥症状消失，表明诊断正确。

二、叶分析诊断

近二十年来，国外广泛采用叶片分析来确定和调整果树的施肥量。果树的叶片一般能及时准确地反应树体营养状况。叶分析诊断通常是在形态诊断的基础上进行。特别是某种元素缺乏而未表现出典型症状时，须再用叶分析方法进一步确诊。一般说，叶分析的结果是果树营养状况最直接的反应，因此诊断结果准确可靠。叶分析方法是分析植株叶片的元素含量，与事先经过试验研究拟定的临界含量或指标（即果树叶片各种元素含量标准值）相比较，用以确定某些元素的缺乏或失调，并参考土壤养分分析结果指导施肥。叶分析的标准值是一个范围，不同的品种表现出一定的差异，如富士苹果叶片含氮量略高于其它品种，其标准值为2.5%～2.6%，当2.0%～2.2%时即为氮素不足，低于2.0%的树体则处于缺氮状态，高于2.6%则为含氮量过大。根据桃树叶片养分含量诊断指标见表8-1。

表8-1　桃新梢叶片的营养诊断指标（7月取样）

（Shear和Faust，1980）

元　素	缺　乏	适　量
氮（%）	<1.7	2.5～4.0
磷（%）	<0.11	0.14～0.4
钾（%）	<0.75	1.5～2.5
钙（%）	<1.0	1.5～2.0
镁（%）	<0.2	0.25～0.60
铁（mg/kg）	—	100～200
锌（mg/kg）	<12	12～50

（续）

元　素	缺　乏	适　量
锰（mg/kg）	＜20	20～300
铜（mg/kg）	＜3	6～15
硼（mg/kg）	＜20	20～80

三、土壤分析诊断

从果园土壤里挖取具有代表性的土壤，经过适当的处理和相应的分析，测定出各种营养元素和有机质含量、酸碱度等，根据分析结果，判断营养的盈亏程度，从而决定施肥量。

第三节　施肥原则

一、基本要求

1. 生产A级绿色食品的要求　系指生产地的环境质量符合NY/T 391要求，生产过程中严格按照绿色食品生产资料使用准则和生产操作规程要求，限量应用限定的化学合成生产资料，产品质量符合绿色食品产品标准，经专门机构认定，许可使用A级绿色食品标志的产品。所需肥料要经专门机构认定，符合绿色食品生产要求，并正式推荐用于AA级和A级绿色食品生产，肥料使用必须满足作物对营养元素的需要，使足够数量的有机物质返回土壤，以保持或增加土壤肥力及土壤生物活性。按照NY/T 496规定执行。所施用的肥料不应对果园环境和果实品质产生不良影响，应是经过农业行政主管部门登记或免于登记的肥料，提倡根据土壤和叶片的营养分析进行配方施肥和平衡施肥。所有有机或无机（矿质）肥料，尤其是富含氮的肥料应对环境和作物（营养、味道、品质和植物抗性）不产生不良后果方可使用。化肥必须与有机肥配合施用，无机氮与有机氮之比不超过1∶1；化肥也可与有机肥、复合微生物肥配合施用。厩肥1 000kg,加尿素5～10kg或磷酸二铵20kg，复合微生物肥料60kg（厩肥作基肥，尿素，磷酸二铵和微生物肥料作基肥和追肥用），最后一次追肥必须在收获前30天进行，但禁止使用硝态氮肥。城市生活垃圾一定要经过无害化处理，质量达到GB 8172中1.1的技术要求才能使用，每年每666.7m^{2}农田限制用量，黏性土壤不超过3 000kg，砂性土壤不超过2 000kg。

2. 生产AA级绿色食品的肥料使用原则 禁止使用任何化学合成肥料。禁止使用城市垃圾和污泥、医院的粪便垃圾和含有害物质（如毒气、病原微生物重金属等）的工业垃圾；各地可因地制宜采用秸秆还田、直接翻压还田、覆盖还田等形式；可利用覆盖、翻压、堆沤等方式合理利用绿肥。绿肥应在盛花期翻压，翻埋深度为15cm左右，盖土要严，翻后耙匀。压青后15～20天才能进行播种或移苗；腐熟的沼气液、残渣及人畜粪尿可用作追肥。严禁施用未腐熟的人粪尿；饼肥优先用于水果、蔬菜等，禁止施用未腐熟的饼肥；叶面肥料质量应符合GB/T 17419，或GB/T 17420，在作物生长期内，喷施二次或三次。微生物肥料可用于拌种，也可作基肥和追肥使用。使用时应严格按照使用说明书的要求操作。微生物肥料中有效活菌的数量应符合NY 227中4.1及4.2技术指标。

二、允许使用的肥料种类

（一）有机肥

1. 有机肥的种类

①农家肥　包括堆肥、沤肥、厩肥、沼气肥、绿肥、作物秸秆肥、泥肥、饼肥等，农家肥的卫生指标按照NY/T 5002—

2001的附录C执行；农家肥料系指就地取材、就地使用的各种有机肥料，它由含有大量生物物质、动植物残体、排泄物、生物废物等积制而成的，包括堆肥、沤肥、厩肥、沼气肥、绿肥、作物秸秆肥、泥肥、饼肥等：堆肥是以各类秸秆、落叶、山青、湖草为主要原料并与人畜粪便和少量泥土混合堆制经好气微生物分解而成的一类有机肥料；沤肥所用物料与堆肥基本相同，只是在淹水条件下，经微生物嫌气发酵而成一类有机肥料；厩肥以猪、牛、马、羊、鸡鸭等畜禽的粪尿为主与秸秆等垫料堆积并经微生物作用而成的一类有机肥料。沼气肥在密封的沼气池中，有机物在嫌气条件下经微生物发酵制取沼气后的副产物，主要有沼气水肥和沼气渣肥两部分组成；绿肥以新鲜植物体就地翻压、异地施用或经沤、堆后而的肥料，主要分为豆绿肥和非豆科绿肥两大类；作物秸秆肥以麦秸、稻草、玉米秸、豆秸、油菜秸等直接还田的肥料；泥肥以未经污染的河泥、塘泥，沟泥、港泥、湖泥等经嫌气微生物分解而成的肥料；饼肥以各种含油分较多的种子经压榨去油后的残渣制成的肥料，如菜籽饼、棉籽饼、豆饼、芝麻饼、花生饼，蓖麻饼等。

②商品肥料　是按国家法规规定，受国家肥料部门管理，以商品形式出售的肥料。包括商品有机肥、腐殖酸类肥、微生物肥、有机复合肥等。商品有机肥料是以大量动植物残体、排泄物及其它生物废物为原料，加工制成的商品肥料，腐殖酸类肥料是以含有腐殖酸类物质的泥炭（草炭）、褐煤、风化煤等经过加工制成含有植物营养成分的肥料。微生物肥料以特定微生物菌种培养生产的含活的微生物制剂。根据微生物肥料对改善植物营养元素的不同，可分成五类：根瘤菌肥料、固氮菌肥料、磷细菌肥料、硅酸盐细菌肥料、复合微生物肥料。有机复合肥是经无害化处理后的鸡禽粪便及其它生物废物加入适量的微量营养元素制成的肥料。

2. 有机肥的作用　有机肥含有农作物所需要的各种营养元

素和丰富的有机质，是一种完全肥料。它施入土壤后，分解慢，肥效长，养分不易流失。

①为农作物提供全面营养　有机肥中不但含有氮、磷、钾三要素，还含有硼、锌、钼等微量元素。施入土壤后，可为农作物提供全面的营养。

②促进微生物繁殖　有机肥腐解后，可为土壤微生物的生命活动提供能量和养料，进而促进土壤微生物的繁殖。微生物又通过其活动加速有机质的分解，丰富土壤中的养分。

③改良土壤结构　有机肥施入土壤后，能有效地改善土壤的水、肥、气、热状况，使土壤变得疏松肥沃，有利于耕作及作物根系的生长发育。见表8-2。

表8-2　施用有机肥对果园土壤理化性质的影响

处理	>0.25mm 微团聚体 (%)	容重孔隙度有机质			全N (N)	全P (P_2O_5)	全K (K_2O)	速N	速P	速K
		(%)			(g/kg)			(mg/kg)		
对照	28.06	1.58	43.73	3.37	0.31	0.30	8.62	40	5	25
施鸭粪	42.66	1.39	47.25	7.47	0.76	0.62	8.97	71	16	47
施菌棒	41.62	1.35	47.80	7.97	0.89	1.13	9.16	85	29	69
施塘泥	42.47	1.49	45.50	6.21	0.68	0.87	9.04	63	21	57

资料来源：Sutton等. *Purdue Univ.* 1*D*-101（1975）。

④增强土壤的保肥供肥及缓冲能力　有机肥中的有机质分解后，可增强土壤的深处供肥和耐酸碱的能力，为作物的生长发育创造一个良好的土壤条件。

⑤刺激作物生长　有机肥腐解后产生的一些酸性物质和生理活性物质，能够促进种子发芽和根系生长。在盐碱地上施用有机肥，还具有改良土壤的作用，可减轻盐碱对作物的危害。

⑥提高抗旱耐涝能力　有机肥施入土壤后，可增强土壤的蓄水保水能力，在干旱情况下，可提高作物的抗旱能力。施入有机肥后，还可以提高土壤的孔隙度，使土壤变得疏

松，改善根系的生态环境，促进根系的发育，提高作物的耐涝能力。

⑦提高化肥利用率　有机肥中的有机质分解时产生的有机酸，能促进土壤和化肥中的矿物质养分溶解，从而有利于农作物的吸收和利用。

3. 有机肥的技术指标　生产绿色食品的农家肥料无论采用何种原料（包括人畜禽粪尿、秸秆、杂草、泥炭等）制作堆肥，必须高温发酵，以杀灭各种寄生虫卵和病原菌、杂草种子，使之达到无害化卫生标准（详见表2-15、表2-16），农家肥料，原则上就地生产就地使用。外来农家肥料应确认符合要求后才能使用。商品肥料及新型肥料必须通过国家有关部门的登记认证及生产许可，质量指标应达到国家有关标准的要求（见表8-3），有机质含量（以干基计）。

表8-3　有机肥料的技术指标

项　目	指　标
有机质含量（以干基计），%	≥30
总养分（$N+P_2O_5+K_2O$）含量（以干基计），%	≥40
水分（游离水）含量，%	≤20
pH	5.5～8.0

禁止使用未经无害化处理的城市垃圾或含有重金属、橡胶和有害物质的垃圾；控制使用含氯化肥和含氯复合肥。

4. 牲畜粪肥　牲畜粪肥是畜牧业的副产品，任何成功的企业都应充分利用副产品，牲畜粪肥也不例外。有效处理牲畜粪肥正受到越来越多的重视。

①粪肥的成分　牲畜粪肥组成因牲畜种类和年龄、消费的饲料、所用垫草和粪尿管理系统而异。用最普通的贮存方法处理不同等级牲畜粪肥，其中的干物质、氮、磷、钾水平见于表8-4、表8-5、表8-6。正如所料，固体粪尿系统中干物质最多。粪肥以液体处理时氮最多，磷和钾一般也较多。

表 8-4 不同类型牲畜粪肥施入土壤的近似干物质和肥料养分组成及价值（固体处理系统）

牲畜类型	粪尿处理系统	干物质（%）	养分（kg/t 粗粪尿）				价值***（美元/t）
			有效 N*	全 N**	P_2O_5	K_2O	
猪	无垫草	18	2.7	4.5	4.1	3.6	5.10
	垫草	18	2.3	3.6	3.2	3.2	4.14
肉牛	无垫草	15	1.8	5.0	3.2	4.5	4.26
	垫草	50	3.6	9.5	8.2	11.8	10.44
奶牛	无垫草	18	1.8	4.1	1.8	4.5	3.36
	垫草	21	2.3	4.1	1.8	4.5	3.60
家禽	无草	45	11.8	15.0	21.8	15.4	24.72
	有草	75	16.3	25.4	20.4	15.4	26.22
	深坑（堆肥）	76	20.0	30.8	29.0	20.4	35.16

* 主要为铵态氮，生育期中对植物有效。

** 铵态氮加有机氮，释放缓慢。

*** 每千克价值为有效 N53 美分，P_2O_5 66 美分，K_2O26 美分，C·D·Spies1983 年计算。

资料来源：Sutton 等 . *Purdue Univ. 1D*-101（1975）。

表 8-5 不同类型牲畜粪肥施入土壤的近似干物质和肥料养分组成及价值（固体处理系统）

牲畜类型	粪尿处理系统	干物质（%）	养分（kg/t 粗粪尿）				价值***（美元/千加仑）
			有效 N*	全 N**	P_2O_5	K_2O	
猪	液体池	4	9.1	16.3	12.2	8.6	15.18
	氧化槽	2.5	5.4	10.9	12.2	8.6	13.26
	粪尿池	1	1.4	1.8	0.9	0.2	1.80
肉牛	液体池	11	10.9	18.1	12.2	15.4	17.94
	氧化槽	3	7.3	12.7	8.2	13.2	12.72
	粪尿池	1	0.9	1.8	4.1	2.3	3.78

（续）

牲畜类型	粪尿处理系统	干物质（%）	养分（kg/t 粗粪尿）				价值***（美元/千加仑）
			有效 N*	全 N**	P_2O_5	K_2O	
奶牛	液体池	8	5.4	10.9	8.2	13.2	11.76
	粪尿池	1	1.1	1.8	1.8	2.3	2.40
家禽	液体池	13	29.0	36.3	16.3	43.5	37.68

*主要为铵态氮，生育期中对植物有效。

**铵态氮加有机氮，释放缓慢。

***千加仑=约 4t。每千克价值为有效 N53 美分，$P_2O_5$66 美分，K_2O26 美分，C·D·Spies1983 年计算。

资料来源：Sutton 等. *Purdue Univ*. 1*D*—101（1975）。

表 8-6 每年每牲畜单位养分价值（g/kg 活体质量）

处理方法	猪			肉牛			奶牛			肉鸡		
	N	P_2O_5	K_2O	N	P_2O_5	K_2O	N	P_2O_5	K_2O	N	P_2O_5	K_2O
粪包												
撒施	84	107	124	63	77	99	77	50	112	215	200	149
撒施耕翻	102	107	124	77	77	99	91	50	112	263	200	149
露天场												
撒施	58	61	80	44	45	64	51	30	59	—	—	—
撒施耕翻	70	61	80	53	45	64	61	30	59	—	—	—
粪坑												
撒施	95	111	119	69	82	95	87	54	107	—	—	—
刀沟施	124	111	119	94	82	95	114	54	107	—	—	—
灌溉	92	111	119	65	82	95	84	54	107	—	—	—
粪尿池												
灌溉	24	25	89	18	18	71	23	14	80	—	—	—

资料来源：Sutton 等. *Purdue Univ*. 1*D*—101（1975）。

②处理和贮存粪肥的方法对养分的影响 处理和贮存粪肥的方法影响植物养分如氮、磷和钾的最终含量。不同系统中氮损失列于表 8-7。除露天场和粪尿池液体粪尿系统外，磷和钾在所有情况下只损失 5%～15%。露天场上磷、钾损失约 50%。粪尿池中大量磷沉淀出来，从施入土地的液体中损失掉。

表 8-7 处理和贮存方法对牲畜粪肥中氮损失的影响

处理和贮存方法	氮损失*（%）
固体系统	
每天刮净拖走	25
粪包	35
露天场	55
深坑（用于禽粪）	20
液体系统	
厌氧坑	25
氧化槽	60
粪尿池	80

*根据施入土地的粪肥成分与新排粪肥中的成分对比，对各系统的稀释效应做了校正。

资料来源：Sutton 等. *Purdue Univ*. 1D-101（1975）。

③施用方法　氮损失受施用方法的影响（表 8-8）。若将粪肥立即混入土壤会减少氮挥发。液体猪粪注入 20cm 深，并加入硝化抑制剂使氮保持铵态而其有效性大为改善。在大规模饲养经营中，牲畜圈在栏内，粪肥被干燥装袋，专用于草坪和花卉，是十分有价值的副产品。

表 8-8 粪肥施用方法对氮挥发损失的影响

施用方法	粪肥类型	氮损失*（%）
撒施，不耕	固体	21
	液体	27
撒施后立即耕作	固体	5
	液体	5
开沟施	液体	5
灌溉	液体	30

*施用 4 天后损失的氮占粪肥中全氮百分数。

资料来源：Sutton 等. *Purdue Univ*. 1D-101（1975）。

（二）无机（矿质）肥料

无机肥料主要是由矿物经物理或化学工业方式制成，养分呈无机盐形式的肥料，包括氮、磷、钾等大量元素肥料和微量元素肥料及其复合肥料等，主要有矿物钾肥和硫酸钾、矿物磷肥（磷矿粉）、煅烧磷酸盐（钙镁磷肥、脱氟磷肥）、粉状硫肥（限在碱性土壤使用）、石灰石（限在酸性土壤使用）。

复合肥比单质化肥增收增效，已为广大果农所认识，如何选购优质的复合肥料达到低耗高效的施肥目的，需要注意以下几个问题。

1. 掌握复合肥生产基本工艺，对选择复合肥具有指导作用　复合肥按组成工艺简单地可分为氯化钾型、硫酸钾型和硝酸钾型。果园中一般不要选用氯化钾型复合肥；硫酸钾型是忌氯或氯敏感作物使用的复合肥，专用性强，成本适中；硝酸钾型是近年来发展起来的高档复合肥，对土壤无副作用。

2. 掌握复合肥高、中、低浓度档次划分标准对选购复合肥又是一个十分必要的常识。复合肥内在质量除由生产工艺决定外，另一重要标志就是有效养分的含量，有效养分只能以氮磷钾（$N+P_2O_5+K_2O$）为标志，其它营养元素一概不作养分标志（GB15063-94 标准）。某些企业把 S 等元素标入总养分是不规范的，误导农民。有效养分≥40％为高浓度复肥，有效养分30％～40％为中浓度，有效养分 25％～30％为低浓度。三元素复肥最低养分标准为≥25％，20％～25％只能生产二元素复肥，低于 20％为国家不允许生产产品。生产上一般选用 45％的硫酸钾复合肥。

3. 选购复合肥不能仅凭外观、颗粒、颜色、溶解性判断，还要注重品牌效应　品牌是市场竞争的产物、优秀的产品具有公认的市场效应。目前国内某些小企业为了迎合一些经销商的不法要求，以劣质货冒充名牌产品或进口产品的现象层出不尽，严重坑害了农民的合法利益，应予警惕。如市场上常碰到含硫复合肥作硫酸钾复合肥品位出售，欺诈了农民。事实上从真正意义上讲，绝大多数复合肥都含硫的。

4. 选择复合肥还要因时因地因用而异　酸性土壤，有机质含量低的土壤，应选用碱性复合肥或有机复合肥，碱性土壤应选择酸性复合肥，如腐殖酸类三元复合肥，富磷或富钾土壤可选用针对性强的二元复肥。旱季可选用硝酸钾复合肥。梅季或雨季可选用铵态氮类复合肥，基肥可选用粗颗粒的复合肥，以利延长肥效，追肥可选用小颗粒的复合肥，以利加快肥效。

5. 为提高复合肥的肥效，不同施用方法应选不同剂型复合肥　作基肥施用时必须选用颗粒状复合肥，而且颗粒的硬度愈高愈好，肥效最长。选用复合肥中氮素由铵态氮配成的复合肥，有利提高氮素的利用率。如作追肥施用则应选用粉状复合肥，而且要注意复合肥磷素中的水溶性磷含量应大于40%，氮素则同NH_4-N和NO_3-N两种类型氮组成的复合肥为宜。一般基施腐植酸类复合肥的效果优于追施效果。

（三）微生物肥料

1. 复合微生物肥料是指特定微生物与营养物质复合而成，能提供、保持或改善植物营养，提高农产品产量或改善农产品品质的活体微生物制品。要求使用的微生物应安全、有效。产品按剂型分为液体、粉剂和颗粒型。粉剂产品应松散；颗粒产品应无明显机械杂质、大小均匀，具有吸水性。复合微生物肥料产品技术指标无害化指标见表8-9、表8-10。

表8-9　复合微生物肥料产品技术指标

项　目		剂　型		
		液体	粉剂	颗粒
有效活菌数（cfu）[a]，亿/g（mL）	≥	0.50	0.20	0.20
总养分（$N+P_2O_5+K_2O$），%	≥	4.0	6.0	6.0
杂菌率，%	≤	15.0	30.0	30.0
水分，%	≤	—	35.0	20.0
pH		3.0～8.0	5.0～8.0	5.0～8.0
细度，%	≥	—	80.0	80.0
有效期[b]，月	≥	3	6	

a　含两种以上微生物的复合微生物肥料，每一种有效菌的数量不得少于0.01亿/g（mL）；

b　此项仅在监督部门或仲裁双方认为有必要时才检测。

表 8-10　复合微生物肥料产品无害化指标

参　数		标准极限
粪大肠菌群数，个/g（mL）	≤	100
蛔虫卵死亡率，%	≥	95
砷及其化合物（以 As 计），mg/kg	≤	75
镉及其化合物（以 Cd 计），mg/kg	≤	10
铅及其化合物（以 Pb 计），mg/kg	≤	100
铬及其化合物（以 Cr 计），mg/kg	≤	150
汞及其化合物（以 Hg 计），mg/kg	≤	5

2. 生物有机肥　生物有机肥是指特定功能微生物与主要以动植物残体（如畜禽粪便、农作物秸秆等）为来源并经无害化处理、腐熟的有机物料复合而成的一类兼具微生物肥料和有机肥效应的肥料。要求使用的微生物菌种应安全、有效，有明确来源和种名。外观（感官）要求粉剂产品应松散、无恶臭味；颗粒产品应无明显机械杂质、大小均匀、无腐败味。生物有机肥产品技术要求见表 8-11。

表 8-11　生物有机肥产品技术要求

项　目		剂　型	
		粉剂	颗粒
有效活菌数（cfu），亿/g	≥	0.20	0.20
有机质（以干基计），%	≥	25.0	25.0
水分，%	≤	30.0	15.0
pH		5.5～8.5	5.5～8.5
粪大肠菌群数，个/g（mL）	≤	100	
蛔虫卵死亡率，%	≥	95	
有效期，月	≥	6	

3. 农用微生物菌剂　农用微生物菌剂是指目标微生物（有效菌）经过工业化生产扩繁后加工制成的活菌制剂，它具有直接或间接改良土壤、恢复地力，维持根际微生物区系平衡，降解有毒、有害物质等作用；应用于农业生产，通过其中所含微生物的生命活动，增加植物养分的供应量或促进植物生长、改善农产品

品质及农业生态环境。按内含的微生物种类或功能特性可分为根瘤菌菌剂、固氮菌菌剂、解磷类微生物菌剂、硅酸盐微生物菌剂、光合细菌菌剂、有机物料腐熟剂、促生菌剂、菌根菌剂、生物修复菌剂等。农用微生物菌剂产品的技术指标见表8-12、有机物料腐熟剂产品的技术指标见表8-13、农用微生物菌剂产品的无害化技术指标见表8-14。

表8-12 农用微生物菌剂产品的技术指标

项　目		剂　型		
		液体	粉剂	颗粒
有效活菌数（cfu）[a]，亿/g（mL）	≥	2.0	2.0	1.0
霉菌杂菌数，个/g（mL）	≤	3.0×10^6	3.0×10^6	3.0×10^6
杂菌率，%	≤	10.0	20.0	30.0
水分，%	≤	—	35.0	20.0
细度，%	≥	—	80	80
pH		5.0～8.0	5.5～8.5	5.5～8.5
保质期，月	≥	3	6	

a　复合菌剂，每一种有效菌的数量不得少于0.01亿/g（mL）；以单一的胶质芽胞杆菌（Bacillus mucilaginosus）制成的粉剂产品中有效活菌数不少于1.2亿/g。

b　此项仅在监督部门或仲裁双方认为有必要时检测。

表8-13 有机物料腐熟剂产品的技术指标

项　目		剂　型		
		液体	粉剂	颗粒
有效活菌数（cfu），亿/g（mL）	≥	1.0	0.50	0.50
纤维素酶活[a]，u/g（mL）	≥	30.0	30.0	30.0
蛋白酶活[b]，u/g（mL）	≥	15.0	15.0	15.0
水分，%	≤	—	35.0	20.0
细度，%	≥	—	70	70
pH		5.0～8.5	5.5～8.5	5.5～8.5
保质期[c]，月	≥	3	6	

a　以农作物秸秆类为腐熟对象测定纤维素酶活。

b　以畜禽粪便类为腐熟对象测定蛋白酶活。

c　此项仅在监督部门或仲裁双方认为有必要时检测。

表 8-14　农用微生物菌剂产品的无害化技术指标

参　　数		标准极限
粪大肠菌群数，个/g（mL）	≤	100
蛔虫卵死亡率，%	≥	95
砷及其化合物（以 As 计），mg/kg	≤	75
镉及其化合物（以 Cd 计），mg/kg	≤	10
铅及其化合物（以 Pb 计），mg/kg	≤	100
铬及其化合物（以 Cr 计），mg/kg	≤	150
汞及其化合物（以 Hg 计），mg/kg	≤	5

①固氮菌肥料　固氮菌肥料是指含有益的固氮菌、能在土壤和多种作物根际中固定空气中的氮气，供植物氮素营养，又能分泌激素刺激作物生长的活体制品。分为自生固氮菌肥料、根际联合固氮菌肥料、复合固氮菌肥料，成品技术指标见表 8-15。

表 8-15　成品技术指标

项　　目	液　　体	固　　体	冻　　干
外观、气味	乳白或淡褐色液体，浑浊，稍有沉淀，无异臭味	黑褐色或褐色粉状，湿润、松散，无异臭味	乳白色结晶，无味
水分，%	—	25.0～35.0	3.0
pH	5.5～7.0	6.0～7.5	6.0～7.5
细度，过孔径 0.18mm 标准筛的筛余物，%　≤	2	20.0	—
有效活菌数，个/ml（个/g、个/瓶）　≥	5.0×10^8	1.0×10^8	5.0×10^8
杂菌率[1)]，%　≤	5.0	15.0	2.0
有效期[2)]，月　≥	3	6	12

1）其中包括 10^{-6} 马丁培养基平板上无霉菌。

2）此项仅在监督部门或仲裁检验双方认为有必要时才检测。

②根瘤菌肥料　以根瘤菌为主，加入少量能促进结瘤、固氮作用的芽胞杆菌、假单胞细菌或其他有益的促生微生物的根瘤菌肥料，称为复合根瘤菌肥料。加入的促生微生物必须是对人畜及植物无害的菌种。产品按形态不同，分为液体根瘤菌肥料和固体根瘤菌肥料，以寄主种类的不同，分为莱豆根瘤菌肥料、大豆根

瘤菌肥料、花生根瘤菌肥料、三叶草根瘤菌肥料、豌豆根瘤菌肥料、首稽根瘤菌肥料、百脉根根瘤菌肥料、紫云英根瘤菌肥料和沙打旺根瘤菌肥料等。液体根瘤菌肥料见表 8-16、固体根瘤菌肥料见表 8-17。

表 8-16 液体根瘤菌肥料技术指标

项目	指标	备注
外观、气味	乳白色或灰白色均匀浑浊液体，或稍有沉淀。无酸臭气味	
根瘤菌活菌个数，10^8/mL	≥5.0	
杂菌率，%	≤5	
pH	6.0～7.2	用耐酸菌株生产的菌液，pH 可以大于 7.2
寄主结瘤最低稀释度	10^{-6}	此项仅在监督部门或仲裁检验双方认为有必要时才检验
有效期，月	≥3	此项仅在监督部门或仲裁检验双方认为有必要时才检验

表 8-17 固体根瘤菌肥料技术指标

项目	指标	备注
外观、气味	粉末状、松散、湿润无霉块，无酸臭味，无霉味	
水分含量，%	25～50	
根瘤菌活菌个数，10^8/mL	≥2.0	
杂菌率，%	≤10	
pH	6.0～7.2	
吸附剂颗粒细度	大粒种子（大豆、花生、豌豆等）用的菌肥，通过孔径 0.18mm 筛的筛余物≤10%；小粒种子（三叶草、苜蓿、紫云英等）用的菌肥，通过孔径 0.15mm 筛的筛余物≤10%	

（续）

项　　目	指　　标	备　　注
寄主结瘤最低稀释度	10^{-6}	此项仅在监督部门或仲裁检验双方认为有必要时才检验
有效期，月	≥6	此项仅在监督部门或仲裁检验双方认为有必要时才检验

③磷细菌肥料　磷细菌肥料是指含有益磷细菌微生物，能分解土壤中的难溶性磷化物，改善作物磷素营养状况，又能分泌刺激素刺激作物生长发育的活体微生物制品。按剂型不同分为：液体磷细菌肥料、固体粉状磷细菌肥料和颗粒状磷细菌肥料；按菌种及肥料的作用特性分为：有机磷细菌肥料、无机磷细菌肥料。有机磷细菌肥料：能在土壤中分解有机态磷化物（卵磷脂、核酸和植素等）的有益微生物经发酵制成的微生物肥料；无机磷细菌肥料：能把土壤中难溶性的不能被作物直接吸收利用的无机态磷化物溶解转化为作物可以吸收利用的有效态磷化物。固体（颗粒）磷细菌肥料技术指标见表 8-18。

表 8-18　固体（颗粒）磷细菌肥料技术指标

项　　目	指　　标
外观、气味	松散、黑色活灰色颗粒，微臭
水分，%	≤10
有机磷细菌肥料	≥0.5
无机磷细菌肥料	≥0.5
细度（粒径）	全部通过 2.5～4.5mm 孔径的标准筛
pH	6.0～7.5
杂菌率，%	≤20
有效期，月	≥6

④硅酸盐细菌肥料　硅酸盐细菌肥料是指能释放钾、磷与灰分元素，改善作物营养条件的有益微生物发酵制成的活体微生物肥料制品。在土壤中通过其生命活动，增加植物营养元素的供应

量，刺激作物生长，抑制有害微生物活动，有一定的增产效果。按剂型不同分为：液体菌剂、固体菌剂和颗粒菌剂。成品技术指标见表 8-19。

表 8-19 成品技术指标

项目	液体	固体	颗粒
外观	无异臭味	黑褐色或褐色粉状，湿润、松散，无异臭味	黑色或褐色颗粒
水分，%	—	25.0～50.0	≤10.0
pH	6.5～8.5	6.5～8.5	6.5～8.5
细度，%	—	过孔径 0.18mm 标准筛的筛余物≤20	孔径 5.0mm～2.5mm≤10
有效活菌数，个/ml（个/g、个/瓶） ≥	5.0×10^8	1.2×10^8	1.0×10^8
杂菌率[1]，% ≤	5.0	15.0	15.0
有效期[2]，月 ≥	3	6	6

1）其中包括 10^{-6} 马丁培养基平板上无霉菌。

2）此项仅在监督部门或仲裁检验双方认为有必要时才检测。

⑤光合细菌菌剂　光合细菌菌剂是指以紫色非硫细菌（*Purple Nonsulfur Bacteria*）中所属的一种或多种光合细菌为菌种，采用有机、无机原料，经发酵培养而成的光合细菌活菌制品。产品技术指标见表 8-20。

表 8-20 光合细菌菌剂技术指标

项目	剂型		
	液体	粉剂	颗粒
外观、气味	紫红色、褐红色、暗红色、棕红色、棕黄色等液体，略有沉淀、略具清淡的腥味	粉末状、略具清淡的腥味	颗粒状、略具清淡的腥味
pH	6.0～8.5	6.0～8.5	6.0～8.5
水分，%	—	20.0～35.0	5.0～15.0
细度筛余物，%	—	≤20.0	—

（续）

项 目	剂 型		
	液 体	粉 剂	颗 粒
孔径 0.18mm 孔径 1.00mm～4.75mm	—	—	≤20.0
有效活菌数，个/mL（个/g） ≥	5.0×10^{8}	2.0×10^{8}	1.0×10^{8}
杂菌率，% ≤	10.0	15.0	20.0
霉菌杂菌 10^{6}/g（mL） ≤	3.0	3.0	3.0
有效期	不得低于 6 个月	不得低于 6 个月	不得低于 6 个月
蛔虫卵死亡率（%） ≥	95		
粪大肠菌群个/g（mL） ≤	100		

注：有效期仅在监督部门或仲裁双方认为有必要时才检验

（四）叶面肥

喷施于植物叶片并能被其吸收利用的肥料，叶面肥料中不得含有化学合成的生长调节剂。包括含微量元素的叶面肥和含植物生长辅助物质的叶面肥料等。

（五）有机无机肥

有机肥料与无肌肥料通过机械混合或化学反应而成的肥料。掺合肥在有机肥、微生物肥、无机（矿质）肥、腐殖酸肥中按一定比例掺入化肥（硝态氮肥除外），并通过机械混合而成的肥料。

（六）气体肥料

在一定的生产栽培条件下，二氧化碳（CO_2）浓度决定光合作用强度。在光照充分、温度较高时（28℃），CO_2浓度从通常的 300μL/L 增加到 1 000～2 400 微升/升，可使光合作用提高 2 倍。所以，使用 CO_2，对于提高产量、品质具有极显著的作用。

1. CO_2施肥方法

①将叫干冰放于果树作物的地表。

②施用罐装气态的或液态的CO_2。

③可从燃烧枯木枝干、天然气、燃料油和丙烷获得，但要防止内含有毒物质。

④像美国、澳大利亚的果园一样利用防寒的大风扇，于8～11小时和15～17小时开动，改善CO_2因光合作用造成的分布不平衡状况。

⑤增加有机肥的施用，据山东省果树研究所报道，板栗园施马粪，地面释放出的CO_2：浓度提高了142%，光合强度提高54%。试验证明，天然气作肥料，既提高地力，又避免土壤板结。试验地3年后好气性细菌数增加50倍以上，同比化肥投资减少。

2. 秸秆生物反应堆CO_2施肥技术　所谓秸秆生物反应堆技术，就是采用生物技术，将秸秆转化为作物所需要的二氧化碳、热量、生防效应、矿质元素、有机质等，进而获得高产、优质、无公害的农产品。该项技术的实施，可加快农业生产要素的有效转化，使农业资源多层次充分再利用，农业生态进入良性循环。秸秆反应堆的技术原理是：植物光合吸收二氧化碳和水形成的秸秆，通过加入微生物菌种、催化剂和净化剂，在通氧的条件下定向重新产生二氧化碳、水、热和矿质元素，在这个过程中又产生出大量的抗病虫的菌孢子，再通过一定的工艺设施，提供给作物，使作物更好地生长发育。这样植物光合合成有机物，微生物氧化分解有机物，二者在物质转化，重复再利用的过程中构成了一个良性循环的生物圈。该技术应用的综合表现为：20cm地温增加4～5℃，群体内CO_2浓度提高1～2倍，叶片变大增厚，叶色浓绿，枝干粗壮，不用环割，不用化肥，坐果多，果实变大，抗逆性提高，含糖量增加2%～3%，产量提高50%～250%，成熟期提前10～15天，农药用量减少70%以上。

秸秆生物反应堆和植物疫苗技术的用法：

（1）内置式秸秆生物反应堆和植物疫苗应用要点

①内置式秸秆生物反应堆的建造时期　每年11月中旬至翌年9月下旬，最佳时间为11月上旬至4月下旬。

②秸秆、菌种和疫苗用量　秸秆用量3 000kg～4 000kg/666.7m²，菌种用量4kg～5kg/666.7m²，疫苗用量2kg/666.7m²。

③菌种和疫苗处理方法　在建造内置式反应堆和接种疫苗前2天，要进行菌种和疫苗的处理，按每千克菌种和疫苗分别兑加15kg麦麸，50kg粉碎的玉米芯，加水80kg，搅拌均匀，堆放一昼夜开始使用，若当天使用不完，第二天就要及时摊薄8～10cm散热，以预防温度过高，菌种疫苗失活。

④建造方法　在树冠下部先清理树干至树冠下方的表层土，厚度5cm，宽度与树冠宽度相等。把所起土壤分放树冠外缘下方，起土深度应掌握靠主干浅（8～10cm），外缘深（18～25cm），使大部分毛细根露出。所起土壤分放四周，围成圆型或方型的埂畦式，并在埂畦内按30cm×30cm见方刨穴（深10cm），使其穴内的毛细根有破伤或断根，接种植物疫苗于穴内，穴内接种量为每棵接种量的2/3，其余1/3均匀撒在表面。然后，在畦内铺放秸秆，在秸秆上按每株用量均匀撒接反应堆菌种，此后将所起土壤重新回填到秸秆上使其秸秆全部盖严，接着灌足水分。晾晒2～3天后盖膜，待发芽后按50cm×50cm见方进行打孔（工具可用14号钢筋），打孔深度以穿透秸秆层为宜。如反应堆是在叶片展开后建造的，就要随盖膜随打孔。

（2）外置反应堆的建造

①建造方法　在桃树叶片展开后，在枣园中选一个合适的位置，按每亩挖一条长4～5m，宽1m，深0.6～0.8m的沟，用7～8丝农膜铺底，接着用水泥杆或木棍在沟上缘按50cm间距摆放压住农膜，再按20cm间距纵向在杆或棍上拉几道固定铁丝，并在两头埋设地锚固定。然后，在铁丝上摆放秸秆（在一头留出

50cm取液口），每摆放40～50cm秸秆撒一层菌种，依次摆放接种3层，接种完毕后，进行淋水湿透（此时沟内由上部反应堆流下的水为沟深的2/3），最后盖膜发酵，待7～8天后将沟内的水抽出，循环浇淋在反应堆上，使其反应堆内水再流入沟内，该水过滤后，可用喷雾器进行田间叶面喷施或灌根，开花前用量75kg/666.7m^2；开花后每666.7m^{2}用量100kg；果实膨大期用量125kg/666.7m^2；收获前用量kg/666.7m^2，每10～15天喷施一次，防病又增产。

②反应堆加水　一般外置反应堆10天左右加一次水，水量以湿透秸秆为准。秸秆转化消耗二分之一时，需填料加接菌种。一季栽培需填加2～3次秸秆。

③秸秆生物反应堆浸出液的效果　秸秆转化后的浸出液，具有营养齐全，含有大量的CO_2，抗病虫害孢子和其他有益物质。用它浇根和喷施叶面有显著增产、生根和防病虫等作用。一般一个生长季节灌根两次，开花前期和果实膨大期进行，每株用10～15kg，结合浇水进行。叶面喷施时先过滤，再按3份浸出液兑一份水混合喷施，喷施主要部位是叶、果。

第四节　施肥量

一、影响施肥量的因素

1. 品种　开张性品种如大久保生长较弱，结果早，应多施肥；直立性品种生长旺，可适量少施肥。坐果率高、丰产性强的品种应多施肥；反之则少施。

2. 树龄、树势和产量　树龄、树势和产量三者是相互联系的。树龄小的树，一般树势旺，产量低，可以少施氮肥，多施磷钾肥。成年树树势减弱，产量增加，应多施肥，注意氮、磷和钾肥的配合，以保持生长和结果的平衡。衰老树长势弱，产量降低，应增施氮肥，促进新梢生长和更新复壮。

一般幼树施肥量为成年树的20%～30%，4～5年生树为成年树的50%～60%，6年生以上的树达到盛果期的施肥量。

3. 土质　土壤瘠薄的沙土地、山坡地，应增加施肥量。肥沃的土地，应相应减少施肥量。

4. 根据肥料的质量和性质确定施肥量，不同的肥料所含营养成分不同，含量也不同。因此对肥料的用量要求也不同。

二、施 肥 量

施肥量的多少要以营养分析（叶分析）为指导，结合生产实践，根据土壤肥力、树势、产量、气候等因素确定。一般基肥用量占全年施肥量的50%～80%，大量元素的比例氮∶磷∶钾为1∶0.5∶1；每50kg果施基肥100～150kg；追施氮350～400g，磷250～300g，钾500g，施用时期为萌芽前2～3周施1/3，以氮为主；5月下旬至6月上旬硬核前，施用氮磷钾各总量的1/3多；其他时期根据树势酌情施用。对于结果多，枝条充实、花芽分化好的植株要增施肥料。对于结果虽不多，但枝条不充实，花芽分化不良的植株也要增施肥料。对于花芽少、结果少、树势旺的植株要少施或暂时停施肥料。幼龄桃树如果生长势强旺，没有产量或产量不高，此时可以少施肥甚至暂时不施肥。随着树龄的增大，施肥量也应最大，并且要注意氮、磷、钾肥的比例。同龄树的施肥量还要看树冠大小，树冠大的应适当多施，树冠小的可以适当少施。

第五节　施肥技术

一、施肥时期和方法

1. 秋施基肥　果实采收后（9～10月份），地温较高，有利于肥料腐烂分解。根系处于第二次生长高峰期，断根可再生新根，促进根系的生长，增加吸收量，提高树体的贮藏营养水平，充实花芽。在基肥的施用中，最好以厩肥、土杂肥等有机肥为主，每株施用有机肥 50～100kg，丰产园每年施有机肥 2 000～5 000kg/666.7m^2。有机肥用量较少的情况下，氮肥用量可根据树龄的大小和桃树的长势，以及土壤的肥沃程度灵活确定。一般基肥中氮肥的施用量约占年总施肥量的 40%～60%，每株成年桃树的施肥量折合纯氮为 0.3～0.6kg；一般磷肥主要作基肥施用，如果同时施入较多的有机肥，每株折合纯五氧化二磷为 0.3～0.5kg（相当于含磷量的 15%的过磷酸钙 2～3.3kg 或含磷量 40%的磷酸铵 0.75～1.25kg）；一般基肥中的钾肥施用量折合纯氧化钾为 0.25～0.5kg（相当于含氧化钾量 50%的硫酸钾 0.5～1kg），注意施肥时不要靠树体太近，施肥时要适当与土壤混合，以免造成烧根。土壤含水量较多、土壤质地较黏重、树龄较大、树势较弱的桃树，在施用有机肥较少的情况下，施肥量可取高量；反之则应减少用量，并适量混入过磷酸钙、硫酸钾复合肥等无机肥并适量，沟施以 20～40cm 深为宜。施肥量为全年施人量的 60%～80%（折合三要素含量计算）。春施者应在土壤化冻后立即施入，萌芽前三周施完。春施基肥应充分腐熟。通常采用环状或放射状沟施。追肥的时期、肥料种类见表 8-21。

表 8-21　桃树土壤追肥的时期、肥料种类

次数	物候期	时　期	作　用	肥料种类
1	萌芽前后	3 月上、中旬	补充上年树体贮藏营养的不足，促进根系和新梢生长，提高坐果率	以氮肥为主，秋施基肥没施磷肥时，加入磷肥
2	硬核期	5 月下旬至 6 月上旬	促进果核和种胚发育、果实生长和花芽分化	氮磷钾肥配合施，以磷钾肥为主
3	催果肥	成熟前 20～30 天	促进果实膨大，提高果实品质和花芽分化质量	以钾肥为主，配合氮肥

（续）

次数	物候期	时　期	作　用	肥料种类
4	采后肥	果实采收后	恢复树势，使枝芽充实、饱满，增加树体贮藏营养，提高抗寒性	以氮肥为主，配以少量磷钾肥，只对结果量大、树势弱的施肥，施肥量小

2. 追肥　追肥即施用速效肥料来满足和补充桃树某个生育期所需要的养分。施肥的方法有点施、撒施、沟施及叶面喷施。一般果园每年追肥2～3次，具体追肥次数、时间，要根据品种、产量和树势等确定。

萌芽前后：桃根系春季开始活动期早，所以萌芽前的追肥宜早不宜迟。一般在土地解冻后、桃树发芽前1个月左右施入为宜。对树势弱、产量高的大树尤其要追肥，以补充上年树体贮藏营养的不足，为萌芽做好准备。萌芽后，为充实花芽，提高开花坐果能力，也要追肥，以补充树体的贮藏营养。追施的肥料应以速效性氮肥为主。

开花前后：花芽开花消耗大量贮藏营养，为了提高坐果率和促进幼果、新梢的生长发育以及根系的生长，在开花前后追肥应以速效性氮肥，并辅以硼素。土壤肥力高时，可在花前施，花后不再施。

核开始硬化期：此时是由利用贮藏营养向利用当年同化营养的转换时期，种胚开始发育和迅速生长，果实对营养元素的吸收开始逐渐增加，新梢旺盛生长并为花芽分化做物质准备。此时的追肥应以钾肥为主，磷、氮配合，早熟品种的氮、磷可以不施，中晚熟品种施氮量占全年的20%左右，树势旺可少施或不施，磷为20%～30%，钾为40%。

采前追肥：采前2～3周果实迅速膨大，增施钾肥或氮钾结合可有效增产和提高品质，采果肥氮肥用量不宜过多，否则刺激新梢生长，反而造成质量下降。采果肥一般占施肥量的

15%～20%。

采后补肥：果实采收后施肥，以磷、钾为主，主要补充因大量结果而引起的消耗，增强树体的同化作用，充实组织和花芽，提高树体营养和越冬能力。多在9～10月份施入。

根外追肥：根外追肥全年均可进行，可结合病虫害防治一同喷施。利用率高，喷后10～15天即见效。土壤条件较差的桃园，采取此法追施含硼、锌、锰等元素的肥料更有利。某些元素如钙、铁等在土壤条件不良时易被固定，难以被根系吸收，在树体内又难以移动。因此，常出现缺素症状。采用叶面喷施法，对矫正缺素症效果很好。定植在砂姜黑土上的桃树容易出现缺铁症状，如连续喷施2～3遍0.3%的硫酸亚铁，缺素症状即可消失。晚熟桃果实生长后期因缺钙而发生裂果，如在果实发育期喷洒3～4次氨基酸钙或0.3%～0.4%氯化钙，裂果明显减少。距果实采收期20天内停止叶面追肥，叶面追肥浓度：尿素0.3%，磷酸二氢钾0.3%～0.5%，硫酸亚铁0.2%～0.5%，硼砂0.3%，硫酸锌0.1%，氨基酸钙300～400倍液，氯化钙0.2%～0.3%。在开花期喷0.2%～0.5%的硼砂，生长期喷施0.1%～0.4%的硫酸锌。缺铁时喷有机铁制剂。整个生长季都可以喷3～4次0.3%～0.4%的尿素和0.2%～0.4%磷酸二氢钾。常用叶面肥浓度见表8-22。

表8-22 桃树叶面喷肥的常用浓度

肥料	浓度	肥料	浓度
尿素	0.3%～0.4%	硫酸钾	0.3%～0.4%
硫酸铵	0.4%～0.5%	硫酸亚铁	0.2%
磷酸二铵	0.5%～1%	硼酸	0.1%
磷酸二氢钾	0.3%～0.5%	硫酸锌	0.1%
过磷酸钙	0.5%～1%	草木灰浸出液	10%～20%
光合微肥	300倍	氨基酸复合微肥	300～500倍

根外追肥应注意如下问题：

①在不发生肥害的前提下，尽可能使用高浓度，只有这样才

能保证最大限度地满足植物对养分的需要，且能加速肥料的吸收。根外追肥适宜浓度的确定，与生育期和气候条件有关。幼叶浓度宜低，成龄叶宜高。降雨多的地区可高些，反之要低。

②喷肥次数　根外追肥的浓度一般较低，每次的吸收量很少，每次喷1%尿素溶液，其每公顷用量也不过30kg，这个量比需求量低得多，而且喷后5天之内效果好，20天以后效果显著降低或无效。因此，像尿素、磷酸二氢钾等肥料应增加喷施次数才能得到理想的效果。尿素应在生长的前期和后期使用，喷0.3%溶液3～5次。过磷酸钙宜在果实生长初期和采果前喷施，一般可喷2～3次。为了提高鲜食桃的耐藏性，在采收前1个月内可喷施2次1.5%的醋酸钙溶液。磷酸二氢钾和草木灰宜在生长中后期喷施，可喷4～5次，尤其在果实着色期以及采果后到落叶前，对于提高果实品质，促进花芽分化有良好的促进作用。

③必须适时喷施　当桃需要的某种元素缺乏时，喷该元素效果最佳。

④确定最佳喷施部位　不同营养元素在体内移动是不相同的，因此，喷布部位应有所不同，特别是微量元素在树体内流动较慢，最好直接施于需要的的器官上。

⑤选择适宜喷肥时间　在炎热天气喷肥，最好选择无风或微风的晴天上午10时以前或下午4时之后进行喷施。在气温高时，根外追肥的雾滴不可过小，以免水分迅速蒸发。湿度较高时根外喷肥的效果较理想。

配制叶面肥的注意事项

①过磷酸钙浸泡时间宜长些。过磷酸钙只有在水中浸泡16～18小时以上，才能将有效成分溶解出来，喷后效果才好。

②硼砂宜先用沸水溶解。

③配制高锰酸钾宜用清洁冷水。

④硫酸亚铁的配制。配制硫酸亚铁的水偏碱或钙含量偏高，易形成沉淀，在配制时，每100kg水中可先加入10mL有机酸或

100～200mL 食醋，使水酸化后，再加入硫酸亚铁配制溶液。

3. 施肥方法 桃根系较浅，大多分布在 20～50cm 深度内，因此，施肥深度宜在 30～40cm。

①环状（轮状）施肥 环状沟应开于树冠外缘投影下，沟深 30～40cm，沟宽 30～40cm，施肥量大时沟可挖宽挖深一些。施肥后及时覆土。适于幼树和初结果树，太密植的树不宜用。

②放射沟（辐射状）施肥 由树冠下向外开沟，里面一端起自树冠外缘投影下稍内，外面一端延伸到树冠外缘投影以外。沟的条数 4～8 条，宽与深由肥料多少而定。施肥后覆土。这种施肥方法伤根少，能促进根系吸收，适于成年树，太密植的树也不宜用。第二年施肥时，沟的位置应错开。

③全园施肥 先把肥料全园铺撒开，用耧耙与土混合或翻入土中。生草条件下，把肥撒在草上即可。全园施肥后配合灌溉，效率高。这种方法施肥面积大，利于根系吸收，适于成年树、密植树。

④条沟施肥 果树行间顺行向开沟，可开多条，随开沟随施肥，及时覆土。此法便于机械或畜力作业。国外许多果园用此法施肥，效率高，但要求果园地面平坦，条沟作业与流水方便。开条状沟施肥，但需每年变换位置，以使肥力均衡。

二、施基肥的注意的问题

1. 在施基肥挖坑时，注意不要伤大根，以免损伤太大，几年都不能恢复，过多地影响吸收面积。

2. 基肥必须尽早准备，以便能够及时施入。施用的肥料要先经过腐熟，因为施用新鲜有机肥，在土壤中要进行腐熟和分解，在分解过程中，要放出大量热量、二氧化碳，还要吸收大量水分，影响根系的生长，甚至进行分解作用的微生物，在自己繁殖的过程中，还要吸收土壤中的氮素，与桃争水、争肥，而且也易发生肥害。

3. 同量肥料连年施用比隔年施用效果好。这是因为每年施入有机肥料时会伤一些细根，起到了根系修剪的作用，使之发出更多的新根。同时，每年翻动一次土壤，也可起到疏松土壤、加速土肥融合、有利于土壤熟化的作用。

4. 有机肥与难溶性化肥及微量元素肥料等混合施用。有些难溶性化肥如与有机肥混合发酵后施用，可增加其有效性。在基肥中可加入适量硼，一般每公顷 15.0～22.5kg 硼酸，将 30～45kg 硫酸亚铁与有机肥混匀后，一并施入。

5. 要不断变换施肥部位。

6. 施肥深度要合适，不要地面撒施和压土式施肥。

第九章　桃园的水分管理

桃树对水分较为敏感，表现为耐旱怕涝，但自萌芽到果实成熟需要供给充足的水分，才能满足正常生长发育的需求。适宜的土壤水分有利于开花、坐果、枝条生长、花芽分化、果实生长与品质提高。在桃整个生长期，土壤含水量在40%～60%的范围内有利于枝条生长与生产优质果品。试验结果表明，当土壤含水量降到10%～15%时，枝叶出现萎蔫现象。一年内不同的时期对水分的要求不同。桃需水的两个关键时期，即花期和果实最后膨大期。如花期水分不足，则萌芽不正常，开花不齐，坐果率低。果实的最后膨大期如土壤干旱，会影响果实细胞体积的增大，减少果实重量和体积。这两个时期应尽量满足桃树对水分的需求。若桃树生长期水分过多，土壤含水量高或积水，则因土壤中氧气不足，根系呼吸受阻而生长不良，严重时出现死树。因此，需根据不同品种、树龄、土壤质地、气候特点等来确定桃园灌溉、排水的时期和用量。

第一节　灌　　水

一、灌水的时期

1. 萌芽期和开花期　这次灌水是补充长时间的冬季干旱，为使桃树萌芽、开花、展叶，早春新梢生长，扩大枝、叶面积、提高坐果率做准备。此次灌水量要大，一次灌水要灌透，春季灌水宜足、次数宜少，以免降低地温。如缺水，会影响开花坐果。

2. 花后至硬核期　此时枝条、果实均生长迅速，需水量较多，枝条生长量占全年总生长量的50%左右。但硬核期对水分也很敏感，水分过多则新梢生长过旺，与幼果争夺养分会引起落果，所以灌水量应适中，不宜太多。如缺水，则新梢短，落果增多。

3. 果实膨大期 一般是在果实采前20～30天，此时的水分供应充足与否对产量影响很大。此时早熟品种在北方还未进入雨季，需进行灌水。中早熟品种以后（6月下旬）已进入雨季，灌水与否以及灌水量视降雨情况而定。此时灌水也要适量，灌水过多有时会造成裂果、裂核。如缺水，果实不能膨大，影响产量和品质。对一些容易裂果的晚熟品种灌水尤应慎重，如中华寿桃和寒露蜜桃，干旱时亦应轻灌。

4. 封冻水 我国北方秋、冬干旱，在入冬前充分灌水，对桃树越冬有好处。灌水的时间应掌握在以水在田间能完全渗下去，而不在地表结冰为宜。

二、灌水量

一般以达到土壤田间最大持水量的60%～80%为宜，一年中需水一般规律是前多、中少、后又多。掌握灌一控一灌的原则，达到促、控、促的目的。按物候期生产上通常采用萌芽水、花后水、催果水、冬前水4个灌水时期。一般认为土壤最大持水量在60%～80%为桃树最适宜的土壤含水量。当含水量在50%～60%以下时，持续干旱就要灌水。亦可凭经验测含水量，如壤土和沙性土桃园，挖开10cm的湿土，手握成团不散说明含水量在60%以上，如手握不成团，撒手即散则应灌水；中午高温时，看叶有萎蔫低头现象，过一夜后又不能复原，应立即灌水。生产中可参考以下公式计算：灌水量（t）＝灌水面积（m^2）×树冠覆盖率（%）×灌水深度（m）×土壤容重×［要求土壤含水量（%）－实际土壤含水量（%）］。灌水前，可在树冠外缘下方培土埂、建灌水树盘，通常每次约灌水 70～100kg/m^2，每个树盘一次灌水量为：3.14×树盘半径（m^2）×70～100kg；单位面积桃园全部树盘的灌水量为：每个树盘一次灌水量×单位面积的株数。生产实践中的灌水量往往低于计算出的理论灌水量，应注意改良土壤，蓄水保墒，节约用水。

三、灌水方法

1. 地面灌溉 常用的方法有树盘或树行灌水、沟灌、穴灌等。树盘或树行灌水，在树冠外缘的下方作环状土埂，或树行的树冠外缘下方作两条平行直通土埂，埂宽 20～30cm，埂高 15～20cm，通过窄沟将水引入树盘或树行内，经一定时间待水与埂高近似时，封闭土埂。水渗下后，及时中耕松土。沟灌，在树冠外缘向里约 50cm 处，挖宽 30cm、深 25cm 的环状沟或井字沟，通过窄沟将水引入环状沟或井字沟内，经一定时间待环状沟或井字沟水满为止。水渗下后，用土埋沟保蓄水分。穴灌，在树冠外缘稍向里挖 10 个穴左右，每个穴的直径为 30cm，穴深 60cm，挖穴时勿伤粗根。用桶将每个穴灌满水，再用草封盖穴口，灌水后两天调查，水分渗透的直径达 1m，这是一种较省水的地面灌水方法。即在地上修筑渠道和垄沟，将水引入果园。其优点是灌水充足，保持时间长，但用水量大，渠、沟耗损多，在水源充足地区可以采用。

2. 地下灌水 在果园地面以下埋设透水管道，将灌溉水输送到根系分布区，通过毛细管作用湿润土壤的一种灌水方法。其优点是不占地，不影响地面操作，不破坏土壤结构，较省水，养护费用很低；缺点是一次性投资费用大。

3. 喷灌 喷灌比地面灌溉省水 30%～50%，并有喷布均匀、减少土壤流失、调节果园小气候、增加果园空气湿度、避免干热、低温和晚霜对桃树的伤害等特点，同时节省土地和劳力，便于机械化操作，但在风多而风大的地区不宜应用。由水源、进水管、水泵站、输水管道（干管和支管）、竖管、喷头组成，喷头将水喷射成细小水滴，像降雨均匀地洒布在果园的地面进行灌溉。喷灌系统分固定式、半固定式、移动式3种类型。竖管基本上分高、矮两种，高竖管能使水滴喷到地面和树冠上，有利于降低夏季叶面与果实的温度，但易促发果树病害；矮竖管使水滴喷到树冠以下的部位，果树病害发生较轻。喷头分为旋转式、固定式、孔管式3种；按其工作压力和射程大小又分为低压喷头、中压喷头、高压喷头3种。低压喷头即是近射程喷头，其工作压力为每平方厘米1～3kg，喷水量为每小时少于10t水，射程为20m以内，因其耗能少，喷灌质量较高，应用多。喷灌的主要技术指标，一是喷灌强度，即单位时间内喷洒在一定面积上的水量或水深，其单位以mm/分钟或cm/小时表示。要求喷洒到地表的水能及时渗入土中，不致于产生地面径流冲刷土壤。二是水滴直径，即喷洒的水滴大小，其单位以mm表示。水滴过大，易造成土壤板结；水滴过小，在空中损耗大，也易受风的干扰。通常，水滴直径以1～3mm为宜。三是喷灌均匀度，即喷灌面积水量分布的均匀程度，用均匀系数K表示。K为1时，各点的喷灌均匀；K小于1，越小喷灌越不均匀。通常应选用适当的喷头和喷头组合的排列形式，调控好均匀系数。喷灌的主要优点是省水，减少地面径流，避免水土流失，同时也可调节果园小气候，节省劳力。

4. 滴灌　是将灌溉用水在低压管系统中送达滴头，由滴头形成水滴后，滴入土壤而进行灌溉，用水量仅为沟灌的1/5～1/4，是喷灌的1/2左右，而且不会破坏土壤结构，不妨碍根系的正常吸收，具有节省土地、增加产量、防止土壤次生盐渍化等优点。对于提高果品产量和品质均为有益，是一项有发展前途的灌溉技术，特别是在我国缺水的北方，应用前途广阔。由水源、进水管、控制设施（水泵、水表、压力表、肥料罐、过滤器等）、输水管道（干管、支管、毛管）、滴头等组成，滴头将水滴到果树根系分布范围进行渗透、扩散灌溉。输水管道一般为塑料管，其直径粗度应与供水量相适应，其长度因输水距离面定，多埋设在地下。毛管通常为可绕曲的聚氯乙烯或聚乙烯的软管，每行树铺设一根毛管。每个滴头按每小时滴水量为 4kg 计算，滴水的扩渗半径为 0.5m，每株树安装的滴头数量，应根据滴水的扩渗半径和树体大小等因素确定。滴头可分为管间滴头、孔眼式滴头、螺帽式滴头、发丝滴头 4 种，其每小时滴水量为 2～4kg 不等。滴灌特别适用于果树，它比喷灌能省水 30%以上，具有广阔的发展前途。桃园进行滴灌时，滴灌的次数和灌水量依灌水时期和土壤水分状况而不同。在桃树的需水临界期进行滴灌时，春旱年份可隔天灌水，一般年份可 5～7 天灌水 1 次。每次灌溉时，应使滴头下一定范围内土壤水分达到田间最大持水量，而又无渗漏为最好。采收前灌水量，以使土壤湿度保持在田间最大持水量的 60%左右为宜。

四、灌水与防止裂果

有些品种易发生裂果，如 21 世纪、华光、瑞光 3 号等，这与品种特性有关，但也与栽培技术有关，尤其与土壤水分状况有关。尽量避免前期干旱缺水，后期大水漫灌。因为灌水对果肉细胞的含水率有一定影响，如果能保持稳定的含水量，就可以减轻或避免裂果。滴灌是最理想的灌溉方式，它可为易裂果品种生长发育提供较稳定的土壤水分和空气湿度，有利于果肉细胞的平稳增大，减轻裂果。如果是漫灌，也应在整个生长期保持水分平衡，果实发育的第三期适时灌水，保持土壤湿度相对稳定。

五、穴贮肥水

在水源缺乏的地区，穴贮肥水施肥法效果很好。具体方法：

在树冠下以树为中心，沿树盘埂壁挖深 40cm 左右、直径 20～30cm 的穴。用玉米秸、麦秸、杂草捆绑好后放在水及肥混合液中浸泡透，然后装入穴中，在草把周围土中混 100g 左右的过磷酸钙，草把上施尿素 50～100g，随即每穴浇水 30～50kg，用土填实，穴顶留小洼，地面平整，口面用农膜覆盖，边缘用土封严，在穴洼处穿一孔，以便灌水施肥和透入雨水，孔上压上石头利于保墒和积水，以后根据果园旱情每隔一定时间灌水一次。穴贮肥水可以提高早春土壤温度、湿度，节约用水，起到了水肥贮藏供给库和养根壮树的作用。穴贮肥水地膜覆盖技术简单易行，投资少见效大，具有节肥、节水的特点，一般可节肥 30%，节水 70%～90%；在土层较薄、无水浇条件的山丘地应用效果尤为显著，是干旱果园重要的抗旱、保水技术，一般穴可维持 2～3 年，草把应每年换一次，发现地膜损坏后应及时更换，再次设置穴时改换位置，逐渐实现全园改良。

六、灌溉施肥

灌溉施肥是将肥料通过灌溉系统（喷灌、微量灌溉、滴灌）进行果园施肥的一种方法。近年来国内外均较重视，并开展了一些研究与生产试验。

1. 灌溉施肥具有的特点和好处

①肥料要素已呈溶解状态，因而比肥料直接施于地表能更快地为根系所吸收利用，提高肥料利用率。据澳大利亚报道，与地面灌溉相比，滴灌施肥可节省肥料 44%～57%，喷灌施肥可节省 11%～29%。

②灌溉时期有高度的灵活性，可完全根据果树的需要而安排。

③在土壤中养分分布均匀，既不会伤根，又不会影响耕作层土壤结构。

④能节省施肥的费用和劳力。灌溉施肥尤对树冠交接的成年果园和密植果园更为适用。据国外报道，对甜橙幼树滴灌施氮或施氮磷钾肥效果良好。有的试验表明，在微量灌溉施肥中，果实含酸量降低明显，而对果实产量、大小及品质的影响与肥料直接施用的差异不明显。

2. 灌溉施肥还须注意的问题

①喷头或滴灌头堵塞是灌溉施肥的一个重要问题，必须施用可溶性肥料。

②两种以上的肥料混合施用，必须防止相互间的化学作用，以免生成不溶性的化合物，如硝酸镁与磷、氨肥混用会生成不溶性的磷酸铵镁。

③灌溉施肥用水的酸碱度以中性为宜，如碱性强的水能与磷反应生成不溶性的磷酸钙，会降低多种金属元素的有效性，严重影响施用效果。

第二节 排 水

桃树怕涝，当果园土壤长期积水，土壤中氧气含量太低，不能满足根系正常呼吸作用时，桃树根系的正常生理活动受阻，根系的呼吸作用紊乱，有害物质含量积累，甚至导致树体死亡。研究表明，当土中氧气含量低于5%时，根系生长不良，低于2%～3%时根系就停止生长，呼吸微弱，吸肥吸水受阻，造成白色吸收根死亡。在土壤中因积水而缺氧的状况下，产生硫化氢、甲烷类有毒气体，毒害根系而烂根，造成与旱象相类似的落叶、死树症状；秋雨过多将造成枝条不充实，并易患根腐病，积水易导致桃树死亡，雨季要注意及时排水防涝。对一些晚熟品种，如中华寿桃、寒露蜜等，在采前1个月极易发生裂果，在后期降水过多或久旱骤雨，裂果更为严重，更要注意排水通畅建园时必须设立排水系统。排水主要采用以下方法：

1. 明沟排水　明沟排水系统是在地表每隔一定距离沿行向开挖的排水沟，是目前我国大量应用的传统方法，是在地表面挖沟排水，主要排除地表径流。在较大的种植园区可设主排、干排、支排和毛排渠4级，组成网状排水系统，排水效果较好。但明沟排水工程量大，占地面积大，易塌方堵水，养护维修任务重。山坡地桃园依地势采用等高线挖排水沟，平地果园排水沟一般在每行或每两行树挖一排水沟，将这些沟相连，把水排出桃园。

2. 暗管排水　暗管排水系统是在桃园地下铺设管道，其构成方式与明沟排水相同，通常由干管、支管和排水管组成，形成地下排水系统，适用于土壤透水性较好的果园。容易积水的平地果园需筑高垄，垄顺行向，中心高，两侧低。垄两侧各开一排水沟，并与总排水沟接通，天旱时顺沟渗灌，涝时顺沟排水。桃果树根系活动必须依赖于正常的根系呼吸作用。暗沟排水不占地，不妨碍生产操作，排盐效果好，养护任务轻，但设备成本高，根系和泥沙易进入管道引起管道堵塞。

3. 井排　对于内涝积水地排水效果好，黏土层的积水可通过大井内的压力向土壤深处的沙积层扩散。此外，机械抽水、排水和输水管系统排水方法是目前比较先进的排水方式，但由于技术要求较高且不完善，所以应用较少。

第三节　保水剂应用

一、保水剂的作用

1. 保水　使用保水剂可有效抑制土壤水分蒸发。土壤中渗入保水剂后，在很大程度上抑制了水分蒸发，提高了土壤饱和含水量，还可降低土壤饱和导水率，从而减缓土壤释放水的速度和减少土壤水分的渗透和流失，达到保水的目的，使用保水剂后可节水约50%。

2. 保温 保水剂具有良好的保温性能。可利用吸收的水分保持部分白天光照产生的热能，来调节夜间温度，使得土壤的昼夜温差减小。在砂壤土中混有0.1%～0.2%的保水剂，对10cm土层的温度监测表明，保水剂对土温升降有缓冲作用，使昼夜温差减小，仅在11～13.5℃之间，而没有保水剂的土壤则为11～19.5℃之间。

3. 保肥 因为保水剂具有吸持和保蓄水分的作用，因此可将溶于水中的化肥、农药等农作物生长所需要的营养物质固定其中，在一定程度上减少了可溶性养分的淋溶损失，达到节水节肥、提高水肥利用率的效果。并且还能提高肥料的利用效率，从而达到节约肥料的目的。

4. 改善土壤结构 保水剂施入土壤中，随着它吸水膨胀和失水收缩的规律性变化，可使周围土壤由紧实变为疏松，孔隙增大，从而在一定程度上使土壤的通透状况得到改善。

二、保水剂的种类

（一）KD-1型高吸水树脂

该产品用于农业、林业、园艺花卉和荒漠地改造，它与土壤均匀混合后，可吸收自身100至300倍的水，在干旱时缓慢释放供植物吸收。它可以反复吸水、放水，长期（十年以上）反复使用，对环境无毒、无公害，具有提高水与肥料的利用率和改良土壤的特点，是抗旱保苗与节水灌溉的新技术产品。它与化肥、农药并列为现代化农业的三大要素。

试验表明，使用该产品可使农作物增产20%，蔬菜瓜果增产20%～40%，林木移栽与育苗成活率可提高20%。花卉林果使用后可达到花繁、叶茂、果丰、草绿的效果。

1. 使用方法

①移栽苗木　吸水树脂的用量为6～10g/株，将树脂与坑内土充分拌匀后，将苗栽入，填土后浇透水，尽量在雨季前移苗。在干旱地区可用沾根法，将树脂充分吸足水成凝胶状，加泥土调成凝胶泥浆，将此泥浆包裹根系后植入坑内，再填土，树脂用量仍为6～10g/株。

②移栽成树　挖一个足够容下移栽树根的坑，将顶层5cm土留出来，树坑内其他的土与吸水树脂混合均匀，树脂用量：每立方米1～1.5kg，然后将混合后的土填入坑内的底部，将成树放入坑内，再将其他混合土填入四周，压实后，浇透水（可多浇几遍），再将顶层留出的土填入。

③原有林、果树　在树的四周挖50cm左右深的沟（沟深视根系分布情况而定，要求达到根系集中分布层），将沟内土挖出与树脂拌匀（树脂用量按树冠投影面积计算，每平方米2 150g）后回填，踏实后浇透水，可多浇几遍。

④运输苗木　将吸水树脂用水浸成凝胶状，再加与凝胶状同等体积的腐植土与草木灰，用适量水调成泥状，用此泥包复苗木的根系，可提高苗木成活率20％～50％。在干旱地区造林移苗也可用此法，树脂用量6～10g/株，应尽量在雨季前种树。

2. 使用时注意的问题

①吸水树脂（干粉）与土壤的比例为1∶1 000（黏土适当减少，砂土适当增加）；

②吸水树脂与土壤必须混合均匀，植于根部与根的周围；

③首次浇水必须充分浇足水，可适当多浇几遍。

（二）FA旱地龙

FA旱地龙为多功能植物抗旱生长营养剂，采用天然黄腐植酸精制而成，含有植物所需的多种营养成份，应用范围广，持效期长，无毒副作用，无污染，具有“有旱抗旱保产、无旱节水增产”的双重功效，是建设高效生态农业的重要液肥。

使用方法及作用：

①喷施　能缩小植物叶片气孔的开张度，减少植株水份蒸腾，在三个生长周期喷施两次可少浇一次水，并增强作物抗旱、抗干作物的生长发育，提高产量和品质，使作物提早成熟 2～5 天，喷施一次抗旱持效 25 天左右；

②拌种或浸种　可提高发芽率和出苗率，苗齐苗壮，促进根系发育，节水功效显著；

③随水浇灌　能活化土壤中多种营养无素及微生物活性，提高化肥的利用率，增强土壤肥力；能改良土壤，改善因施用化肥造成的土壤板结现象：能提高移栽苗木的成活率；同时还可减少化肥用量；

④与酸性农药复配　形成“农药—激素”复合物，有显著的缓释增效、降低残毒作用，与农药混配时，可将农药用量减少三分之一，减少部分用本品代替即可，病虫害严重时，农药用量不减，只需加入农药用量二分之一的本品即可。

（三）“科瀚”98 高效抗旱保水剂（凝胶型）

又称吸水剂、抗旱剂，是具有很强吸水能力的高分子材料，其与水接触，短时间内溶胀且凝胶化，最高吸水能力可达自身重量的千倍以上。当每平方厘米加压 70kg 时，该材料仍可保持 75％～85％的水分，它无毒、无副作用，使用过程对环境没有任何污染。能快速吸收雨水、灌溉水，缓慢供给植物利用，可反复吸水、放水。主要应用于园艺、城市绿化、生态环境治理、农作物种植、花卉草坪、果树、蔬菜、植树造林，可替代拌种剂、包衣剂、生根剂。用来拌种、扦插、蘸枝、蘸根、苗木移植、植树造林，可提高苗木成活率，使苗齐、苗壮，抗旱能力强，节约用水 50％。

(四) 林果宝

林果宝是由青岛海洋大学研发的一种高新技术产品，它可吸收超自身重量几百倍的水分，并缓慢共给植物需要，同时含有由海洋生物中提取的活性组分和铜、锰、锌、硼四种微量元素，能够调节植物生长，增强植物的免疫功能，有效防治病虫害、改良土壤及增加植物生长矿物营养等，它无毒、无害、无副作用，在土壤中可生物降解，读使用环境没有污染。可节约灌溉用水50%以上；该产品含有的海洋组物成分，能迅速被植物吸收，并起到促进植物生长，抑制病虫害发生等功效，提高肥料的吸收率，产量提高10%～30%以上。

第四节　抗蒸剂的应用

果树吸收的大部分水分用于蒸腾，而用于树体生理代谢的只占极少部分。因此在不影响树体生理活动的前提下，适当减少水分蒸腾，就可达到经济用水，提高树体水分利用率的目的。当前，水分消耗的化学控制已越来越受到重视。一个理想的能够提高植物抗旱能力的药物的筛选，应要求既能促进根系发育，又能在一定程度上关闭气孔，降低蒸腾，即同时具有“开源”和“节流”的作用。近年来发现黄腐酸具有这样的特性，黄腐酸在果树上的应用，有效期限18天以上，明显降低蒸腾（可达59%）和提高水势，并发现叶温未受明显影响。在早期喷布，会明显改善其体内水分状况。

第十章 桃树花果管理

花果管理，是根据桃树的生长结果习性，直接针对花（花芽）及果实进行的田间管理工作，主要包括促花技术、提高坐果率、控制负载量、套袋等技术。

第一节 促花促果

一、落花落果的原因

桃树的落花落果一般有三个时期，第一期实际上是落花，花朵自花梗基部形成离层而脱落，多发生在花后 1～2 周内。第二期发生在花后 3～4 周，子房膨大至银杏大小的幼果时，连同果柄一起脱落。第三次在 5 月下旬至 6 月上旬，核硬化前后果实接近核桃大小时发生，称为 6 月落果。有些晚熟品种在成熟前出现萎缩脱落，发生第四次落果，也叫采前落果。

引起桃树落花落果的主要因素：

1. 品种间差异 不同的品种，其坐果能力差别较大，一般南方硬肉桃、水蜜桃坐果率较高，而北方硬肉桃、水蜜桃的坐果率较低，此外有些品种雄蕊退化，自花不实，落果多，如深州水蜜桃、佛桃等；有些品种坐果率较高，如绿化 1 号，庆丰等；有些品种坐果率较低，如大久保等。

2. 花芽质量差 坐果率的高低，很大程度上取决于花芽质量，树体营养水平会影响花芽分化，营养不良的树株，外观看似花芽，但个体较小，内含物不充实，落花落果严重。

3. 花期不良气候 桃树花期对低温的抵抗力最弱，春季开花期当遇低于0℃以下的气温或晚霜时，极易受冻害，而引起落花。桃树虽较耐干旱，但在开花前后生长需要有一定的水分，特别在花后及果实迅速生长期，如果水分不足，影响果实发育，引起大量落果。在花期水份过多，湿度太大，光照差的情况下，花粉吸水膨胀破裂失活，不能正常受精，也会引起严重的落花落果现象。

4. 不能正常授粉 如深州水蜜、冈山白等品种，由于雄蕊不能产生花粉或花粉发育不良，自花不实，而引起大量生理落果。花粉不稔的品种，若不能配置足够的授粉树，则落花落果严重。

5. 病虫为害 桃流胶病、桃蚜等病虫害引起落花落果。

6. 营养生长与生殖生长不协调 营养生长过旺，而抑制新梢措施不力，会引起落花落果。

二、促花技术

桃树是易形成花芽的树种，生产上抓住以下几点，就可形成足够的花芽：

1. 加强肥水管理 根据桃树的生长的发育规律，一年施一次基肥、三、四次追肥及生长期多次根外追肥。7月上中旬是促进花芽分化的关键时期，此期控制灌水，不施氮肥，施入适量磷钾肥。

2. 修剪控梢促花 在7月上、中旬对长达30cm以上的副梢和内膛新梢摘心可促进花芽分化；在8月中、下旬对主枝或副梢的嫩尖摘心，可使枝条充实花芽饱满。

3. 多效唑（P333）**控梢促花** 7月上旬开始，每10～15天喷一次200倍15%的PP333溶液，均匀喷布全株，连续3次。

三、提高坐果率技术

对花粉不育的品种，应在建园时考虑配置授粉品种，或进行人工授粉；对雌蕊发育不完全的，除品种因素外，加强后期管理，减少秋季落叶，增加树体贮藏养分，使花器发育充实，提高抗寒力和花粉的发芽力。为防止春季寒流侵袭造成冻花，除提高树体抗寒力外，也可采用果园熏烟、喷水等措施；防止6月落果的措施，主要是在硬核期适当施肥和灌水，保证果实和新梢生长所需的养分和水分，并避免单独、大量施用氮肥，而应配合施用磷钾肥。旺树的修剪不可过重，以免刺激新梢旺长。疏除过密枝，增加光照，提高叶片的光合功能，增加营养积累。

花前一周对所留的结果枝进行复剪，有盲节的长果枝要将盲节剪去，剪口留背下叶芽，无叶芽的短果枝、花束状果枝尽量疏除不用。过密的结果枝、主侧枝背下的结果枝及早疏除。

第二节　疏花疏果

一、疏花疏果的作用

疏花疏果可减少营养消耗，促进花芽分化，提高花芽的数量和质量，促进树体健壮，增强树的抗病力和抗寒力，延长树的经济寿命。桃多数品种开花量大，坐果率高，尤其成年树，坐果往往超过负载量，桃花及桃果，特别是果核，在生长发育中营养消耗极多，这就加重了果实之间，果实与树体之间争夺营养的矛盾。若不进行必要的疏花、疏果，将会导致树体养分欠缺，树势衰弱，落花落果严重，果实小、品质低，产量不高，还会影响来年花芽分化，使产量下降，导致大小年现象。调整负载量，进行科学地疏花疏果，是达到优质、丰产、稳产的有效措施。

二、疏花技术

疏花比疏果时期早，节省树体内的贮藏养分较多，利于坐果稳果，而且减轻了以后疏果的工作量，提高生产效率。

1. 疏花时期　人工疏花，一般在蕾期和花期进行，原则上越早越好。花蕾露瓣期即花前1周至始花前是花蕾受外力最易脱落的时期，是疏蕾的关键时期。疏花要根据天气情况进行，天气好，授粉充分可早疏；开花不整齐宜晚疏。另外成年树可早疏，幼树晚疏。一般品种在盛花期已易分辨优劣时进行为宜；对于坐果高的品种，疏花应选择蕾期或开花期。注意此期如遇低温或多雨，可不疏花或晚疏花。

2. 疏花方法　花前疏蕾：花粉量大，自花结实，坐果率高的品种要进行花前疏蕾。在花芽膨大后，左手握枝，右手拿一竹片或直接戴手套，自上而下把枝背上的花芽全部刮去，只留两侧的和背下的花芽。预备枝、花束状枝上的花蕾也全部除去。

疏花：具体步骤为先上后下，从里到外，从大枝到小枝，以免漏枝和碰伤不该疏除的花果。人工疏花主要是疏摘畸形花（如花器发育不全，多于或少于五瓣的花，双柱头及多柱头的花）、弱小的花、朝天花、无叶花，留下先开的花，疏掉后开的花；疏掉丛花，留双花、单花；疏基部花，留中部花。全树的疏花量约1/3 。留花的标准：长果枝留5～6个花，中果枝留3～4个花，短果枝和花束状果枝留2～3个花，预备枝上不留花。保证树体每平方米空间留果在120左右。幼树主枝及侧枝延长枝先端30～50cm的花疏除，成年树主要对结果枝背上和基部、花束状结果枝和无叶芽枝条的花蕾疏除，由于长果枝疏花后易引起新梢徒长，一般不疏花蕾。

幼树、旺树可轻疏，老树、弱树可重疏，坐果差、有生理落果特性的品种轻疏，坐果率高、实施人工授粉的品种可重疏。易受晚霜、风沙、阴雨危害的地区可适当控制疏花疏蕾。

三、疏果技术

疏果能有助于促进留下的果实发育增大及品质提高，还能防止结果大小年，达到高产稳产，并有减少病虫为害，节省套袋和采收劳力等作用。从效果上看，疏果不如疏花。

1. 留果量 留果量的标准主要依据树龄、树势、品种和管理水平而定。

（1）以产定果法 根据经验，一般早熟品种 666.7m^2 产 1 500kg，中熟品种 666.7m^2 产 2 000kg，晚熟品种 666.7m^2 产 2 500kg，可以达到优质的目标。以早熟品种 666.7m^2 产 1 500kg 计，若平均单果重 120 克，则每 666.7m^2 留果数＝1 500×1 000（1kg＝1 000g）÷120＝12 500 个，加上 10％的保险系数12 500×10％＝1 250 个，则每 666.7m^2 留果数应为 12 500＋1 250＝13 750 个。

如果按 3m×5m 的株行距，即每 666.7m^2 44 株，平均每 666.7m^2 留果数＝13 750÷44＝313 个，再分配到每个主枝上，一般为三主枝自然开心形，则每主枝留果数 313÷3＝104 个。

（2）果枝定量法 在正常冬季修剪的情况下，根据果枝的类别确定留果量，一般中果型的品种，长果枝留 3～4 个果，中果枝留 2～3 个果，短果枝、花束状果枝不留果或留 1 个果；大果型的品种，长果枝留 2～3 个果，中果枝留 1～2 个果，短果枝不留果或留 1 个果，结果枝组中的花束状果枝 3 个留 1 个或不留果。具体还要根据品种的结果习性，如南方品种群，以中长果枝结果为主，可以按上述标准，北方品种群以中短果枝结果为主，就要在中短枝上多留果。

（3）间距定果法 在正常修剪、树势中庸健壮的前提下，立体空间内，树冠内膛每 20cm 留 1 果，树冠外围每 15cm 留 1 果。

（4）主干截面法 主干越粗承受的结果能力就越强，主干单位截面积上的产量称为生产能力，用 kg/cm^2 表示，一般来说，桃树的生产能力为 0.4 kg/cm^2 左右。根据主干的粗度就可以确定产量，计算方法：先测出干周（L），株产 $w=0.4\times L^2/4\pi=0.0318\ L^2kg$。例如，干周 35cm，则株产 $w=0.4\times 35^2/4\pi=0.0318\times 35^2=38.995kg$，若平均单果重 120g，则每株留果数为 $38.995\times 1000\div 120=325$ 个。

（5）叶果比法 叶果比一般为 20～50∶1，具体根据树势、果实大小确定。早熟品种一般 20∶1，中熟品种一般 30∶1，晚熟品种一般 40～50∶1。疏果时注意疏少叶果，留多叶果，留单不留双。

2. 疏果时期 疏果，目前以人工疏除为主，宜早不宜迟，可分两次进行：第一次在生理落果后（约谢花后 20 天）开始，疏除小果、黄萎果、病虫果、并生果、无叶果、朝天果、畸形果，选留果枝中上部的长形果、好果。疏果量应占坐果量的 50%～60%左右。已疏花的树，可不进行第一次疏果。第二次疏果也叫定果，在第二次生理落果后（谢花后 40 天左右）进行，早熟品种、大型果品种宜先疏，坐果率高的品种和盛果期的树宜先疏；晚熟品种、初果期树可以适当晚疏。

有些果园只进行一次疏果，即一次定果。为了促进果实发育，一次定果时应及早进行。

3. 疏果方法 壮树多留、弱树少留、壮枝多留，弱枝少留，骨干枝和领导枝上不留，小果型品种适当多留，大果型品种则少留，树体上部多留果，下部少留果。疏果要按预先确定的负载量，外加 5%的保险系数。若预先确定留果 300 个，则实际留果量为 $300\times 1.05=315$ 个。疏果的顺序通常是先上后下，由内向外，从大枝到小枝，按枝逐渐进行。对一个枝组来说，上部果枝多留，下部果枝少留，一般长果枝上以留中上部果为好，中短果枝以留先端果为好。

疏果时，掌握留大去小、留优去劣、均匀分布的原则，第一次疏果主要是疏除小果、双果、畸形果、病虫果；其次是朝天果、果枝基部果、无叶果枝上的果和花束状结果枝上的果实，延长枝头（幼树）和叉角之间的果全部疏掉不留。选留果形大、形状端正的果，这种果将来可长成大果。选留部位为果枝两侧、向下生长的果为好，便于以后打药和采摘。第二次疏果，也称定果，根据树势、树龄、果型大小和生产条件等确定留果量，保留无病虫、大小适中、浓绿色、果面光洁、纵径长的果实，保留生长在结果部位良好处的果实，如外围结果枝留斜向下的果实，内膛结果枝留斜向上的果实。

第三节　人工辅助授粉

目前我国桃树的授粉技术以配置授粉树，通过风、昆虫等传媒来自然完成授粉过程为主，人工授粉技术在大田生产中很少应用，但是若开花期遇上连续低温阴雨天气，则自然授粉率低，会严重影响当年产量。人工授粉是增加桃子产量，改善品质重要途径之一，尤其对于设施栽培的桃树，授粉技术成为丰产的关键。

1. 人工授粉的范围　无花粉或少花粉的品种，或花期遭遇连续低温、阴雨等恶劣天气，缺乏访花昆虫，设施栽培等条件下，需要进行人工辅助授粉。

2. 采集花粉　选择花粉量大、花期与主栽品种相同或稍早的优良品种为授粉品种。在授粉品种的花蕾含苞待放时进行采集，此时花粉含量多，活力强。将当天采集的花蕾放在有小孔的塑料篮中，轻轻用手搓，使花粉囊脱落，漏到塑料篮下的报纸上。在报纸上将花粉囊摊成薄薄一层，点60W或100W白炽灯泡加温，保持温度25～28℃，每3～4小时将花粉囊翻动一次，使花粉囊破裂，待黄色的花粉撒出，用1份花粉加2份生粉（烧菜勾芡用的）拌和后装瓶，置于低温干燥处储藏备用。

3. 授粉时期 在开40%～50%和80%花时分别进行2次授粉。授粉时间在露水干后，一般在上午9时至下午4时进行，授粉后3小时内遇雨应重复授粉。

4. 授粉方法

人工点授：选择晴天上午，用过滤烟咀、棉签、气门芯、授粉棒等做授粉器，沾上稀释后的花粉，按主枝顺序点花，每个主枝由下到上，由内到外，点好一个枝条划上记号，避免重复和遗漏。一般长果枝点5～6朵，中果枝3～4朵，短果枝、花束状果枝1～3朵。所点的花要选当天开放不久，柱头嫩绿，并有粘液分泌的花，以保证受精结果。每沾一次可授5～10朵花，每序授1～2朵花。

授粉器喷粉：花粉与滑石粉按1∶10（容积）左右充分混合后装入机械授粉器进行授粉，根据树体枝条位置调节喷粉量，以顶风喷为宜，可以提高效率20～30倍。

液体授粉喷雾法：用微型喷雾器喷雾授粉，省工又省时。花粉悬浮液的配制：先用蔗糖250g加尿素15g加水5kg，配成糖尿混和液。临喷前加花粉10～12g加硼砂5g，充分混匀，用2～3层砂布过滤即可喷雾，要随配随喷。

鸡毛掸滚授法：选用柔软的长鸡毛扎一个长40～50cm的大鸡毛掸子（普通鸡毛掸短，采授粉效果不好），再根据桃树的高度取适当长短的竹竿加一个长把，采授粉工具即制成。开花后用鸡毛掸子在授粉品种树上轻轻滚动，沾满花粉后再到要授粉的品种上轻轻滚动抖落花粉，即可达到授粉的目的。此方法工效较高。

第四节 果实套袋

果实套袋作为一项生产优质、高档果品的重要技术措施，越来越受到人们普遍重视，由于套袋果的优质高价，果实套袋已慢慢被栽培者接受。果实套袋可以保护果实，防止病虫危害，避免农药污染和减少农药在果实中的残留量，而且套袋后的果实果面光泽度高，增进着色，果皮变细嫩，提高外观质量，同时可以防止日灼，防止冰雹和鸟害。我国南方桃产区因湿度大、病虫害严重，应大力推广套袋栽培，北方桃产区病虫害相对较轻，主要在中晚熟品种上应用套袋。进行套袋栽培时，应注意以下几点：

1. 选袋 目前果袋有报纸袋、套袋专用纸袋、塑膜袋、无纺布袋四种。桃套塑膜袋效果差，不提倡使用。无纺布袋仅限于南方热带桃产区用，大多数桃产地很少使用。应用较多的是报纸袋和专用纸袋，报纸袋是用旧报纸，剪裁成十六开大小，用胶水粘贴成信封式的纸袋，每张大报纸可做 16 个，也可用牛皮纸制作。报纸袋比专用纸袋成本低，效果一般。专用纸袋采用特制纸，经过一定的药物及挂蜡等有关理化指标处理，耐水性强，抗日晒，不易破损，效果最好。桃专用纸袋大小多为 19cm×15cm，可分为单层袋和双层袋，一般使用白色、黄色、橙色三种颜色，单层袋分为有底袋和无底袋两种，双层袋外袋为橙黄色深色袋，内袋为白色防水袋或有色袋，内袋无底。一般早熟品种或设施栽培采用单层无底浅色袋，中晚熟品种采用单层或双层有底深色袋。

2. 套前喷药 套前先疏果定果，然后对全园进行一次大扫除，在晴天对树体和幼果喷施一次杀虫剂和保护性杀菌剂，杀死果实上的虫卵和病菌，可用 50%杀螟松乳剂 1 000 倍液或 2.5%敌杀死乳剂 2 500 倍液＋70%代森锰锌 600～800 倍液，加入 0.1%磷酸二氢钾、0.3%尿素混合肥液喷施。

3. 套袋时期 桃果实的硬核期进行套袋，麦收结束时基本结束。无生理落果的品种花后 30 天开始套袋，生理落果严重的品种花后 50～60 天开始套袋。套袋时间应在晴天上午 9 时～11 时和下午 2 时～6 时为宜。

4. 套袋方法　套袋前3～5天将整捆果袋用单层报纸包好埋入湿土中湿润袋体，可喷水少许于袋口处，以利扎紧袋口。果园喷药后应间隔2～3天再套袋。套袋应在早晨露水干后进行。套袋时应先将袋口撑开托起袋底，果袋撑至最大，将幼果套入袋中，使幼果处于袋体中央，在袋内悬空。因为桃的果柄短，不同于苹果、梨，要将袋口捏在果枝上用袋内铁丝或订书针等扎紧。注意不要将叶片套入袋内，套袋应遵从由上到下、从里到外、小心轻拿的原则，不要用手触摸幼果，不要碰伤果梗和果台。另外，树冠上部及骨干枝背上裸露果实应少套，以避免日烧病的发生。

5. 摘袋　摘袋时期依袋种、品种、气候、立地条件不同而有较大差别，一般浅色袋不用去袋，采收时果与袋一起摘下。解袋时日照强、气温高的情况下容易发生日灼，最好在阴天或多云天气下解袋，晴天时，一定要避开中午日光最强的时间，一天中适宜解袋时间为上午9时至11时，下午3时至5时左右，上午解除北侧的纸袋，下午解除南侧的纸袋。对于单层袋，易着色品种采前4～5天解袋。不易着色品种采前10～15天解袋，中等着色品种采前6～10天解袋，先将袋体撕开使之于果实上方呈一伞形，以遮挡直射光，5～7天后再将袋全部解掉；对于双层袋，采前12～15天先沿袋切线撕掉外袋，内袋在采前5～7天再去掉，解袋以后需将遮挡果实的叶片摘掉，使果实全面浴光，使之着色均匀。

第五节　提高外观品质的技术

商品性果品的生产，必然要求重视果实外观品质，桃鲜食品种的价格，与其外观质量密切相关，一般来说，具有较高的外观品质，则市场竞争力强，能实现更高的经济效益。

提高果实外观品质，生产上需要采取综合措施，加强肥水管理、保叶养根、合理修剪、严格疏花疏果、保证授粉受精等基础措施，对提高果实的外观有重要的影响，而果实的采前管理，更可以直接提高果实外观质量。

1. 套袋 果实套袋技术，是提高果品外观质量的一项行之有效的措施，实质是使果实与外界空间隔离，让果实在其迅速生长期和成熟期在专用果袋里生长，并通过有效地改变果实微域环境，包括光照、温度、湿度等，来达到影响果实生长发育的目的，从而最终改善果实外观品质。果实套袋的效果突出表现在表面光洁和着色全面上，套袋后果色浅，着色均匀一致，而且套袋改善了果皮结构状况，提高了果面光洁度，有效减少裂果。

2. 加强夏季修剪 夏季疏除树冠外围和内膛直立旺枝，改善树体光照条件，使光线（直射光和散射光）能照射到果实上。对于结果枝或枝组，在果实开始着色后，阳面已部分上色，将其吊起，使果实阴面也能照射到阳光。把原生长位置的大枝，上下或左右轻拉，改变原光照范围，使树冠内和树冠下的果实都能着色。

3. 摘叶 果实着色期，即在果实成熟前，直射光对果实着色有较大的影响，由于叶片较多，果实着色可能不均匀，此时将档光的叶片或紧贴果实的叶片少量摘去，可使果实着色均匀，是摘叶的关键时期。摘叶时不要从叶柄基部掰下，要保留叶柄，用剪刀将叶柄剪断。

4. 铺反光膜 铺反光膜促进果实着色，在日本已被广泛应用。反光膜反射的散射光，对内膛和树冠下部的果实着色非常有利。在行间和树冠外围下面铺银色反光膜，已成为生产高档果品的必要措施。

5. 控氮增钾 钾对果实中的含糖量和色素的形成都有着非常重要的作用，直接影响果实的内在品质和外观品质，因此，在施肥上要重视钾肥的施用，少施氮肥，能有效抑制枝梢旺长，促进对钾元素的吸收。果实着色期叶片喷洒0.3%的磷酸二氢钾2次，对促进着色具有明显效应。

6. 科学灌水　着色期土壤湿度控制在60%～80%，过高过低都对果实着色不利。土壤缺水时，要频灌、浅灌，不用大水漫灌。

第十一章　桃树整形修剪技术

第一节　桃树整形修剪特性

1. 喜光性强　在落叶果树中，桃树是一个喜光性最强的树种。新梢生长的长短、充实度，花芽形成的多少、饱满度，果实颜色、风味等都与光照强度、光照时间、光质有直接关系。光照充足时，树体健壮、枝条充实、花芽饱满、果实色艳味浓。在整形修剪时可采用开心形树形和减少外围枝量，创造良好的通风透光条件，以适应桃树喜光的特性。

2. 干性弱　自然生长的桃树中心枝生长弱，几年后甚至消失，内膛枝容易衰亡，结果部位外移，这些都说明桃树干性弱。因此桃树整形多用开心形树形。若要整成纺锤形或主干形树形，必须采取一些扶持中干和抑制主枝生长的措施，例如：立竿扶直中干、开张主枝角度、将主枝在基部留1～2芽剪截，下一年重新培养主枝，但这种方法的修剪量大，开始结果要晚一年，故生产中采用较少。

3. 生长势旺盛　主要表现为枝条生长量大和分枝多，如幼树的发育枝在1年内，可长达1.5～2m，粗2～3cm，1个生长季内，可发2～3次枝，如果摘心，则发枝更多，常使树冠郁闭，影响光照，因此桃树要注重夏季修剪，及时疏枝清冠。

4. 顶端优势弱、分枝尖削量大　桃的顶端优势不如苹果明显，旺枝短截后，顶端萌发的新梢生长量较大，但其下部还可萌发多个新梢，有利于结果枝组的培养。桃树每发出一次枝条，会使分枝点以上的母枝显著变细，这种削减枝条先端加粗生长的量叫尖削量。桃树在骨干枝培养时，下部枝条多，明显削弱先端延长头的加粗生长，尖削量大。所以在整形修剪时，要控制骨干枝上分枝的生长势，保证骨干枝的健壮生长，为使骨干枝之间的主从关系明显，中干延长枝的剪留长度要大于主枝延长枝，主枝延长枝的剪留长度要大于侧枝延长枝。采用纺锤形或主干形树形时，更应注意控制中干上的分枝，以保持中干优势。另外，当主枝角度较大时，背上常萌生徒长枝，严重削弱主枝的生长，影响通风透光，要及时疏除或控制培养，避免“树上长树”。

5. 耐修剪性强 桃树无论是修剪轻或是修剪重，都能成花，与苹果相比，其耐修剪性还是很强的。但桃树耐修剪能力的大小，也因品种、树势不同而异。一般来说，树冠开张、树势中庸的品种，修剪较重对产量影响不大；而对于树势生长旺盛，以短果枝和花束状果枝结果为主的品种，若修剪过重，则会刺激萌发大量旺条，减少了中、短枝和花束状果枝的数量，影响结果，使产量下降，在修剪时要特别注意。

6. 剪锯口不易愈合 桃树修剪造成的剪锯口，常常愈合不良，伤口的木质部分易干枯死亡，并深达木质部。因此，在修剪时力求伤口小而平滑，更不能留“橛”，在大伤口上要及时涂保护剂，如铅油、油漆、接蜡等，以利于尽快愈合，防止流胶及感染其它病害。

7. 萌芽率高、成枝力强 桃树的芽具有早熟性，所以，生长期长和环境条件适宜的地区，1年内可抽生3～4次副梢，甚至更多，桃树成枝力很强，幼树延长头一般能长出10多个长枝，并能萌发2次枝、3次枝，形成多次分枝和多次生长的情况。因此桃树整形时选枝容易，整形速度快，1年内可培养出2级骨干枝，从而加速成形。但为改善树冠内的通风透光条件，修剪时需适当疏枝。另外因桃树潜伏芽寿命较短，萌发更新的能力也较弱，其萌发能力一般只能维持1～2年，在重剪刺激的情况下，10余年的潜伏芽也能萌发。所以，桃树容易衰老，更新也比较困难，所以盛果期以后，多年生枝下部因不易萌发新枝而光秃，修剪时应注意及时进行枝条的更新复壮，后部一旦萌发出新枝，应尽量加以利用。

第二节　修剪的时期与方法

一、修剪的时期

1. 休眠期修剪　桃树从落叶后到翌年萌芽前均可进行，但以落叶后至春节前进行为好。桃树正常的冬季修剪时期应在第一次霜冻后 20 天至一个月（12 月上旬～2 月上旬）完成，具体还要看品种、树龄、树势，一般以落叶早先剪，老树弱树先剪，落叶迟品种、幼龄树、壮强树晚剪，雾天和早上露水未干时不剪，因为伤口湿润，容易进入病菌。在冬季冷凉干燥地区，为防幼树“抽条”，应在严寒之前完成修剪，同时还可以防止早剪引起的花芽受冻现象。有些品种生长势过旺，可延至萌芽时剪，以削弱树势。

2. 生长期修剪　生长期修剪分春季修剪和夏季修剪。春季修剪又称花前修剪，在萌芽后至开花前进行，如疏除、短截结果枝、枯枝、回缩辅养枝和枝组，调整花叶果比例等；夏季修剪，指开花后的整个生长季节的修剪，如摘心、抹芽、扭梢、拉枝等。夏剪能及时调整树体生长发育，减少无效生长，节省养分，改善通风透光条件，调节主枝角度，平衡树势，促进新梢基部的花芽饱满，有利于提高树体产量和果实品质。

二、修剪的方法

1. 长放　一年生枝不动剪或只剪去其上部的副梢称为长放。轻剪长放后，发芽率和成枝力高，但所发的枝长势不强，总生长量大，可起到分散养分、促进发枝、成花的作用。对幼树和旺树，应用轻剪长放，可以缓和生长势，有利于提早结果。

2. 短截 短截是把一年生枝条剪去一部分，以增强分枝能力，降低发枝部位，增强新梢的生长势。短截常用于骨干枝延长枝的修剪，以达到培养结果枝组，更新复壮等目的。枝条短截后，对于枝条的增粗、树冠的扩大以及根系的生长均有抑制和削弱作用。短截后由于改变了枝条顶端优势，对剪口下附近的芽有局部的促进生长作用，可促进芽萌发，促进新梢生长。因此，对幼树、旺树应尽量轻短截，以求缓和生长势，有利于早结果；对衰老树、弱树以及细弱的枝条短截时，修剪量适当加重，以增强生长势。

根据短截的程度不同，分为轻短截、中短截、重短截、极重短截。

(1) 轻短截 轻微剪去枝条先端的盲节部分。轻短截后发芽率和成枝力增强，但所发的枝条长势不强，枝条总生长量大，发枝部位多集中于枝条饱满芽分布枝段，多集中在中部和中上部，下部多为短枝或叶丛枝。

(2) 中短截 剪去一年生枝全长的1/2。次年萌发的新梢一般生长势较弱。

(3) 重短截 剪去一年生枝全长的2/3～3/4。次年能萌发出几条生长强旺的枝条，常用于发育枝作骨干枝的延长枝修剪，对于徒长性结果枝的修剪也用此法。

(4) 极重短截 剪去一年生枝的绝大部分，仅留基部1～2个芽。常用于长果枝的更新培养。

3. 疏剪 将枝条从基部完全剪除称为疏剪。疏剪主要是使枝条疏密适度，分布均匀，改善树冠的通风透光条件，增进枝梢发育能力和花芽分化能力。一般是疏除过密枝、重叠枝、交叉枝、竞争枝和病虫枝。疏枝往往对其下部枝有促进作用，对上部枝有抑制作用，疏的枝越粗，伤口越大，这种作用越明显。疏枝减少了树的枝叶量，疏枝过重会明显削弱全枝或全株的长势。疏剪还可以用于平衡树势，整形时骨干枝生长不平衡，可对旺枝多疏，弱枝多留，逐渐调节平衡，初果期树，多是去强留弱，盛果后期树，则是去弱留强。

4. 缩剪 多年生枝在2～3年生枝段上截去一部分称为“缩剪”，又称“回缩”，可以调节长势、合理利用空间和更新复壮。桃树对缩剪的反应，则与被剪母枝的大小、年龄和剪口枝的强弱有关。缩剪的母枝本身较弱，而剪口枝较强，可刺激剪口枝的生长，达到复壮的目的；如果剪口枝也很弱，“弱上加弱”反而会严重削弱母枝的生长；被剪母枝和剪口枝都较强，缩剪量也不大，可促进剪口处的单芽枝萌生较强的中长果枝，恢复大枝中下部枝条的长势。

5. 抹芽、除萌 桃芽萌发后，抹去梢上多余的徒长性芽、剪锯口下的竞争丛生芽称为抹芽。

芽萌发后长到5cm时及时将嫩梢去掉称为除萌。一般双枝可去一留一，并按整形要求调节角度和方向，对于幼树，延长枝要去弱留强，背上枝要去强留弱或全部抹除。

抹芽、除萌可以减少无用的枝梢，节省树体养分，改善光照条件，并可减少因冬剪疏枝而造成的大伤口。

6. 摘心 剪除（摘除）新梢顶部一段幼嫩部分称为摘心。摘心可使枝条暂时停止加长生长，提高枝条中下部营养，促进枝芽充实，有助于花芽分化。不进行摘心的枝条，饱满花芽多分布在枝条中上部，冬剪必须长留，结果部位易上移。对骨干枝延长枝摘心可促进萌发分枝，选留侧枝，同时利用外分枝作延长枝加大骨干枝角度。新梢生长前期，在有空间的部位利用徒长枝，留下5～7节摘心，促使早萌发副梢，这样的副梢可以分化较饱满的花芽，而形成较壮的结果枝。

7. 拉枝 拉枝是调整骨干枝角度和方位，缓和树势，提早结果，防止枝干下部光秃无枝的关键措施，拉枝有利于缓和树冠内外的生长势差别，削弱顶端优势，改善树冠内膛光照条件，并有空间培养结果枝组。

拉枝宜于9月新梢缓慢生长时进行，此时气温较高，光照稍好，秋梢已停长，有利于树体养分回流。如果春天拉枝，对于1～2年生的幼树，主枝还未培养成形，此时拉枝势必削弱新梢生长，影响主枝形成，不利于幼树迅速扩大树冠。

拉枝角度应根据树形要求确定拉开的角度，自然开心形一般把主枝拉成40°～45°角，把侧枝或大枝拉成80°角左右，使被拉枝的上、下部能抽出枝条，不易出现下部光秃，如果拉成90°角以上，会使被拉枝先端衰弱，后部背上枝旺长，如果拉枝角度过小，易产生上强下弱，如果拉成“弓”形，在弓背上易抽生强旺枝，达不到拉枝开角的目的。因此，应掌握好拉开的角度，不宜过大过小。拉枝方法可因地制宜，采用“撑、拉、别、拽”等方法均可。

8. 剪梢　在新梢半木质化时，剪去其一部分称为“剪梢”。一般是在新梢生长过旺，不便再进行摘心，或错过了摘心时间的旺枝，可通过剪梢来弥补，其目的和效果大体与摘心相似。剪梢一般在5月下旬至6月初进行，剪梢过晚，则抽生的副梢分化花芽不良。剪留长度以3～5个芽为宜。

9. 拿枝　在新梢半木质化初期，将直立生长的旺枝条，用手从基部到顶部捋一捋，不伤木质部，把枝条扭伤，称为拿枝。拿枝可以阻碍养分运输，缓和生长势，有利于营养积累，从而达到成花结果的目的。

10. 扭梢　将枝条稍微扭伤，拉平，以缓和生长，利于结果，称为扭梢。扭梢常用于徒长枝或其他旺枝，扭转90°角，使其转化为结果枝，或处理主枝延长枝的竞争枝，树冠上部的背上枝，冬季短截的徒长枝和剪去大枝剪口旁所生的强枝，抑制其长势。

第三节 常见树形与整形修剪技术

一、常见树形

栽种桃树，要根据地力、管理水平、密度和品种等条件来选定不同的树形。桃树的树体结构比较简单，整形也比较容易，根据其喜光性强的特点，目前生产中常用的树形，多为没有中心领导干的杯状形、改良杯状形、两主枝自然开心形、三主枝自然开心形以及Y字形等，为适应密植栽培，有主干的纺锤形也有少量应用。

1. 三主枝自然开心形 就一般果园而论，宜推广三主枝自然开心形。桃树在系统发育过程中，形成了要求高光照的条件和对光照条件敏感的生物学特性。如果光照不良，则枝梢生长弱，成花、结果不良。三主枝自然开心树形是在杯状形、改良杯状形基础上发展而成的，它保留了杯状形的树冠开张、通风良好等优点，主枝在主干上错落生长，与主干结合牢固，负载量大，不易劈裂；骨干枝上有许多枝组遮荫保护，能减少日灼病的发生，又弥补了杯状形的不足。另外，骨干枝配备比较灵活，形式多样，适于多种栽培条件。因此，生产上多采用这种树形，常在3m×4m、3m×5m、4m×5m的株行距下采用。

树形结构：干高30cm～40cm，主枝3个，三主枝间是邻近还是邻接视具体情况而定。密植园一般采用邻接形，密度较小的则采用邻近形。主枝开张角度视品种而异，直立型品种主枝开张角度应大些，以50°～60°为宜，开张型或半开张型品种以45°～50°为宜，腰角60°～70°。每个主枝上有2～3个侧枝，全树共有6～9个侧枝。第一侧枝距主干50～60cm，三个主枝的第一侧枝依次伸向各主枝相同的一侧。第二侧枝距第一侧枝50cm左右，着生在第一侧的对面。第三结果枝距第二侧枝40cm左右。主枝和侧枝上着生结果枝组和结果枝，大型枝组着生在主枝中后部或侧枝基部，间距60～80cm；中型枝组着生在主侧枝的中部，间距30～50cm；小型枝组着生在主侧枝的前部或穿插在大、中型枝组之间。

整形要点：一般可在60cm处定干，以30～60cm为整形带，若整形带内有副梢，视其生长状况取舍，副梢健壮、部位适宜、芽体饱满，应在饱满芽上剪截，作为主枝的基枝，副梢短弱，位置又较高、芽子干瘪，不宜做主枝的基枝，应予剪除。若整形带内无副梢或被剪除，则要求整形带内有5～7个饱满芽，以保抽出分枝，选做主枝用。这样干高可控制在40cm左右，整形带外的新梢全部抹除。对整形带内的新梢，长到30cm左右时按树形要求选出3个生长强旺、方位合适的新梢作为主枝，对其余的新梢进行摘心或扭梢。对角度、方向不合适的主侧枝，在6月份可通过扭枝进行调整；对三主枝斜插立柱诱导，使其角度符合要求。对延长头上的竞争枝和背上强旺副梢及时进行扭梢，使延长头前部30cm内无旺梢。冬剪时对选定的三主枝留60cm短截，不够60cm时在饱满芽处剪截，对背上和背下枝全部疏除，侧生枝尽量多留，不短截或轻短截。

第二年春季当三主枝延长头新梢长到50～60cm时摘心，促进萌发新梢。当主枝基部以上60～80cm处的斜向下生长的副梢中选留第1侧枝，采用拿枝软化、摘心换头等办法使侧枝开张角度大于主枝开张角度。及早疏除内膛的徒长枝，其余枝条生长到15cm时留3～4片叶尽早摘心。对强旺枝连续摘心培养枝组。冬剪时要确保最大树冠，除主枝和侧枝延长头在饱满芽处短截，其它枝条一般不短截。

第三年要在每个主枝的第一侧枝50～60cm对侧培养第二侧枝，在第一侧枝120cm处同侧培养第三侧枝，树形基本完成。夏季修剪主要是对主侧枝上的新梢通过摘心，促其多发枝，形成结果枝组，并保持一定的层间距以利通风透光，促进花芽分化，同时尽量扩大树冠。冬剪时，为培养健壮完整的骨架而对主侧枝延长头短截，其它枝条尽量轻剪，多保留结果枝组和结果枝。

2. 二主枝开心形

①二主枝自然开心形　适用于树体小，栽植密度较大的桃园，主要用于宽行密植栽培，株行距 2m×5m，行间为作业道，株间枝头相接，形成宽结果带。此树形主枝之间易于平衡，树冠不密闭，成形快，早期产量高，管理方便，便于机械化作业，但要控制侧枝的生长，防止邻树交叉密挤，幼树整形的前 1～2 年修剪量稍重。

树形特点：干高 40～60cm，树高 4m，全树只有两个大主枝，相反方向，伸向行间，两主枝基角开张角度为 45°，每个主枝上依次着生 2～3 个侧枝或直接着生大中型结果枝组。侧枝配置的位置要求不严，一般距地面约 1 米处即可培养第一侧枝，第二侧枝在距第一侧枝 40～60cm 处培养，方向与第一侧枝相反。两主枝上的同级侧枝要向同一旋转方向伸展，侧枝的开张角度要求为 50°，侧枝与主枝的夹角保持约 60°。

整形要点：50～70cm 处定干，选伸向行间的生长势强旺、均衡的两新梢培养成主枝，通过拉枝方法，使两主枝的开张角度 45°～50°，并及时摘心，促使发生副梢。冬剪时在主枝先端健壮部位短截，以作主枝的延长枝，并在主枝分叉处 60～80cm 处选一副梢短截，剪留长度小于主枝延长枝，培养第一侧枝，第一侧枝距地面 80cm。第二年夏季，继续对主、侧枝的延长枝摘心，同时配置第二侧枝，其余枝条可多次摘心，促其形成果枝。对于背上旺枝疏除，不培养背上大型结果枝组。

②“Y”字形　该树形是密植桃园和大棚栽培的主要树形，和二主枝自然开心形基本类似，但是主枝上不留侧枝，直接着生结果枝组。干高 30～50cm，其上着生两大主枝，主枝角度 60°～70°，每个主枝上配置 5～7 个大、中型结果枝组，枝组分布呈上小下大和里大外小的锤形结构。树体高度 2.5m 左右，交接率不

超过5%。这种树形光照好，易修剪。

若是定植芽苗，新梢长达35～40cm时进行摘心，促发副梢，然后再选留2个长势健壮、着生匀称、延伸方向适宜的副梢作为预备主枝，任其自由生长，通过拉枝等措施，使主枝角度保持40°～50°，而对于其余副梢，采取摘心、扭梢等措施，控制长势，以保持主枝的生长优势。冬季修剪时，2个主枝留60cm，其余大枝疏除或重短截。

若是定植成苗，定干高度40～50cm，新梢长到30～40cm时，选留2个生长健壮、延伸方向适宜的新梢作为主枝，疏去竞争枝，留2～3个辅养枝。主枝背上的直立或斜上生长的副梢一般不保留，别的方位的新梢也要控制长势，不能和主枝竞争。冬季修剪时，2个主枝延长头留60cm短截，其余枝条去强留弱，去直留斜，对小枝尽量保留。

第二年春季萌芽后，及时抹除主枝背上的双生枝和过密枝，剪口下第一芽萌发的新梢作为主枝延长枝，当延长枝长到40～50cm时进行摘心，促发副梢，副梢萌发后，直立和密集的副梢及时疏除，斜生的留20～30cm扭梢或摘心。剪口下第二、三芽萌发的新梢，通过短截等处理，作为培养大中型结果枝组用，其余新梢在长到25～30cm时摘心，促其形成花芽。冬季修剪时，主枝延长枝留50～60cm短截，第一芽留外芽，也可留侧芽，第二第三芽均留侧芽，以备培养大中型结果枝组，其余枝条一般缓放不剪，无空间的疏除。大中型结果枝组的延长枝，留30～40cm短截，疏去密生枝、直立枝，缓放侧生枝、斜立枝。

第三年，树体骨架基本形成。修剪时注意促花，使尽早进入丰产期。春季发芽后，及时抹除密生枝和双芽枝，新梢旺长期后注意疏除过多新梢，使同侧新梢基部保持20cm左右的间距，直立徒长枝及时疏除，斜生枝、侧生枝控制旺长，培养枝组，树冠中下部的新梢30～40cm时摘心，促其成花。冬季修剪时，树冠上部的主枝延长头留50～60cm短截，大中型结果枝组用徒长性结果枝或长果枝作延长头。

3. 主干形 该树形桃树设施栽培的常用树形，因为不符合桃的生长特点，露地栽培应用较少，高密度栽培中也有应用。具有立体挂果，光能利用充分，果实品质好，结果枝组容易更新，树冠易控制等优点。包括纺缍形（细长纺缍形、自由纺缍形）、圆柱形、小冠疏层形、五主枝分层形等。现已细长纺缍形为例介绍如下：

细长纺锤形

整形特点：树高3m，干高40～60cm，在主干上每隔20cm呈螺旋状均匀着生8～10主枝，没有明显分层，同侧上下主枝之间的距离不低于50cm，主枝角度为80°，下部主枝大，上部主枝小，树体呈细长纺锤形，行内成篱壁形。结果枝组直接着生在主枝上，每隔20cm留一个。成形快，结果枝组易培养，3～4年即可形成，苗木定植后距离地面50cm定干，顶部新梢生长到20cm时，距苗4～5cm处，在树干旁边插1竹杆，选强旺枝作为主干引缚在竹杆上，以后随着苗木向上生长，每隔10cm及时引缚，直至当年停止生长为止。每长40cm摘心一次促发分枝，培养成主枝，同时对主枝每长30cm摘心一次。副梢摘心后再次萌发的三次副梢，长度高达20cm时可摘心，不足20cm不动，培养成的小结果枝组。一般生长季节主干摘心三到四次，主枝摘心二到三次。同时还要在夏季配合拉枝，将主枝拉成80°角。对夏季生长出的新梢，除了采用摘心措施以外，可采用拉枝、拿枝、扭梢、疏枝的方法调整枝条的角度和方位，并使结果枝分布均匀，对背上的过密的直立枝、徒长枝可疏一扭一，背上不可培养大型结果枝组。桃树定植当年可达2m高，并能形成10～15个结果枝组，初步完成整形。

第二年，在主干发出的新梢中选择一个长势好的作为主干延长头直立诱引，对其他新梢继续拉枝、拿枝，使其水平生长，疏除过密的分枝，通过扭梢、摘心培养结果枝组，结果枝组要保持单轴延伸，冬剪时主干头达到预定高度 2.5～3m 时，主枝延长头可短截至新梢水平分叉处。

定植第三年，冬剪时对较大结果枝组可从适宜部位回缩，缓放中小型枝组，保持树体中干结构合理。夏剪拿枝软化强旺枝，对直接伸向行间、株间及开张角度小的枝条进行拉枝处理，调整枝条方向和角度，疏除细弱的病虫枝。

二、综合修剪技术

修剪技术有多种，对于变化各异的个体植株来讲，只有通过多种修剪技术的综合应用，才能达到整形结果两不误的目的。

1. 结果枝组的配置　枝组的合理配置，不但是高产稳产的重要环节，同时又是防止主侧枝裸秃的重要手段。一般大枝组居下，中枝组居中，小枝组居上和插空培养。大枝组有 10 个以上的分枝，中枝组有 5～10 个分枝，小枝组有 5 个以下的分枝。枝组的间距按同侧位置和同生长方向来说，大枝组保持 60～80cm，中枝组保持 40～50cm，小枝组保持 20～30cm，单结果枝保持 10cm 左右。

2. 结果枝组的培养　结果枝组是直接着生在主侧骨干枝上的由数个结果枝组成的独立的结果单位，也是树体果实产量的主要部分。它是由发育枝、徒长枝、中长果枝，经控制改造而发育成的。桃树容易分枝和成花，所以结果枝组也容易培养。培养的方法主要是连续短截和结合疏枝，也包括夏剪中的剪梢和摘心。每次修剪时应先疏后截，具体的做法是去上留下和去直留平。留下的 2～3 个斜生枝再根据所培养的大小进行不同长度的短截。按枝组的大小，可分大型结果枝组、中型结果枝组和小型结果枝组。大型枝组是由发育枝、徒长枝培养而成，它的数量多，占据空间大，寿命也长。中型枝组多由徒长枝培养而成，生长状况介于大小枝组之间。大中型枝组是桃树的主要结果部位。小型枝组多由长、中果枝培养而成，枝量少，占据空间小，结果3～5年后便枯死。

（1）大型枝组培养　一般大型枝组用强旺枝培养，短截时留5～8个芽，促使分生5～6个枝条。第二年去直留斜，改变其延伸方向，留2～3个枝条，重短截，其余枝条疏除。第三年再留3～5个芽短截，经2～3年形成大型枝组。

（2）中型枝组培养　中型枝组用强壮枝培养，短截时留4～6个芽，第二年可分生3～5个长果枝，再经短截分枝，去强留弱，去直留斜，可逐渐培养成中型枝组。

（3）小型枝组培养　小型枝组用中庸枝培养，短截时留3～4个芽，促使分生2～3个结果枝，便成为小型枝组。第二年留两个方向相反的果枝，上部果枝留5～7节短截使其结果，下部的果枝留2～3个芽短截，让它再分生果枝，来年结果。这样可使果枝轮流结果。

3. 结果枝组修剪　对着生在骨干枝上的枝组，周围空间较大者，可选留枝组上的强枝带头，继续扩大树冠，对无发展空间的，以弱枝带头，控制枝组扩大，保持在一定范围内结果。修剪结果枝组时既要考虑当年结果，又要预备下一年的结果枝，要保持持续结果的能力，强枝组多留果，弱枝重剪更新，保证枝组稳定。若结果枝组生长强旺，应去强留弱，要及时疏除旺枝、直立枝，留中下部生长中庸健壮的结果枝，并去直留斜，开张角度，下部弱枝则短截回缩更新做预备枝。如果结果枝组出现衰弱，应及时回缩，进行组内更新，重剪发育枝，多留下部预备枝，少结果，逐渐恢复。对于已经衰老的枝组，应从基部疏除，利用较近的新枝再培养新的结果枝组，或将其他枝组延伸到此空间中。

4. 结果枝组的更新　盛果期以后的桃树，其果枝结果后难以发枝，需要及时更新。更新的方法有单枝更新和双枝更新两种。

（1）单枝更新　单枝更新是在同一枝条上让上部结果下部发

枝，第二年去上留下仍重复前一年的修剪方法。一种方法将长果枝适当轻剪缓放，先端结果后枝条下垂，抽生新枝，修剪时回缩到新枝处，并将更新枝短截；另一种方法是冬剪时在结果枝的下位留 3～4 节花芽短截，使其在当年上部结果的同时下部发出新梢，作为下一年结果的成花预备枝。第二年冬剪时连同母枝段去除上部结完果的老枝，只留下部新的成花枝如同上年短截。简而言之，就是在一个枝上长出来又剪回去，每年利用靠近基部的新梢更新。单枝更新由于结果部位多，产量易于保证，而且修剪比较灵活，所以是目前普通应用的方法。但此法对肥水条件要求较高，主要适用于复芽多、结果比较可靠的品种上应用。

(2) 双枝更新　双枝更新就是在同一母枝上，在近基部选两个相邻的结果枝，对上部枝条按结果枝修剪使其当年结果，对下部枝仅留基部 2～3 个芽短截，抽生两个新梢，使其当年成花下年结果。每年冬剪时，上部结过果的枝连同母枝段一齐剪除，下面新生的枝仍选留相邻的两个分枝并按“一长一短”的方法进行短截，重复上年的剪法。又叫留预备枝更新。双枝更新枝组结果能力强，果实个头大、品质好，既是局部交替结果的好办法，也是调节生长与结果的矛盾、防止结果部位外移的有效措施，且技术性不太强，容易掌握。因此，生产上普遍采用，特别适合以中长果枝结果为主的南方品种群，也适合中长果枝较多的幼旺树。连年使用后下部发枝力减弱，在多数品种上单用较少，较多情况下是与单枝更新法结合使用。

(3) 三枝更新　三枝更新即一个结果枝组内保留一个结果母枝、一个预备枝、一个发育枝。第一年冬剪时，将着生短果枝的结果母枝回缩，当年结果；预备枝轻剪长放，促发短果枝，准备第二年作为结果母枝结果；发育枝重短截，促其抽生中长枝，准备作为第二年的预备枝和发育枝。第二年冬剪时，疏除已结果的老结果母枝。头年的预备枝留几个短果枝回缩，作为当年的结果母枝结果。从头年的发育枝上抽生的中长枝中，选择前部一个轻剪长放，作为预备枝；后部一个重短截，作为发育枝。这样，每年都保留三种枝相，交替结果，年年更新。三枝更新枝组健壮，寿命较长，能有效地控制结果部位外移，适合中短果枝结果为主的北方品种群，唯技术性较强，不宜掌握。

5. 结果枝修剪 桃的结果枝有长果枝、中果枝、短果枝和花束状果枝几种。主要结果部位为中短果枝，幼果期树以中长果枝结果为主。对结果枝的修剪要根据品种特性、枝梢的长度和粗度、结果枝着生部位及姿势而定。一般坐果率低的粗枝条，向上斜生或幼年树平生枝，应留长些，坐果率高的细枝或下垂枝，应留短些，小型果、早熟品种，加工品种，以及树冠外围、枝组上部、节间较长的果枝宜长留。冬剪后结果枝的距离保持10～20cm。

(1) 长果枝 长果枝长度为30～60cm，横径6～8mm，一般先端不充实，而中部充实，且多复花芽。修剪时，将长果枝先端剪除，留7～8节花芽，剪口芽留叶芽或复芽。注意剪口芽留外芽。生长弱的长果枝可以重截；生长偏强，花芽着生部位偏上的长果枝应轻短截。老年树应适当留部分直立枝，密生的长果枝应疏除一些直立枝、下垂枝。疏除时不要紧靠基部剪，下垂枝可留2～3个芽短截，刺激其再发新的预备枝与长果枝。

(2) 中果枝 中果枝长15～30cm，横径3～5mm，生长充实，单、复花芽混生，单花芽多。营养条件不良时坐果率低。一般剪留4～5节芽，剪口留外侧叶芽，结果后仍能发出较好的枝梢。

(3) 短果枝 短果枝长15cm以下，横径3mm左右，可留2～3节花芽剪截，但剪口必须是叶芽，无叶芽时不要短截。短果枝过密时，可部分疏除，基部留1～2芽作预备枝，疏除时要选留枝条粗壮，花芽肥大者。短果枝一般只留一个果，要适当多留短果枝。

(4) 花束状果枝 长度不足5cm，横径3mm以下，多见于弱树和衰老树，节间极短，除顶芽是叶芽外，其余全是花芽，呈花束状。除着生于背上者外，结果能力较差，易枯死。不同品系、品种间各类结果枝的结果能力不同。一般不短截，过密时可疏除。

6. 下垂枝修剪　一般桃长枝缓放几年后，就会形成下垂枝组，对这样的枝组应从基部1～2个短枝处回缩，促使短枝复壮，萌发长枝而更新。有些幼树利用下垂枝结果后，修剪时剪口留上芽，抬高角度，一般剪留10～20cm。

7. 徒长枝修剪　桃树在幼树阶段和结果初期，徒长枝很多，生长很旺，影响通风透光并扰乱树形。在树冠内无空间生长的徒长枝应及早从基部剪除，以免造成过多不必要的养分消耗。对于有空间的徒长枝，可利用改造培养为结果枝组。方法：徒长枝长至15～20cm时，留5～6片叶摘心，促发二次枝，或在夏季徒长枝发生副梢时下部留1～2副梢缩剪，可以形成良好的结果枝。若未及时摘心，冬剪时留15～20cm重短截，剪口下留1～2芽，次年6月份，对抽生的徒长枝摘心。徒长枝也可以培养成主枝、侧枝，做更新骨干枝用，但是要注意拉枝开角。

8. 主枝延长头的修剪　根据主枝的势力、延长枝的粗度和长度、品种特性和栽培管理条件确定主枝剪留长度。一般按粗长比（延长枝基部15cm处的直径与剪留长度之比）为1∶20～30较为适宜，幼树夏季摘心部位起1m左右剪截（粗长比1∶30），剪口留外芽，成树50～70cm剪截（粗长比1∶20），剪口留侧芽或上侧芽。幼树首先应平衡各主枝间的势力，生长势比较强的主枝，应削弱其势力，修剪上应采用加大修剪量、去强留弱、多留果或开张角度等方法；生长势力比较弱的主枝，应增强其势力，修剪上可采取轻剪多留枝、不留副梢结果等方法。其次，应调整主枝的方位，对于方位不合适的主枝，可将主枝剪口芽留在空隙较大的一侧或选择合适的副梢当头向前延伸。如果主枝长势偏弱或角度偏大，也可以利用向上的枝芽进行换头或短截，利用修剪使延长枝呈波浪延伸方式，可以抑强扶弱，促使树势平衡。盛果期桃树，株间已交接、树冠停止扩大的，可采取放放缩缩的方法修剪主枝延长头，即先轻剪长放，使其结果并缓和树势，下一年冬剪时再回缩到二年生处并轻剪长放；或者回缩到下部枝组处并改变枝头方向。以后继续采用放缩结合措施，维持主枝长势，同时又能防止再次交接。回缩枝头时注意不可过重，以免发生徒长枝，扰乱树形、破坏平衡。主枝开张角度过大、枝头表现下垂的，可用背上枝抬高角度，以维持其长势。

9. 侧枝延长头的修剪 侧枝延长头剪留长度应比主枝短，一般不超过主枝延长枝剪长度的2/3。侧枝与主枝竞争时，常采用疏剪或重短截，以保持主枝的优势。侧枝修剪时主要是保持与主枝的主从关系，以维持树势平衡。侧枝强弱不同、在主枝上的前后位置不同，修剪方法也不一样。盛果期桃树一般多采用上压下放措施，即上部一个侧枝适当重剪控制，下部一个侧枝适当轻剪扶持，以维持下部侧枝的长势和结果寿命。注意修剪不可过重，以免上部侧枝长势过弱、寿命缩短。侧枝前强后弱，多因角度过小；应换下部中庸枝代替原头，并开张其角度，使后部转强。侧枝前后都弱，多因结果过量，应适当回缩，换壮枝带头并抬高角度，同时疏除细弱枝、减少留果量，促其长势恢复。

第四节 化学控冠技术

多效唑，又叫PP333，是一种常用的植物生长调节剂，具有控制徒长，促进花芽形成，提高坐果率的作用，在桃树生产中常用于控冠。只适用于幼旺树，适龄不结果的树和盛果期壮树，初定植树、弱树和老衰期的树不宜应用。

多效唑的使用方法包括土壤处理（秋施、春施、花后施）、叶面喷施（生长季节）、涂干（春季）、蘸梢等。土壤处理具有滞后效应，残效期长，一般可维持2～3年，当时的使用效果没有叶面喷施明显，且处理过重后化解较难。叶面喷施过重后可以通过喷施尿素化解。目前桃树高密度栽培主要通过多效唑土壤处理来控制树体，存在的问题比较多。

多效唑使用浓度，用量及次数受品种、树龄、树势及立地条件等多因子制约，因此，很难作出一成不变的规定，要进行试验，而后才能大面积使用。正确的使用方法为：若土施，花后3～4周按每平方米树冠投影面积施用15%多效唑0.5～0,8g，具体方法是将多效唑按量溶于水，再在距树干0.5～1m范围内挖一环形浅槽，将多效唑溶液均匀灌入槽内并用土覆盖，施后1～1.5月开始起作用。若叶面喷施，在发芽后新梢长至10cm左右时喷100～300mg/L多效唑，每隔10～15天喷一次，连喷2～3次；采果后或七八月份，在秋梢和副梢旺长初期再喷浓度为200～500mg/L多效唑水溶液，隔1～2周喷一次，连喷2～3次，注意叶喷全年不能超过4次。对生长过旺的个别树株可以采取土壤处理加叶喷的处理方法。

第五节 四季修剪

桃树在一年四季均可修剪，不同时期的修剪任务应在互相配合的情况下有所侧重。

1. 冬季修剪 冬剪的任务主要是培养骨干枝、修剪枝组、控制枝芽量、调节生长结果关系及树体平衡。幼龄树以整形、培养骨干枝为重点，成龄树重点调节生长结果关系，尽量利用骨干枝中下部的壮枝结果，剪留宜短不宜长，要严格控制结果部位外移。另外要注意桃树的修剪时期不宜太晚，以避免在早春发芽前树液开始流动后形成流胶，由此引起树势衰弱。

2. 春季修剪 春剪的时期多在萌芽开花后至新梢旺长前进行，任务有以下四个方面。

(1) 疏花 对冬剪时留花芽过多的树在花蕾期应进行疏花，

以集中营养增强坐果。疏留的原则是，在同一个枝条上疏下留上，疏小留大，疏双花留单花，预备枝上不留花。

（2）抹芽、除梢　主要是用手抹除那些多余无用和位置、角度不合适的新生芽梢，如竞争芽梢、直立芽梢、徒长芽梢等。一般说被抹除的新生芽梢在5cm以下时称为抹芽，在5cm以上时称为除梢，其目的都是为了防止不规则枝条的形成和养分的无效消耗，减少伤口，促进保留新梢的健壮生长。

（3）矫正骨干枝的延长头　当发现冬剪时骨干枝延长头的剪口芽新生枝梢其生长方向与角度不合适时，应在其下位附近的地方选留较合适的新梢改作延长头，而将原头在此处缩掉。

（4）缩剪长果枝　对冬剪时留得过长的结果枝，可在下位结果较好的部位留一新梢进行回缩，无结果的可通过缩剪来培养位置较低和组型比较紧凑的预备枝组，这是防止结果部位外移的重要措施。

3. 夏季修剪　在新梢迅速生长期进行。修剪的次数是根据发育枝迅速生长的次数而定，幼旺树一般2～3次，老弱树一般1～2次。具体修剪时间大体与新梢速长期相一致，一般在5月下旬至6月上旬、7月上旬至中旬、8月中旬至下旬。修剪任务包括以下几方面。

（1）控制强旺梢　桃树夏剪中，首先应注意对影响骨干枝正常生长的强旺梢及早进行控制，控制的方法是摘心、扭梢、剪梢、拉枝、刻伤等抑上促下的措施。这样，既可把营养集中到结果和花芽形成上，又可促进下部分生副梢形成新的饱满花芽，降低下一年的结果部位，防止结果部位上移。摘心应及早进行，在新梢生长前期留下部5～6节摘去顶端的嫩梢。扭梢和剪梢应在新梢长到30cm左右时进行，基部留3～5个芽。拉枝和刻伤应结合摘心、扭梢、剪梢进行。大枝拉枝时以80°开张角度为好，不能拉平。因为大枝处于水平状态时，先端生长容易变弱，后部背上容易冒条。

（2）用副梢整形　利用副梢培养和调整骨于枝的延长头，可加速树冠成形，使树体提前进入盛果期。方法是当新梢长达40～50cm且延长头已发生较多副梢时，选用生长方向、角度比较合适，节位较高（以免主枝剪截过重）、基部已开始木质化（过早不利于固定其开张角度）的副梢进行换头，剪去以上的原头主梢。剪除或严格控制副梢延长枝的竞争枝，副梢延长头以下的其他副梢进行摘心或扭梢加以控制，并根据不同情况，分别培养成侧枝、结果枝组或结果枝，保证新头副梢的生长优势，也可选用位置合适的侧生副梢培养新的主、侧枝。副梢整形是桃树上快速培养骨干枝的一个重要技术措施，尤其对直立旺长品种的树势控制更为重要。

（3）清理密挤枝　桃树由于一年内生长量大和多次分生副梢，致使枝梢非常容易密乱交叉，所以应及时清理那些竞争梢、徒长梢、直旺梢、重叠梢、并生梢、轮生梢、对生梢和交叉梢等不规则枝条。无空间、无利用价值的可疏除；有空间但较细弱的可摘心；有空间且较旺的可留1～2个弱副梢剪截，或在方向较好的副梢处剪截，使其变直立生长为斜生生长，或进行扭枝、弯枝，以削弱其生长势，培养结果枝组，并配合衰老枝回缩更新的方法保证树冠内膛的通风透光条件。

（4）摘心促花　5～6月，对着生空间大、健壮的新梢摘心，可促使其抽生副梢，并在副梢上形成花芽。在枝条较密时，没有副梢的新梢，不要摘心，以免促发过多的副梢，造成枝条密挤，影响内腔光照、引起主梢花芽分化不良、提高结果部位。

4. 秋季修剪　桃树的夏剪如果做得及时到位，一般在9月以后可不进行秋剪。如果夏剪未做，枝条十分密挤，树冠严重密闭，也可根据情况在秋季适当地安排修剪，以改善树冠通风透光的条件，并为冬剪打好基础，减轻冬剪的修剪量。这次修剪的主要任务是对尚未停止生长的主梢和副梢进行摘心，以促使其组织充实、花芽分化良好、腋芽饱满；尚未停止生长的旺枝和徒生枝结果枝再次剪截控制；疏除密集枝和其他无利用价值的枝梢，以节约养分、改善通风透光条件。有条件的桃园，可在新梢停止生长前对长度在30cm以上的主梢和副梢进行一次普遍摘心。这对增加营养物质的积累，保证枝条充实和花芽饱满，提高越冬能力有重要意义。但是，这次摘心宜轻不宜重，以免出现流胶现象。这次摘心，如时间掌握恰当，新梢一般不再发生副梢。

第十二章　果实的采收与加工

第一节　果实的采收

一、成 熟 度

桃果的品质、风味和色泽是在树上发育过程中形成的，采收后几乎不会因后熟而有所增进。采收过早，果实尚未发育完全，风味差，采收过晚，果肉软化不耐贮藏。适宜的采收期应根据品种特性、市场远近、贮运条件和用途等综合因素来确定。生产上应根据成熟度适时采收。生产上一般将桃的成熟度分为七成熟、八成熟、九成熟、十成熟 4 个等级，其中前两个等级属于硬熟期，后两个等级属于完熟期，硬熟期的果实较耐贮藏和长途运输。4 个等级的标准分别为：

七成熟：果实充分发育，底色绿，白桃品种的底色为绿色，黄桃品种的底色为绿中带黄，果面基本平整，果肉硬，茸毛密厚。

八成熟：果皮绿色开始减退，呈淡绿色，俗称发白，白桃呈绿白或乳白色，黄桃大部分为黄色。果面丰满，茸毛减少，果肉稍硬，有色品种阳面开始着色，果实开始出现固有的风味。

九成熟：果皮绿色基本褪尽，白桃呈乳白色，黄桃呈黄色或橙黄色，果面丰满光洁，茸毛少，果肉有弹性，芳香味开始增加，有色品种完全着色，果实充分表现固有风味。

十成熟：果实茸毛脱落，无残留绿色，溶质品种果肉柔软，汁液多，果皮易剥离，软溶质品种稍有挤压即出现破裂或流汁；不溶质品种，果肉硬度开始下降，易压伤；硬肉品种和离核品种，果肉出现发绵或出现粉质，鲜食口味最佳。

二、采　收

就地销售的鲜食品种应在九成熟时采收，此时期采收的桃果品质优良，能表现出品种固有的风味；需长途运输的应在八、九成熟时采摘；贮藏用桃可在八成熟时采收；精品包装、冷链运输销售的桃果可在九、十成熟时采收；加工用桃应在八九成熟时采收，此时采收的果实，加工成品色泽好，风味佳，加工利用率也高。肉质软的品种，采收成熟度应低一些，肉质较硬、韧性好的品种采收成熟度可高一些。

同一棵树上的桃果实成熟期也不一致，所以要分期采收。一般品种分 2～3 次采收，少数品种可分 3～5 次采收，整个采收期 7～10 天。第一二次采收先采摘果个大的，留下小果继续生长，可以增加产量。桃的果实多数柔软多汁，采摘人员要戴好手套或剪短指甲，以免划伤果皮。采摘时要轻采轻放，不要用力摁捏果实，不能强拉果实，应用全掌握住果实，均匀用力，稍稍扭转，顺果枝侧上方摘下。对果柄短、梗洼深、果肩高的品种，摘取时不能扭转，而是要用全掌握住果实顺枝向下拔取。对这种类型中的特大型品种如中华寿桃等，如按常规摘取，常常使果蒂处出现皮裂大伤口，既影响外观，又不耐贮运，可以用采收剪果柄处的枝条剪断，将果取下，效果较好。蟠桃底部果柄处果皮易撕裂，要小心翼翼地连同果柄一起采下。采收的顺序应从树顶由上往下，由外向里逐枝采摘，以免漏采，并减少枝芽和果实的擦碰损伤。采摘时动作要轻，不能损伤果枝，果实要轻拿轻放，避免刺伤和碰压伤。

采收时间应避开阳光过分暴晒和露水，选择早晨低温时采收为好，此时果温低，采后装箱，果实升温慢，可以延长贮运时间。采后要立即将果实置于阴凉处。

第二节　果实的分级与包装

作为商品的桃果，不仅要有良好的品质，更要有严格的分级与包装，才能保证优质优价，实现高效益栽培。

1. 分级　为了使出售的桃果规格一致，便于包装贮运，必须进行分级。我国目前多是家庭承包，经营规模小，果实多是边采边分级，分级前，先拣出病虫果、腐烂果、伤果，以及形状不整、色泽不佳大小或重量不足的果实，成熟度过高的另作存放，单独处理，然后将剩余的合格果实按大小、色泽等分成不同等级。中华人民共和国农业行业标准鲜桃部分（NY/T 586—2002）规定了鲜食桃果实品质等级标准（见表12-1）。

表12-1　中华人民共和国农业行业鲜桃标准（NY/T 586—2002）

项目	特　等	一　等	二　等
基本要求	果实完整良好，新鲜清洁，无果肉褐变、病果、虫果、刺伤、不正常外来水分，充分发育，无异常气味或滋味，具有可采收成熟度或食用成熟度，整齐度好。		
果形	果形具有本品种应有的特征	果形具有本品种的基本特征	果形稍有不正，但不得有畸形果
色泽	果皮颜色具有本品种成熟时应有的色泽	果皮颜色具有本品种成熟时应有色泽的2/4以上	果皮颜色具有本品种成熟时应有色泽的1/4以上
可溶性固形物（%）	早熟品种≥11.0 中熟品种≥13.0 晚熟品种≥14.0	早熟品种≥10.0 中熟品种≥12.0 晚熟品种≥13.0	早熟品种≥9.0 中熟品种≥11.0 晚熟品种≥12.0
单果重（g）	普通桃　大果型≥300 中果型≥250 小果型≥150 油　桃　大果型≥200 蟠　桃　中果型≥150 小果型≥120	普通桃　大果型≥250 中果型≥200 小果型≥120 油　桃　大果型≥150 蟠　桃　中果型≥120 小果型≥100	普通桃　大果型≥200 中果型≥150 小果型≥100 油　桃　大果型≥120 蟠　桃　中果型≥100 小果型≥90

（续）

项目		特等	一等	二等
果实硬度（kg/cm^2）		≥6.0	≥6.0	≥5.0
裂核		无明显裂核	无明显裂核	无明显裂核
果面缺陷	碰压伤	不允许	不允许	不允许
	蟠桃梗洼处果皮损伤	不允许	允许损伤总面积不超过 $0.5cm^2$	允许损伤总面积不超过 $1.0cm^2$
	磨伤	不允许	允许轻微磨伤一处，总面积不超过 $0.5cm^2$	允许轻微不褐变的磨伤，总面积不超过 $1.0cm^2$
	日灼	不允许	不允许	轻微日灼，总面积不超过 $1.0cm^2$
	雹伤	不允许	允许轻微雹伤，总面积不超过 $0.5cm^2$	允许轻微雹伤，总面积不超过 $1.0cm^2$
	果锈	不允许	允许轻微薄层总面积不超过果面的2%	允许轻微薄层总面积不超过果面的5%
	裂果	不允许	允许风干裂口一处，总长度不超过0.5cm	允许风干裂口二处，总长度不超过1.0cm
	虫伤	不允许	允许轻微干虫伤一处，总面积不超过 $0.2cm^2$	允许轻微干虫伤一处，总面积不超过 $0.5cm^2$

2. 包装 桃的商品化生产，对果实进行包装是商品化处理的一个重要内容，对于保持桃果良好的商品状态、品质和食用价值，是非常重要的。它可以使桃果在处理、运输、贮藏和销售的过程中，便于装卸和周转，减少因互相摩擦、碰撞和挤压等所造成的损失，还能减少果实的水分蒸发，保持新鲜，提高贮藏性能。采用安全、合理、适用、美观的包装，对于提高商品价值、商品信誉和商品竞争力，有十分重要的意义。

（1）内包装 内包装，实际上是为了尽量避免果品受到振动或碰撞而造成损伤，和保持果品周围的温度、湿度与气体成分小环境的辅助包装。通常，内包装为衬垫、铺垫、浅盘、各种塑料包装膜、包装纸（含防腐保鲜纸）、泡沫网套及塑料盒等。聚乙烯（PE）等塑料薄膜，可以保持湿度，防止水分损失，而且由于果品本身的呼吸作用能够在包装内形成高二氧化碳、低氧气量的自发气调环境，现在是最适的内包装。其主要用作箱装内衬薄膜和薄膜袋、单果包装薄膜袋等。

（2）外包装　外包装好劣，直接影响到运输质量和流通效益，要求坚固耐用，清洁卫生，干燥无异味，内外均无刺伤果实的尖突物，并有合适的通气孔，对产品具有良好的保护作用。包装材料及制备标记应无毒性。外包装包括纸箱（含小纸箱外套的大纸箱），泡沫箱、塑料箱、木箱、竹筐等，目前以纸箱应用最多。

桃在贮运过程中很容易受机械损伤，特别成熟后的桃柔软多汁，不耐压，因此，包装容器不得过大，一般为2.5～10kg，容器内部放码层数不多于3层。将选好的无病虫害、无机械伤、成熟度一致、经保鲜剂处理的桃果放入纸箱中，箱内衬纸或聚苯泡沫纸，高档果用泡沫网套单果包装，或用浅果盘单层包装，装箱后固封。如需放入冷藏库贮藏，可在箱内铺衬0.03～0.04mm聚乙烯塑料薄膜袋，扎紧袋口，保鲜效果更好。为防止袋内结露引起腐烂，可在薄膜袋上打孔。若用木箱或竹筐装，箱内要衬包装纸，每个果要软纸单果包装，避免果实磨擦挤伤。

销售用的外包装应有精美的装潢，借以吸引消费者。并且要有安全标志（有机食品、绿色食品、无公害食品等）和规格等级、数量、产地或企业名称、包装日期、质检人员等。

第三节　果实的贮藏与运输

一、预　　冷

桃采收时气温较高，桃果带有很高的田间热，加上采收的桃呼吸旺盛，释放的呼吸热多，如不及时预冷，降低温度，桃会很快软化衰老、腐烂变质。因此采后要尽快将桃运至通风阴凉处，散发田间热，再进行分级包装。包装后，置阴凉通风处待运。这是我国大多数桃产区收购时的处理方法。先进的处理措施是进行预冷，采后尽快将桃预冷到4℃以下，预冷的目的，在于除去果品带来的田间热和部分呼吸热，从而降低果实的呼吸强度，延缓果实的衰老，对于如冷库贮藏的果实，有利于及早用塑料薄膜包装贮藏，而不结露。预冷的方法有多种，大体分为四类：

1. 自然冷源预冷　这类方法多用于秋冬季采收的桃果，采收后防在阴凉处或利用夜间的低温进行散热预冷。

2. 冰水预冷　在常温水中加入适量的冰块，待冰块溶解到一定的程度，水温达到所需温度时，将果品浸入水中预冷。这种预冷方法速度较快，效果较好，直径为7.6cm的桃在1.6℃水中30分钟，可将其温度从32℃降到4℃，直径5.1cm的桃在1.6℃水中15分钟可冷却到同样的温度。水冷却后要晾干后再包装。

3. 冷风预冷　利用机械制冷产生的冷风将品温降致适宜的温度，再进行长途运输为冷风预冷。冷风预冷可利用冷风机来完成，也可利用专用预冷库来进行。只要采收时果温高于运输时适宜的温度，都可以用这种方式进行预冷降温。风冷却速度较慢，一般需要8～12小时或更长的时间。

4. 真空快速预冷　利用真空快速预冷机，将运输的桃果短时间内降至运输时适宜温度。这种预冷方法是将果品装在一个可抽真空密封的容器内，利用抽气降压迅速降温来完成。真空快速预冷的原理，是在降压过程中，使果品在超低压的状态下，迅速蒸发一小部分水分而使果温快速（20～30分钟）降下来。

二、保鲜贮藏

1. 贮藏前的准备　不同品种的桃子，其耐贮性有很大的差异。一般而言，早熟的品种不耐贮运，离核品种、软溶质的品种耐贮运性差，中晚熟的品种耐贮运性较好。如水蜜桃类的玉露桃、大久保等品种都不耐贮藏，山东青州蜜桃、肥城桃、中华寿桃、陕西冬桃、河北的晚香桃等晚熟硬肉品种都较耐贮藏。因此，要根据贮藏情况，选择好需用的品种。

采前农业技术措施，对桃子的贮藏性影响很大。桃在贮运过程中容易出现大量腐烂，主要原因是几种常见病害如褐腐病、腐败病、根霉腐烂病和软腐病等引起的。这些真菌病害在田间即侵染果实，其病菌从伤口、皮孔等侵入，在果实贮运期间大量生长繁殖，并感染附近果实，造成大量腐烂。因此，在果实生长发育期，加强病虫害防治，可以减少果实在贮运期间腐烂的发生。施肥时要注意氮、磷、钾肥合理使用，氮肥施用过多果实品质差、耐贮性差。多施有机肥的果园，果实的耐贮性好。用于贮藏的桃子采收前 7～10 天前要停止灌水。贮藏的桃子采前不能喷催熟剂。

2. 桃果贮藏保鲜的特性　桃果实有呼吸跃变，呼吸跃变一旦发生，果实在极短的时间内迅速变软，进而腐烂变质。如果采收后处理不及时，这种情况经常发生。

桃子采收后果实组织中的果胶酶、淀粉酶等酶类物质活性很强，这是桃果实采后在常温下很快变软、变质以至腐烂的主要原因。特别是水蜜桃采后呼吸强度迅速提高，比苹果的呼吸强度高 1～2 倍，在常温条件下 1～2 天就变软。低氧和高二氧化碳加上低温可以抑制酶类的活性，可以使果实体内的生理变化处于“休眠”状态，保持了桃子的硬度和品质，延长桃果的保鲜时间。

桃果对温度的反应比较敏感，采收后，在低温条件下，桃果的呼吸强度被抑制，但容易发生冷害。桃果的冷点为－1.5～2.2℃，长期处在 0℃的温度下易发生冷害，冷害的发生早晚和程度，与温度有关，据研究表明，桃果在 7℃下有时会发生冷害，在3～5℃下，冷害的发生处于高峰状态，在0℃时发生冷害的程度反而小。受冷害的桃果，细胞壁加厚，果实糠化，风味变淡，果肉硬化，果肉和维管束褐变，桃核开裂，有的品种果实受冷害后发苦，或有异味发生。

桃果对二氧化碳很敏感，当二氧化碳浓度高于5%时，就会发生二氧化碳伤害。症状为果皮褐斑和溃烂，果肉及维管束褐变，果实汁液少，肉质生硬，风味异常。

桃果其他性状也和贮藏性有关。果实大，其表面积也较大，水分蒸腾作用就强，失重也较快。因此，贮藏用的果实应以中等果为好，即果重200～300g。桃果表面布满茸毛，茸毛大部分与表皮气孔或皮孔相通，使蒸发面积大大增加，所以桃采收后在裸露条件下失水十分迅速。在相对湿度为70%，温度为20℃的条件下，裸放7～10天，失水量超过50%。

3. 桃果贮藏的预处理技术

（1）防腐保鲜处理　桃果贮藏主要采取低温和气调技术，若加上防腐保鲜剂处理，则贮藏效果更佳。桃在贮藏过程中易发生褐腐病、软腐病和青、绿霉病，可用仲丁胺系列防腐保鲜剂杀灭青霉菌和绿霉菌等，常用的有克霉唑15倍液（洗果），100～200mg/kg的苯莱特和450～900mg/kg的二氯硝基苯胺（DC-NA）混合液（浸果）。CT系列、森柏尔系列保鲜剂等对桃果贮藏也有很好效果。药物处理可以和保鲜剂处理合并处理。处理具体步骤如下：

①准备盛放处理溶液的容器，或者在采摘地点挖掘方型沟槽，沟槽内铺衬上塑料薄膜，注意检查薄膜有无漏洞，避免造成保鲜剂溶液泄露流失。

②将所需清水倒入容器或沟槽中，再将对应的保鲜剂原液倒入清水中，将溶液轻轻搅拌后放置30分钟，待溶液中的絮状物完全溶解后便可以使用。杀菌剂按规定的比例配置好，混入后搅拌均匀后待用。

③将桃子放入容器或沟槽中浸泡，注意浸泡时要让果实完全浸入溶液中，浸泡 2 分钟后捞出，晾干后装箱贮藏或销售。操作时尽量轻拿轻放，减少对果实的损伤。

洗果或浸果时，配药要用干净水，浸果后要待果面水分蒸发干后再包装。注意：经保鲜剂处理过的桃子不能放入气调库贮藏。

（2）钙处理　钙是水果细胞中胶层的重要组成成分。许多研究表明，对果实进行钙（Ca）处理可推迟桃成熟，提高果实硬度和贮藏寿命，以浓度为 1.5%、2%的 Ca 效果较好，Ca 一方面能降低桃的呼吸强度，减少果实的底物消耗，提高了桃的贮藏品质，另一方面抑制了脂氧化作用，减少了自由基伤害，降低了果实乙烯含量，因此有效地抑制了果实衰老。该处理的方法有以下两种：

①采前喷钙　在花后至硬核期和采前 2 周对桃果面喷施有机钙，增加果实中钙的含量。

②采后浸钙　利用预冷用 1.5%的 $CaCl_2$ 溶液处理 1～2 小时。

（3）生长调节剂处理　开花后 21 天及 24 天对桃喷施赤霉素（GA）及乙烯利可抑制果实在贮藏中的褐变，增多果实中酚类化合物的数量和种类，并降低多酚氧化酶活性。

（4）热激处理　近年来，热激处理作为无公害保鲜水果的一种方法已引起人们的普遍关注。据报道，热激处理后果实的呼吸作用下降，可延迟跃变型果实呼吸高峰的到来，抑制乙烯的产生，钝化果实中 EFE 酶的活性，从而能有效地控制果实的软化、成熟腐烂及某些生理病害。桃采收后迅速预热至 40℃左右处理效果最为理想，处理后，桃果实的呼吸速率、细胞膜透性、丙二醛的积累及多酚氧化酶的活性都减小。在一定程度上还可以保持果实的硬度，降低酸度，减少腐烂，使桃这种易腐果品的商业化长途运输能够在非冷链条件下安全进行。

4. 贮藏环境

(1) 温度　贮藏桃果的适宜温度为0～3℃。中、早熟品种温度稍高，如白花、红花水蜜桃贮藏温度为1～2℃，冬雪蜜桃、中华寿桃、冬桃冷藏温度为0.5～1℃。由于桃果对低温较敏感，在0℃条件下贮藏时间长时容易引起冷害。为防止或减少冷害发生，需采用控温精度高的设施，如选择挂机自动冷库，控温精度为0.1℃，降温速度快，库温均匀，降温和升温可根据需要自动调节，能有效地减少和避免冷害发生；或采用间歇升温冷藏法，即果实先在0℃下贮藏2周，然后升温至18～20℃持续2天，再降温至0℃下贮藏。如此反复，直至贮藏到8～9周后出库，在18～20℃温度下放置熟化，然后出售。间歇调温可以降低呼吸强度和乙烯释放量，减轻冷害，同时温度升高也有利于其它有害气体的挥发和代谢。

(2) 湿度　桃贮藏时，相对湿度控制在90%～95%。湿度过大易引起腐烂，加重冷害症状，湿度过小，易引起过渡失水、失重，影响商品性，造成不应有的经济损失。

(3) 气体成分　贮藏桃时适宜氧气浓度为1%～3%，二氧化碳浓度为4%～5%。用生理小包装袋贮藏桃时，二氧化碳浓度要低于8%，氧气5%～14%。

5. 贮藏方法　桃子的贮藏方式有冷库贮藏、冰窖贮藏、气调库贮藏、减压贮藏等多种，用户可以根据自己的条件自行选择。

低温结合简易气调和防腐措施，对于提高桃的耐贮性效果很好。将八九分成熟的桃，采后单果包纸后装人内衬无毒聚氯乙烯薄膜袋或聚乙烯薄膜袋的纸箱或竹筐内，或不包纸直接装人上述袋中，立即进行预冷，果实降温后，在袋内加入一定量的仲丁胺熏蒸剂和乙烯吸收剂及二氧化碳脱除剂，将袋口扎紧，封箱、码垛。使库温保持0～2℃，大久保、白凤桃贮藏50～60天好果率在95%以上，基本保持原有硬度和风味；深州蜜桃、绿化9号、北京14号效果次之；岗山白耐贮性最差。

入贮后要定期检查。短期贮藏的桃果每天观察1次，中长期的果实每3～5天检查1次。

三、运　　输

桃属鲜活易腐果品，在长途运输过程中，若管理不好，易发生腐烂变质。因此，要十分重视运输过程中温度、湿度和时间等因素的影响。按国际冷协1974年对新鲜水果、蔬菜在低温运输时的推荐温度，桃在1～2日的运输中，其运输环境温度为0～7℃；在2～3日的运输中，其运输环境温度为0～3℃；若在途中超过6天，则应与低温贮藏温度一致。

随着我国公路业的迅速发展和高速公路的加速建设，汽车运输成为桃果运输的主要方式。汽车最大的优势是最大可能的减少了果品的周转次数，从产地到销地果品周转2～3次即可，但是汽车运输的最大弊病是运输途中颠簸较大，造成运输过程中产生的机械伤。当前国内果品汽运的主要方式有常温和冷藏保鲜车两种，今后的发展方向是冷藏运输。

果蔬运输的主要方式还有飞机运输、火车运输、冷仓船运输。飞机运输具有速度快、运输质量高、机械伤轻等优势，但运费价格高昂，周转环节多是其缺点。冷仓船运输是指带制冷设备，能控制较低运输温度的船舶。由于它装运量大，海上行进平稳，不仅运费低廉，而且运输质量较高，但运输途中拖的时间较长。多采用冷藏集装箱，进行大的包装，装船运输。除了冷仓船专用运输之外，也可以采用普通运货船和客货混用船运输。火车运输，按其配备的设备不同，又分为制冷机保车、加冰车和普通运货车皮。

在冷藏运输尚未广泛推广之前，为了保持桃果的品质，在运输过程中应注意以下事项：及时调运，装卸要轻，码放要有间隙，如采用“品”字形码放，以利通风降温。堆层不可过高。要采用篷车或加覆盖运输，避免阳光直晒。

第四节 桃果的加工

桃果的加工制品主要有罐桃、制酒和蜜饯等，其中以罐藏（制罐）为主。

对罐藏桃品种的基本要求：一是所用品种具有良好的栽培性状；二是果实符合加工工艺的要求。用于加工的桃品种，要求树势强健，结果习性良好，丰产、稳产、抗逆性强。这也是一切良种所必须具备的条件，罐藏用的品种也不例外，否则即使有良好的加工适应性，也不可能发展成为罐藏良种。对加工工艺的要求，应根据当前加工工艺过程和成品质量标准确定。为使成品达到一定的色香味、大小、糖酸含量以及无异味的质量要求，在品种组成方面，要求早、中、晚熟品种搭配，但是常以中、晚熟品种为主，因为后者品质优于早熟品种，且有良好的耐贮性，可以延长工厂加工生产时间。在成熟度方面，要求达到工艺成熟度，以便于贮运和经受工艺处理，减少损耗。这种成熟度往往高于硬熟，稍低于鲜食成熟度，也称为加工成熟度。

对罐藏用桃桃果实的质量要求如下：

色泽：白桃应为白色至青白色。果实、缝合线及核洼处无花色素。黄桃应呈金黄色至橙黄色，黄桃具有特别的香气和香味，故品质优于白桃。

肉质：加工用桃的肉质必须为不溶质。不溶质桃耐贮运，加工处理损失少，生产率高，原料吨耗低。而溶质品种，尤其是水蜜桃品种不耐贮运，加工处理时破碎多，损耗大，成品常软塌，风味淡薄。

果核：果核应为粘核，粘核品种肉质细密，胶质少，去核后核洼光洁。

此外，罐藏用桃还要求果型大，果形圆整对称；核小肉厚，风味好，无明显涩味和异味；成熟度适中，果实各部位成熟度一致，后熟缓慢。

第十三章　提高果实品质技术

现在，消费者越来越注重果品的质量、外观，要求果实好看、好吃，随着果品市场的激烈竞争，果品质量直接关系着经济效益。所以，要把提高果实品质技术作为果树栽培技术的中心目标，只有优质，才能提高果品在市场上的竞争力，才能获得可观的经济效益。据调查，决定桃果价格的因素中，口感占 44%，着色占 29%，果实大小占 11%。可以看出，桃果的口感，是决定其价格的主要因素，因此，如何提高桃果实的品质，是生产中需要着重解决的问题，也是果农十分关心的问题。

一、选择良种、适地适栽

提高果实品质的前提是优良品种，提高果实品质的关键是适地适树。应选择合适的立地条件，以排水良好、通透性强、土壤的有机质含量高的沙质壤土为好，栽植优良品种，在此基础上应用栽培技术调控会有很大作用。

土壤的酸碱度以微酸性至中性为宜，即一般 pH5～6 生长最好，当 pH 低于 4 或超过 8 时，则生长不良。土壤如沙性过重，有机质缺乏，保水保肥能力差，则生长受抑制，花芽虽易形成，结果早，但产量低，且寿命短。在黏质土上栽植，树势生长旺盛，进入结果时期迟，容易落果，早期产量低，果个小，风味淡，贮藏性差，并且容易发生流胶病，因此，对沙质过重的土壤应增施有机质肥料，加深土层，诱根向纵深发展，夏季注意根盘覆盖，保持土壤水分。对黏质土，栽培时应多施有机肥，采用深沟高畦，三沟配套，加强排水，适当放宽行株距，进行合理的轻剪等等。

根据当地自然条件以及市场情况选择良种。凡属优良品种，莫不与自然气候、环境条件、土壤质地等综合因素密切相关，要选择与当地条件适宜的良种，不可违背客观条件乱植乱栽。

二、合理负载

从世界上先进国家果树栽培的经验看，合理负载是确保果实品质优良的重要措施。桃树是一种丰产性强的果树，栽培容易，生长快，结果早，如气候条件适宜坐果率很高，结果太多了会消耗大量养分，导致营养生长和生殖生长养分供应不足，树势衰弱、单果重降低，畸形果增多，品质变差；但留果过少，导致树势偏旺，果实明显贪青、着色不良。因此，必须做到负载合理，根据自然条件、管理水平、树势、树龄等因素确定合适的负载量。生产上主要是采取疏果措施，控制叶果比，3～4 年生树 666.7m^2 产量控制在 500～800kg 左右，成龄树 666.7m^2 产量控制在 2 000～2 500kg 左右。

三、促进果实膨大

一般来说，桃果早熟品种单果重要求 150g 以上，中熟品种 200g 以上，晚熟品种 300g 以上。但并非越大越好，过大的果实往往品质不佳，优质的果实一般为中等偏大。

在同一品种中，一个果实的细胞数量和细胞体积决定了该果的果实的大小。由此得出，增大果个应该从增加果实细胞数量和增大细胞体积入手。桃果实的发育呈双 S 曲线，有两次迅速生长期，中间一次缓慢生长期。第一次迅速生长期为细胞分裂期，授粉受精后，子房开始膨大，至嫩脆的白色果核核尖呈现浅黄色，果核木质化开始，即是果实生长第一阶段结束。果肉细胞分裂从受精开始持续到花后3～4周才渐作缓慢，持续时间的长短大约为果实生长总日数的20%，主要是增加细胞数目，以后主要增加细胞内含物。此期果实体积、重量均迅速增长。缓慢生长期为硬核期，此期果实增长缓慢，果核长到品种固有大小，并达到一定硬度，果实再次出现迅速生长而告结束。这时期持续时间各品种之间差异很大，早熟品种约1～2周，中熟品种4～5周，晚熟品种可持续6～7周。第二次迅速生长期为果实迅速膨大期，果肉细胞迅速膨大，细胞间隙发育，果实厚度显著增加，硬度下降，并富有一定弹性，出现品种固有的色彩。该时期果重增加量约占总果重的50%～70%，持续时间3～4周，尤其成熟前2周是增长最快的关键时期。

1. 第一次迅速生长期 桃果第一次迅速生长期前期需要的养分主要来自于树体的贮藏养分，后期（花后40天至该期结束）需要的养分主要来自于当年的同化养分，为增加细胞数目，促进桃果膨大，这一时期的技术要点是增加树体的贮藏养分，减少无效消耗，以及促进营养生长，尽快增加当年同化养分的供应。应抓好以下几项措施。

注重前一年夏秋的保叶养根，秋季及时加强肥水，采果后补肥，以氮肥为主，配合磷肥，促进叶片光合功能和根系吸收功能，以蓄积更多的碳水化合物及蛋白质等，提高树体营养水平，促进树势健壮，提高花芽质量。

采后夏剪，及时疏除直立徒长枝，改善内膛光照，促进枝条发育充实。冬剪时注意培养和保留状果枝，及时更新衰老过枝，留花适量，不要太多，以集中使用贮藏营养，提高开花质量和促进子房的早期发育。

创造适宜的条件，保证授粉受精。人工辅助授粉除能保证坐果外，还有利于果实增大端正果形。充分授粉能使授粉良好，可促进子房发育，内源激素增多，增强幼果在树体养分分配中的竞争力，使果实发育快，单果重增加。授粉时要选择好父本，授粉的父本品种不同，对果实大小、色泽、风味、香气等有重要的影响，即花粉直感，在可能的条件下要有所选择，以利促进果实品质。

疏花疏果，减少树体养分的无效消耗，调节生殖生长和营养生长的矛盾，对果实的膨大有显著的促进作用。

促进树体营养生长，萌芽前树体喷布2%～3%的尿素，萌芽前后适量的肥水供应，主要是追施氮肥，可以加速新梢生长，增加叶片数，尽快产生同化养分供应果实的膨大。

2. 缓慢生长期　该期是果实的缓慢生长期，却是种子的生长高峰，对磷的需求量较大，可以在叶面喷施0.3%磷酸二氢钾1～2次；该期对水分变化敏感，严重缺水或水分过多，都易引起落果，灌水量过大，易引起裂核，此期应确保土壤水分变化不大。

3. 第二次迅速生长期　此期果实细胞迅速膨大，是桃果膨大的关键时期。技术要点是调整好生殖生长和营养生长的矛盾，应抓好好肥水管理和夏剪工作。

重视施用壮果肥，特别是重视补施钾肥，采前3周左右土壤追施钾肥，可以显著促进桃果膨大和提高桃果内质，叶面喷施3%尿素，可以起到促进桃果膨大，抑制营养生长的作用。此期是果实水分增加最快的时期，务必保证果实膨大需要的水分供应，土壤含水量保持在40%为好。

此期也是新梢副梢旺长期，应做好夏剪，控制树势，剪除过旺徒长枝，树体保持良好的通风透光条件，新梢生长和果实膨大平衡发展。

四、促进果面着色

桃果皮颜色主要由花青素决定。花青素溶解于细胞质或液胞中，其生物合成以糖为原料，果实内糖类蓄积时，花青素的生成受到促进，果皮着色程度与含糖量高度正相关，光照、温度、肥水管理等对花青素形成有重要影响。生产上主要是通过改善光照条件和提高果实含糖量等综合措施，促进果面着色。

1. 改善光照条件　桃树喜光性很强，直射光着色效果好，光照时间、光照强度、光质对果实着色影响很大。光既可增加果内糖分，又可直接诱发花青素的形成，因为紫外光诱导乙烯形成，乙烯可以增加膜的透性，利于糖分移动，还可提高苯丙氨酸解氨酶的活性，促进红色发育。所以山地、海拔高的果园着色要好于平地、海拔低的果园。

改善树体光照，要选择好树形，常用的树形有三主枝自然开心形，二主枝自然开心形（Y 字形）；还要搞好四季修剪，冬剪时适当回缩短剪树冠外围的延长枝，使树冠紧凑，行间保持60～80cm 的通风透光带，适当疏除过密枝，树体保持外稀内密，夏季修剪疏除过密和过多的新梢，及时处理直立徒长枝。应着眼于群体，着手于个体，控制枝量，限制树高，维持中庸树势，注意调整光路和枝类组成，防止果园郁闭，保证通风透光。

加强果实着色管理，搞好套袋、摘叶、铺反光膜等管理工作。果实套袋由于改变了袋内的小气候，表现果面光洁、色泽艳丽，成为生产高档果品的重要措施。应选择专用桃果用袋，对中早熟品种要用无底袋。果实成熟前，直射光对果面着色影响很大，摘除覆盖在果面上的老叶片，可以改善果面对直射光的利用，促进果实全面着色。一般采前摘叶量越大，果实着色越好，但是摘叶量过多，树体有机营养的副效应也越大，因直射光过强引起果面灼伤的机会也变大，摘叶量要根据管理水平、肥水条件、树体营养、负载量等因素确定。铺反光膜可以改善树冠下的光照条件，增加树冠内的散射光，透光良好的园片，应将反光膜稍打点褶皱，使反射光呈漫反射，可避免因反射光过强而出现灼伤果实。

2. 提高果实含糖量　桃果皮细胞中花青素的的形成是以糖

作为基本原料的，花青素的主要成分——花青甙是糖代谢的产物，桃果含糖量的高低直接决定果皮着色，科学肥水管理和改善光照是提高含糖量的主要方法。在光照好的条件下，由于叶片的光合作用强，有机营养物质积累多，果实的含糖量亦高。一般情况下，水分充足氮肥多，促进梢叶生长，不利于糖分向果实积累，生长前期多追施磷钾肥，特别是钾肥，氮磷钾比例为1∶0.5∶1，有利于增加含糖量。采前土壤适度略干，可抑制枝梢生长，有利糖分积累，但在过度干旱的果园适度灌水，提高了叶片功能，促进糖分积累。因此，生产上基肥以农家肥为主，追肥多追磷钾肥，果实成熟前在叶面喷施0.3%～0.5%磷酸二氢钾，以及适当晚采，可显著提高果实含糖量。

五、提高果实口感

桃的口感主要有甜味、酸味、肉质三方面。甜味的浓淡因果实中含糖量及种类而异，含糖量随果实成熟逐渐增加，采收过早，糖分尚未充分积累，采收过晚，会显著降低果实耐贮性；酸味同样与成熟度有关，不熟的果实酸味大，管理技术对酸味也有明显影响，氮肥多，枝梢旺长，果实含酸量多；果实肉质与细胞数量多少和细胞大小有关，细胞数多且细胞大小适中的果实，肉质细密，汁液多，口味佳，前期细胞数少而后期细胞体积过大的果实，肉质松。

确定合理的采收期和成熟度是提高果实口感品质的关键，适期采收有利于提高果实的含糖量，有些品种的果实成熟期也不相同，分期采收能使其品质发育到最好程度，前期果实采收后，晚熟果实的品质会迅速提高。应在充分表现出该品种品质特性的八九分成熟时采收，冷链运输。促进果实膨大、果面着色的技术措施，同样也能提高果实口感品质。微量元素肥料对果实品质具有特殊作用，如果实膨大期喷施2次有机钙肥，可以提高果实硬度。

六、防治果实生理障碍

（一）裂果

1. 症状　一般桃果实硬核期结束至成熟前开始发病，以第二次果实膨大期发病最多，主要在果面产生一至多条裂缝，有的沿背缝线纵裂，从梗洼裂至顶部，深可见桃核；有的胴部横裂，纵横交错，形状不一；有的在向阳面灼伤处呈龟裂状。裂缝遇雨极易被一些杂菌污染，致使果实腐烂。

2. 病因及发生特点　裂果病是一种生理病害，与品种的遗传特性有直接关系，早、中、晚熟品种都有发生，但以晚熟品种为重，一般油桃比水蜜桃发病重。主要是水份供应失调造成。土壤黏重、瘠薄地块此病容易发生。久旱遇雨和日灼是造成裂果的主要因素。

3. 对策

①加强土壤管理　增施有机肥，改良土壤，提高土壤保水能力。

②合理灌溉　滴灌和微喷灌是理想的灌溉方式。可以为桃生长发育提供较稳定的土壤水分和空气湿度，有利于果肉细胞的平稳增大，可减轻裂果。

③果实套袋　套袋为果实提供了一个相对稳定的环境，有利于果实的均衡生长，增加了果肉和果皮的弹性，可以减轻裂果。

④喷药防治　从落花后45天左右开始，10～15天一次，连喷2～3次B9可湿性粉剂500～800倍液，对于防治裂果有较好的效果。

（二）缩果

近年来我国部分桃产区出现的一种新的生理病害。中晚熟品种多有发生，目前已发现严重缩果的品种有川中岛白桃、中华寿桃等大果型品种。

1. 症状　果实成熟前2周发病，首先果梗部和梗洼处出现萎缩，生长停止，梗蒂处出现离层，随后大多脱落，也有少数品种长时间挂在树上不掉。

2. 发病规律

①桃园土壤黏重的缩果重，沙壤土园一般较轻。

②幼旺树、树势过强的缩果严重，树势过弱缩果也较多。

③徒长性结果枝上的果实容易发生缩果病，枝条较细、斜平或自然下垂枝上的桃果缩果率较低。

④通风透光条件差的果园缩果严重。

⑤偏施化肥尤其是氮肥的桃园桃果色泽差、风味淡，缩果严重。有灌溉条件的桃园，土壤水分相对稳定，缩果较轻。

⑥土壤有效性钙含量严重不足，果实缺钙易发生缩果。

3. 防控措施

①选择通气性好的沙壤土建园，对土壤黏重的桃园采取深翻扩穴、压沙改土、秸秆还田、多施有机肥等措施进行土壤改良。

②增施有机肥，适当补充化肥和微肥。尽量避免使用纯氮肥，特别是生长前期要控制铵态氮的施用量，防止对钙、硼等元素的吸收产生拮抗作用。

③采用滴灌或微喷灌，均衡土壤湿度。在果实生长后期要注意排水，采取明沟或暗渠排水，避免桃树受涝。

④加强树体管理，确保树势中庸。

⑤叶面喷钙。桃果实中的钙绝大部分是在花后1个月内即第一次果实膨大期吸收的，钙是难以移动的元素，在果实生长后期，果实迅速膨大，钙含量也相应降低，如不及时补充，就会出现不同程度的缺钙症状。花后至硬核前是补钙关键期，可叶面喷施氨基酸钙或氨钙宝等钙制剂2～3次；果实生长中后期可再喷

2 次钙肥，但以前期补钙最重要。

（三）裂核

1. 时期 桃果实裂核有两个时期：①在核尚未木质化时（果实重 1g 左右）发生在核的内层，此期裂核大部分能愈合，幼果与正常果外观没有区别，疏果时难以发现，但裂核果成熟后都是畸形果。② 硬核开始后 1 个月内，主要在硬核开始 10 天左右，核内维管束断裂、组织坏死，或由于养分水分输送急剧变化，桃核沿缝合线裂开，产生畸形果。

2. 原因 裂核通常是由于桃幼果异常膨大引起的。据日本冈山县调查，花后 60 天清水白桃果重 50g 以上者，大部分为裂核果。果实异常膨大是由于坐果不良、叶果比过大，或新梢伸长受抑制，新梢和果实没有养分竞争，供给果实的养分过于集中，或硬核期土壤持续干旱后遇大雨，或人为造成土壤水分剧烈变化，使一段时期内果实水分供应量剧增，引起桃果异常膨大。早熟品种出现裂核是由于桃核在未完全木质化时即进入果实第 2 次迅速生长期，果核受到向外的拉力而开裂。在开始硬核时，凡是能促进果实迅速增大的因素或外界不良因素，如过早疏果、霜冻、连阴雨或大量灌水、主枝环割环剥（铁丝绞缝）、空气干燥、叶面蒸腾量大等都会引起裂核。套袋有加重裂核的趋势。

3. 症状 早熟品种裂核果大部分能成熟，晚熟品种裂核果则常常脱落，造成 6 月落果和采前落果。裂核果味淡，易引起种子霉烂而降低商品价值，不耐贮运，不宜罐藏加工。按优质高档桃果实质量标准，裂核果为非商品果。

4. 防控措施

①疏果时保留中等偏大果，疏除异常膨大果。疏果分次进行，不可过早一次定果，不能留果过少，应保持合适的叶果比。硬核期绝对不能疏果。

②基肥尽可能早施（9～10 月份），不施萌芽肥、花后肥。对生长势偏弱的桃树，新梢停长期增施氮肥。

③进行土壤改良，设置排水沟和排水暗管，防止硬核期出现连阴雨或高强度降雨而导致积水。硬核期前适当灌水，硬核期间若 1 周未降雨，应灌 1 次轻水（15mm），防止土壤水分急剧变化。

④长放修剪，轻剪为主，确保树冠内部光照均衡。

⑤选择透光率高的白色或黄白色果袋。

（四）生理落果

1. 时期　一般有 3 次，第一次落果在刚开始谢花至花后 2 周，第二次落果在花后 20～50 天，第三次落果在硬核后成熟前。

2. 原因　第一次生理落果实际上是落花，花朵自花梗基部形成离层而脱落，多发生在花后 1～2 周内，主要原因是一部分花没有授粉受精或花器发育不全。在花期前后，有的花受到低温或寒潮侵袭，使雌蕊受冻，造成生殖机能减退而脱落。还有一些花因受到病虫危害而提前脱落。第二次生理落果是因为果实受精不良，胚发育受阻。果实缺乏氮素供应、营养不足、受不良气候影响，都能引起胚囊或胚败育或果树内源激素失调。另外，梢果间或果实间的营养竞争、不良天气（干旱、高温、阴雨、光照不足）胁迫、化学药剂影响也可导致胚乳或幼果退化造成落果。第三次落果分为 6 月落果和采前落果。6 月落果主要原因是光照不足、营养不良，尤其是氮素营养缺乏，影响胚发育。另外，坐果过多、生长过旺、枝叶过密等，都会因营养竞争而使果实脱落。采前落果主要是因为果实所需营养不足、干旱高温、果梗短、裂核等导致果梗产生离层造成落果。

3. 防控措施

①加强土肥水管理和夏季新梢管理，彻底防治病虫害，合理

负载，增加树体贮藏养分积累，促进花芽发育充实。

②对无花粉的品种进行人工授粉，提高坐果率。

③实施疏蕾和春季抹芽等措施，减少树体贮藏养分消耗。

④防止裂核。

第十四章　桃树保护地栽培技术

桃树保护地栽培可使果实提早成熟，淡季上市，生产出反季节水果，从而获得较高的经济效益。近年来发展迅速，为振兴农村经济，农民增收，丰富市场供给，作出了重大贡献，成为发展高效农业的重要项目。

第一节　保护地栽培的模式

桃树保护地栽培是在外界环境条件下不适宜桃树生长的季节，利用人为的特制设施（温室、大棚等），通过人工调控果树生长和发育的环境因子（包括光照、温度、水分、二氧化碳、土壤条件等）而生产鲜桃的一种特殊栽培方式。可分为促早、延迟、避雨三种模式。

1. 促早栽培　利用设施和管理，尽快使桃树进入休眠，或缩短休眠时间，再创造适宜于桃树生长、发育的光、热、水等环境条件，促其早发芽，早结果，早成熟，早上市。这是目前最常见的保护地栽培方式，品种以极早熟、早熟品种为主，在达到低温需冷量以后，即可扣棚升温，扣棚越早，成熟上市越早，可以从3月初上市，直到5月底都可以供应市场，此时正值鲜果淡季，有广大的市场份额。

促早栽培，当年定植、当年成形、当年成花、次年丰产，并且在人工控制条件下，病虫害较轻，使用农药量较少，可以最大限度地减少污染，生产绿色果品。

2. 延迟栽培　通过遮荫、降温等措施延迟桃树发芽、开花、果实膨大，进而推迟果实成熟，或在早霜来临较早的地区，通过设施避开霜害，为果实发育创造适宜的条件，达到淡季上市的目的。适用于北方高纬度地区，品种以果实发育期 120 天以上的晚熟、极晚熟品种为主。主要方法是春季露地桃树萌动之前，采取遮荫降温、冰墙降温、空调降温、化学药剂处理等措施使桃树仍处于低温休眠状态，从而达到延迟发芽开花、延迟成熟的目的；或在桃果硬核后，通过适量降低温度，延长滞育期，拉长果实发育天数。

3. 避雨栽培 适用于南方多雨或海洋性气候地区，主要目的是避雨，提高桃果品质。桃树避雨栽培在日本和我国台湾地区应用较多。台湾地区，每年冬春之际即进入雨季，从水蜜桃萌芽前的 2 月份覆膜到 8 月份果实成熟后除膜，隔离了全年 75%的降雨量，对桃树生长危害极大的桃缩叶病和细菌性穿孔病几乎绝迹，这样，才能保证桃树的正常生长结果。

第二节 保护地栽培的设施

1. 日光温室 方位一般要求座北朝南，东西延长。依据太阳辐射强度、光照时间、气候条件、经济实力等的不同，人们设计出不同结构的日光温室，目前主要有半圆拱式和一斜一立式两大类。

半圆拱式温室跨度 7～8m，脊高 2.8～3.2m，后坡长1～1.7m，仰角 30°～50°，后墙高 1.8～2.4m，墙厚 50～100cm。因拱架取材不同，可分为钢架型、水泥型、竹木型。钢架型跨度可增加到 7～8m，脊高增加到 3.2～3.5m。

一斜一立式温室跨度 6～8m，脊高 2.8～3.5m，后坡长 1.2～2m，屋面角 23°左右，后墙高 1.8～2.6m。

2. 塑料大棚 棚内气温受外界环境温度变化的影响，明显要高于日光温室，所以建造时要周密考虑保温问题。方位以南北方向为宜。竹木结构跨度为 8～12m，脊高 3m 左右；全钢结构跨度为10～15m，最宽不超过18m，长度以50～80m为宜，最长100m，复合及钢架结构脊高3～3.5m，连体钢架3.5～4m，肩高1.2～1.5m，高跨比为0.25～0.4。

3. 连栋大棚 连栋大棚有从国外引进的，但成本太高，不易接受。也有国内生产的，如4连栋GP-L832型，长45m，宽32m，脊高4.5m，肩高2.5m，间距1m，4跨组成，每隔2单拱设1个多拱，5道立柱，跨间设天沟，12道纵梁，14道纵卡销，推拉门窗，摇杆卷膜，在两侧和顶棚放风。

4. 棚膜 一般选用无滴PE膜和PVC膜，透光率、保温性、耐寒能力PE膜要强于PVC膜，吸尘性能、耐老化能力、密度、透湿性PE膜要弱于PVC膜。

第三节 场地选择与规划

1. 场地选择

①地块具有足够长度。若地块东西长度不够，温室短小，会影响生产规模和效果。

②地形开阔，阳光充足。东、南、西三面无高大树木、建筑物等，避免遮荫。

③要避开风口、风道、河谷、山川等。最好的地形是北边有山或土坎作天然防风障，东西开阔。

④土质疏松肥沃，无盐渍化和其它污染，地下水位低。

⑤有水源、电源，有良好的排灌设施。

⑥最好靠近居民区和公路，以便管理和运输。

⑦避开烟尘及有害气体污染。

2. 场地规划 前后两排温室间距一般以冬至前后前排温室不对后排温室构成明显遮光为准，保证后排温室在日照最短的季节里每天有4小时以上的光照时间。就是从上午10时至下午14时，前排温室不对后排温室造成遮光。前后排温室距离的计算方法为：前后距离（m）＝高度（m）×2＋1.3。

依据地块形状大小，确定温室长度和排列方式。一般东西两列温室间应留3～4m的作业道并可附设排灌沟渠。若在温室一侧修建工作间，再根据作业间宽度适当加大东西相邻两列温室的间距。东西向每隔3～4列温室设一条南北向交通干道，南北向每隔10排左右设一条东西向交通干道。干道宽5～8m，以便大型运输车辆通行。温室群附属建筑物的位置如水塔、锅炉房、仓库等应建在温室群的北面，以免遮光。

第四节　适宜保护地栽培的品种

1. 原则　桃树保护地促早栽培对主栽品种的选择应遵循以下原则：

（1）果实发育期短，休眠期短，升温至盛花期短；

（2）果实综合性状优；

（3）对弱光、多湿、变温适应性强，自花授粉能力强；

（4）树势中庸或树形紧凑。延迟栽培要选择极晚熟、果个大、品质优、耐贮运、丰产性好的品种。

2. 适宜促早栽培的优良品种

（1）油桃品种　华光、曙光、艳光、瑞光、早红宝石等。

（2）水蜜桃品种　千姬、春艳、日川白凤、早凤王、安农水蜜等。

（3）蟠桃品种　早露蟠桃、早硕蜜、早黄蟠桃、新红早蟠桃等。

3. 适宜延迟栽培的优良品种　中华寿桃、青州蜜桃等。

第五节　栽植技术

1. 栽植时间　保护地栽植桃树分为春季栽植和秋季栽植。

目前，生产上多采用春季栽植，春季栽植苗木易成活，实现当年种植、当年成花、当年扣棚，次年采收的生产目标。

2. 栽植技术　选择一年生，芽体饱满，枝条健壮，根、茎、芽无病虫害，根系发达的桃苗进行栽植。在温室内南北向按确定的株行距挖定植沟，沟的规格为深，宽各 60cm，沟长以温室宽度为准。可采取隔行挖的方式，一行挖完填好后再挖另一行，由于栽培密度大，需肥多，因此在挖定植沟的同时，要进行土壤改良。挖沟时将生土熟土分开放置，熟土（也就是表土）放在沟的一侧，生土（也就是底土）放在沟的另一侧，沟挖好后先将挖出的熟土填入沟底。然后将生土与腐熟的优质鸡、羊、猪粪和其他有机肥按 1∶1 的比例拌匀填入沟上层，填至与地表相平，即一个 500m^2 左右的温室施入有机肥 6 000kg。随后浇透水使沟土沉实，5 天以后进行苗木定植。在定植的同时，必须准备一定量的预备苗。预备苗可栽在编织袋，花盆等容器中，同样加强肥水管理。

3. 栽植密度

（1）高密度的栽植方式，可以用 1m×1.5m、1.5m×2m、2m×3m，当树体长大，树冠郁闭时，逐年间伐，首先采用隔株间伐，树冠摆布不开时再隔行间伐。日光温室第一行距前棚脚 1m，北边第一株距后墙、边行距东西山墙 1.5m。

（2）中密度的栽植方式，可用（2～3）×（3～6）m。树体长大后仍需间伐。

（3）起垄栽培，用表层土和中层土堆积成垄，垄高 40～50cm，一般不低于 20cm，宽 50～80cm，起垄时土壤中添加 30%农家肥。将桃树栽在垄上，然后在垄中央铺设滴灌设备，并用地膜覆盖。

4. 配置授粉树　桃树大多数品种是自花授粉，自花结实，按理讲可以不需配置授粉树，但是保护地不同于露地，有的品种露地栽培自花结实率较高，而保护地栽培，自花结实率便大大下降，所以栽植时要选用自花授粉结实率高的品种。配置适当的授粉树，更能够有效地提高坐果率，可以选择与主栽品种花期相遇、花粉量大、亲合力好，经济效益较高的品种作为授粉树，栽植比例为1∶4～5。

第六节 打破桃树休眠的技术措施

桃树休眠处于一个相对静止的状态，但在休眠过程中，树体内部仍然进行着一系列的生理生化活动，如激素的转化、芽的分化等，所以休眠需要一定的气候条件和时间进度。桃树的需冷量（0～7.2℃低温累计时数）为400～1 200小时，如果需冷量不足就扣棚升温，会造成桃树不能正常萌芽开花，甚至引起花蕾脱落，花期不整齐，授粉受精不良，从而影响产量。

生产中桃树打破休眠的主要方法是低温处理，于10月下旬到11月上旬把覆棚膜，盖草苫，让棚内白天不见光，并密封通风口，降低棚内温度，夜间打开通风口进行降温处理，尽可能创造0～7.2℃低温环境，约30～45天就可满足桃树的需冷量。

第七节 扣棚与揭棚

桃树需冷量满足以后，即可以升温解除休眠了。确定适宜的扣棚时期，除了需冷量是需要考虑的因素外，还要考虑设施条件的好坏、保温性能的强弱、加温条件和市场需求情况等因素。

加温温室扣棚时间为12月中下旬，日光温室为1月出，塑料大棚为2月初。

如果扣棚后升温过快，气温、地温不协调，根系生长滞后于枝梢生长，则会影响树体的生长发育，为了保证地温和气温一致、果树地下部和地上部生长协调，主要做到两点：一是扣棚前20～30天，树冠下部覆盖地膜提高地温。二是扣棚后逐渐升温，应分三个步骤：第一步白天拉起 1/3 的草帘；第二步白天拉起 2/3 的草帘，持续约一周；第三步白天拉起全部草帘，整个过程持续 7～10 天。

当日平均气温达 15℃以上，果实已接近成熟时揭棚。揭棚应结合采果前的开窗放气来进行，要逐步放大通风窗，经 3～5 天放风锻炼，以增强桃树对外界环境的适应能力，再经过 2～3 天完全揭膜。

第八节　保护地的温度管理

温度管理有 3 个关键时期，即扣棚后的升温过程、花期、果实膨大期。扣棚后升温过快，容易导致桃树地下部和地上部生长不协调，开花后大量落花落果，升温慢则萌芽晚，果实成熟晚，影响经济效益。催芽期要求最高气温 28℃，最低 0℃。一般地，从升温到开花如果处理天数低于 30 天，说明温度过高。

开花期要求平均温度在 10℃以上，以 12～14℃为适宜。大蕾期正是花粉粒发育时期，如果温度太高，可育花粉减少，就会影响授粉。盛花期正是授粉时期，花粉粒发芽和花粉管伸长都要求较高的温度，如果温度不足，则花粉管生长慢，到达胚囊前，胚囊已经失去受精能力，如果温度低，在 0℃以下，就会发生冻害，花粉和胚囊发育中途死亡。所以开花期要严格控制温度，最高气温 22℃，最低气温 5℃。超过 22℃就要放风降温，晴天上午 10 点一般就可以达到这个温度，所以要及时放风。此时不能放底风，否则“扫地风”易伤害花和嫩叶。傍晚要放草帘保温。连阴天时，要揭起草帘接受散射光，注意照明补充光源。温度低时，用炉灶、热风等加温。

落花期到硬核期要求最高气温 25℃，最低气温 10℃，果实膨大期到着色期最高气温为 25～27℃，最低气温为 10～15℃，采收期最高气温 30℃，最低气温 10～15℃。这段时间最高气温很容易“超标”，要特别注意放风降温。

每天根据天气情况，日光温室在外界气温低于－10℃时，在日出后半小时至1小时揭草帘，日落前半小时放草帘；外界气温0℃时，日出时揭草帘，日落时放草帘；外界气温5～10℃时，日出前半小时揭草帘，日落后半小时放草帘；外界气温10℃以上时，停止盖草帘。

第九节 保护地的湿度管理

空气湿度一般是指空气相对湿度。从扣棚到开花期，相对湿度要求保持在70％～80％；湿度对开花授粉有明显影响，湿度过大，易滋生病菌，发生花腐病，另外空气水分含量高，光照不足，花粉不易散开，影响授粉。若湿度太小，柱头分泌物少，会影响花粉发芽。一般花期要求保持在50％～60％之间；谢花后到果实采收期要求控制在60％以下。湿度过小，相对湿度低于40％时，可进行地面和树冠洒水，喷雾或浇水等增加湿度。

第十节 保护地的光照管理

桃是强喜光的树种。保护地桃栽培在弱光的冬春季进行，加上大棚膜对光的反射、吸收以及棚膜上尘埃、水蒸气等的影响，温室内的光照强度明显小于室外，一般室内1m处的光照强度只有室外的60％～80％。在温室内的弱光区，光照相对不足，时间也短，表现枝条徒长，叶片薄大，果实品质差。因此，保护地的光照管理具有很重要的意义。主要有以下方法：

1. 建棚时选择优型结构、选用优质棚膜。

2. 地膜覆盖加滴灌。

3. 悬挂反光膜、地面铺反光膜。后墙悬挂反光膜（聚酯镀铝膜），可使前部增加光照25％左右；在树冠下铺设聚酯镀铝膜，可提高叶片的光合能力和促进果实着色。

4. 人工补光。在棚脊的最高处，每 $333m^2$ 大的日光温室均匀挂上 1 000W 碘钨灯 3～4 个，60W 白炽灯 10～15 个，下午盖上草帘后马上开灯，到 22～24 时关灯，阴天也要补充灯光。

5. 定期清扫棚面。尽量能每 2～3 天清扫一次。

6. 合理整形修剪。采用疏、拉等方法，改善群体光照和树冠下部光照。

第十一节　保护地栽培肥水管理技术

保护地栽培的桃树，开花结果早，树体小，树体内部贮藏营养少。营养不足时树势明显衰弱，必须供应优质高效肥料，才能满足其生长发育的需要。

秋施基肥的时期应在 9 月中旬至 10 月上旬秋季桃树落叶前进行，宜选择优质腐熟的有机肥，结合磷、钾肥和必要的微肥。用量可根据桃树的树龄、树势、产量、土质以及肥料的质量灵活掌握。

结合实际情况，在萌芽前、开花后、果实膨大期追施氮、磷、钾和微肥。为促进桃树生长，升温前结合灌水，每株桃树可施尿素或磷酸二铵 100g。在花后桃果实进入硬核期时，可追施一次硫酸钾肥，追肥后，结合中耕可浇小水，水量以上部土壤水份与下层湿土相接为宜，注意不要大水漫灌，否则会导致棚内湿度过大，造成烧叶、徒长和裂核。当果实进入膨大期时，主要的管理工作是追肥，追施氮磷钾、三元素复合肥，每株以 200～300g 为宜，追肥后浇透水一次。

叶面喷肥于花后 2 周开始，0.3％的尿素、0.3％的磷酸二氢钾或其他专用叶面肥料，每隔 7 天交替进行，可单独喷施，亦可结合喷药喷施。由于保护地栽培发芽早，叶片生长时间长，后期易早衰而同化功能减弱，因此，揭棚后的桃树同样要重视叶面补肥，每隔7至10天进行1次叶面喷肥，连喷5至7次。

保护地栽培桃树，在相对密闭的状态下，二氧化碳浓度经常不足，不利于桃树的正常光合作用，从而影响产量。补充二氧化碳使之在棚内浓度达到或高于自然状况，称为施“气肥”。主要措施是施用固体二氧化碳肥，于桃树开花前5天施用，每666.7m^{2}施40kg，能使棚内二氧化碳浓度达到1 000mL/m^3，施后6天产气，有效期90天，高效期40～60天；使用二氧化碳发生器、多施有机肥、及时通风换气等都可以增加棚内二氧化碳浓度。

保护地桃树栽培最好选用滴灌，如果条件不具备，在水分管理上，要注意不要浇水过多，否则容易降低棚内温度，并且空气湿度过大，易发生病虫害。一般采收前20～30天应停止灌水，以免降低果实品质。

第十二节　保护地栽培的整形修剪技术

1. 树形　保护地栽培的树形应该根据棚室的类型、栽植的密度、树株所处的位置等因素来确定。常用的树形有小开心形、Y字形和小纺锤形。普通日光温室中密度栽植时，南部2～3株一般采用主干较矮的小开心形，北部因空间较大常采用树体较高的小纺锤形；高密度栽植时则常采用Y字形。

小开心形：定干30～40cm，新梢萌发后，选留位置适当的三个主枝，主枝之间的夹角为120°，每个主枝上留10个左右的副梢作为结果枝组。各枝组在主枝上均匀分布。

Y字形：定干30～40cm。新梢萌发后选垂直于行向的两侧枝，培养两个主枝，副梢萌发后，每个主枝上各选留10个左右位置适宜的枝条培养成结果枝组。

小纺锤形：定干60～70cm，主干高30～40cm，树高1.5～2.5m。定干后在第一层选留3～5个主枝（结果枝组），主干上萌发第一新梢后，再选留副梢5～7个作为主枝。长成后在中心干均匀分布8～12个主枝。

2. 修剪技术

（1）休眠期修剪　在落叶后到扣棚前桃树自然休眠期进行。主要任务是理顺各类枝的层次和主从关系，并调整角度、控强扶弱、平衡树势、控制树冠大小、培养丰产稳产树体结构。调节枝量及花芽与叶芽比例，对衰老枝条更新复壮，防治结果部位外移。主要采用短截、疏枝、回缩等修剪方法。首先去除旺枝、过密枝和病虫枝。各级主枝如果位置适宜可短截延长，已经交接适当回缩，促下部发出健壮枝条。各类结果枝短截，长果枝留8～10对芽，中果枝6～8对芽，短果枝2～3对芽。

（2）生长期修剪　保护地桃树栽培应以生长期修剪为主，休眠期修剪为辅。生长期修剪主要是调节生长发育，减少无效生长、节省养分、改善光照、促进养分合成、调节主枝角度、平衡树势、促进花芽形成、提高花芽质量、提高果实产量和品质。

开花期：此期修剪主要是去除双芽枝、过密枝。

结果期：主要是随时剪除无花少花、无果少果的无用枝，去除新梢顶部、背部过旺枝，下部结果不良的下垂枝，对有空间位置的新梢摘心，使养分合理分配，内膛光照良好。同时，要注意选留中下部位置适宜的枝条，培养作为下一年的结果枝组。如果此期生长过旺，可结合应用生长调节剂，缓和树势。

采收后：保护地桃树促早栽培一般于5月中下旬便可采收完毕，揭棚后，桃树仍继续生长，并进行花芽分化。值得注意的是，在大棚内形成的梢段不能进行正常的花芽分化，只有揭棚后形成的新梢段才能进行花芽分化和花芽孕育。所以，揭棚后必须对棚内形成的梢段进行修剪，培养新的结果母枝，要及时剪除病虫枝和徒长枝，适度剪截骨干枝的延长新梢，对于结果后过长枝组要注意及时更新，对背上和两侧的一年生粗旺枝，留基部5～10cm重短截，促发新枝，其余的新梢进行重短截，促发副梢形成果枝。6月上旬和8月中旬是桃树旺盛生长时期和花芽分化期，此期修剪首先要在新梢长到30cm左右时进行摘心，共摘心2～3次；其次是对过密枝进行疏除，有空间的直立新梢进行扭梢；第三是拉枝，特别是栽植第一年的树，其目的是创造良好的通风透光条件，控制旺长，以利花芽形成。

3. 控冠措施 在控冠措施上有修剪及生长调节剂应用两种，保护地桃树栽培主要应用生长调节剂控冠。在设施桃栽培上应用较多且效果较好的生长调节剂是多效唑。多效唑施用可采用叶面喷施法、土施法、树干涂抹法。

叶面喷施法 生长季多采用叶面喷施法，对于当年生树，最好采用叶面喷施，萌芽后当新梢长至15～20cm时喷施15%可湿性粉剂300倍液。根据树势应用2～3次，间隔时间10～15天。7月底至8月初各类果枝长度适宜，树体结构合理，即可喷药。

土施法 土施多在落叶后至发芽前，施用方法是在树冠投影下根系分布区内开15厘米左右深的小沟。用药量一般为两年生旺长树，每株土施1克，但弱树宜少施。

树干涂抹法 树干涂沫法简便，易掌握，生长季、休眠期均可。方法是将一定量的药倒入小杯中，再倒入半杯水，混拌均匀，用小刷子涂抹在第一主枝以下的树干上。用药量与土施相同或略少。

4. 间伐改形 从第三年开始，水平方向隔株或隔行间伐，垂直方向疏一侧，有空插无空让，即充分利用空间有改善通风透光条件，也可将纺锤形改为延迟开心形。

第十三节 保护地栽培的花果管理技术

1. 授粉 保护地栽培桃树，花粉生活力低，由于棚内无风，空气不流动，影响花粉的散发，为提高果实坐果率，在合理配置授粉树的前提下，应辅以人工授粉，或放蜜蜂、壁蜂授粉。辅助授粉已成为保护地桃树丰产的关键措施。

①人工授粉　方法主要有人工点授法和鸡毛掸滚授法。人工点授法是用毛笔、毛刷或香烟过滤嘴在不同株间直接采开放的花粉点授到柱头，或大蕾期采集花粉，盛花期人工点授。授粉时间，一般是从上午10时后到下午3时。鸡毛掸滚授法是选用柔软的长鸡毛扎一个长40～50cm的大鸡毛掸子（普通鸡毛掸短，采授粉效果不好），再根据桃树的高度取适当长短的竹竿加一个长把，采授粉工具即制成。开花后用鸡毛掸子在授粉品种树上轻轻滚动，沾满花粉后再到要授粉的品种上轻轻滚动抖落花粉，即可达到授粉的目的。此方法工效较高。为了提高坐果率，人工授粉一定要及时并要反复进行几次。

②昆虫授粉　人工授粉费工费时，在人力不足时，可以采用蜜蜂或壁蜂授粉。

蜜蜂授粉　在温室的密闭条件下，蜜蜂的活动受到限制，蜜蜂耐湿性差，趋光性强，会经常向上飞，爬到薄膜上，不采花朵，死亡很多，所以用量要比露地多些，一般一亩左右温室每栋放两箱蜂，花前3～5天将蜂箱放入温室中，待盛花期蜂群大量活动，即可以授粉。注意在蜜蜂活动期间，放风口要用纱布封闭，防止蜜蜂飞出室外冻死。蜜蜂授粉期间尽量不要使用农药。

壁蜂授粉　首先要做好蜂巢，用芦苇每节剪成一头空15～17cm的管，每50支捆成1捆，每个蜂巢需6捆，管口染成不同颜色，便于壁蜂识别，管口向外，装进前后长30cm、宽16cm的硬纸箱内，制成巢箱，为壁蜂营造成自然蜂巢的感觉。将蜂巢固定在温室北面的墙上，距离地面1.7m左右，并在巢箱前放置湿润的泥土供壁蜂衔泥筑巢用。放蜂时间为预计开花前8～10天，投放量为400头/666.7m^2，完成后将蜂茧放在一个扁长方形纸盒内（盒前壁留3个圆孔以便蜂脱壳而出），放在巢箱上面。如果花期早，壁蜂没有经过足够的低温休眠，那就需要人工帮助破茧。为补充桃树开花前后的粉源，可以通过间作草莓实现。花谢后5～7天，将巢管收回，放入尼龙纱袋内，放在清洁通风室内保存，以便幼蜂在茧内形成安全休眠，来年再用。

2. 疏花疏果 疏花疏果是提高坐果率和果品质量的重要措施。为了避免树体营养消耗过多，果实变小，品质变差，必须适时适量地疏果，通过疏果达到果树合理负载，提高果树品质的目的。保护地桃树栽培由于树体矮小，营养积累少，结果量要适度。花前要复剪，花后要及时疏除晚花弱花。疏果一般分三次进行，第一次在开花后15天，主要疏除并生果、畸形果、小果、黄萎果、病虫果。第二次疏果在能分辨出大小果时。在硬核前最后定果，小果型品种（5～6个果0.5kg）每2个未停止生长的新梢留3个果；中大型果（3～4个果0.5kg）每3个未停止生长的新梢留2个果。疏果可按先疏上部、内部，再疏下部、外部的顺序进行。

3. 花前喷肥 10～20μg/L赤霉素或0.3%硼砂＋0.3%尿素。

4. 适时采收 保护地桃树栽培由于果实的品质不如露地栽培时好，因此一定不能早采。要根据果实的发育期以及果实的底色、果面着色和含糖量等因素决定采收期。果实开始上色后，正是果实膨大的关键时期，据测，此期果实一昼夜可增重3～10g，所以一定要掌握好最佳时期采摘。棚中间和棚边、树上和树下成熟期不相一致。其采摘顺序为先棚中间后拥边，先树上，后树下，分期采摘销售，才能达到高产、优质、高效益之目的。

第十四节　保护地栽培的病虫害防治技术

由于保护地栽培环境相对密闭，并可对多种生态因素进行人为调节，因此，与露地栽培相比，各种病虫害的发生明显为轻。这样少用农药或选用低毒高效的农药，就更容易生产出无污染的绿色果品。

保护地的温度、光照、湿度等环境条件发生了明显变化，光照时间短，光照强度低，白天温度高，夜间温度低，昼夜温差大，随着夜间温度降低，相对湿度提高，所以防治情况和露地相比有很大不同，病害是防治的重点，主要病害有灰霉病（褐腐病）、细菌性穿孔病、黑星病、炭疽病、腐烂病、白粉病、流胶病等。病害防治的原则是预防为主，在盖棚膜前对枝干及地面喷一次3°～5°Be的石硫合剂，花后每10天左右喷一次保护性杀菌剂如代森锰锌、甲基托布津、多菌灵、百菌清等。

保护地栽培桃树由于果实生育期短，一般虫害较轻，主要有蚜虫类、潜叶蛾类、红蜘蛛等害虫，扣棚后可用烟雾剂进行防治，防治蚜虫用吡虫啉，潜叶蛾用杀灵脲，红蜘蛛用硫磺胶悬剂、扫螨净、尼索朗等药物。一发现虫害立即喷药防治。

第十五章　病虫害综合防治技术

合理进行桃树病虫害防治，是确保鲜桃优质、丰产、稳产的重要环节。防治工作应从桃树的病、虫、草整个生态系统出发，遵循“预防为主，综合防治”的方针，了解和掌握病、虫的发生规律，加强病、虫的预测和预报，综合运用各种防治措施，以农业防治为基础，物理化学防治为辅助手段控制病虫害。加强培育管理，增强桃树对各种有害生物的抵御能力，创造不利于病虫孳生，有利于各类天敌繁衍的环境条件，减少对环境的污染，保证农业生态系统的平衡和生物多样化，达到绿色、无公害的标准，促进鲜桃业可持续发展。

第一节　综合防治内容

一、农业防治

1. 选用抗性强的优良鲜桃品种　加强植物检疫，防止带病虫的果苗、接穗或砧木的传入与传出，用种子繁殖砧木，建立无病母本园或母本树等。还要加强果品的检疫。

2. 重视冬季清园　桃树的病残组织是越冬病原菌和越冬虫卵、蛹体的主要越冬场所，冬季清园对减少越冬病虫源、减少次年春季病虫初侵染源有着极其重要的作用。清园工作主要包括：

①桃园清理　剪去病虫为害枝，刮除枝干的粗翘皮、病虫斑，清除树上的枯枝、枯叶、和枯果，清扫地上的枯枝、落叶、烂果、废袋等，集中烧毁。将冬剪时剪下的所有枝条及时清出果园。清理桃园所有的应用工具，特别是易藏匿病虫的杂物，如草

绳、箩筐、包装袋等，最大限度地清除病虫源。

②喷布石硫合剂及树干涂白　冬季修剪后，全园喷布5°Be石硫合剂一次，及时进行树干涂白，以铲除或减少树体上越冬的病菌及虫卵。

3. 加强树体管理，调节生长势　一般树体生长势强，树冠开张度大，通风透光好，病害少；树体生长势衰弱，病害重；生长势过旺，树冠郁闭，病害也严重。因此要：

①合理施肥　增施有机肥和微生物活性肥料，增强树势。注意各种肥料元素的平衡。

②雨季清理排水沟，排除积水　低洼地要开深沟，降低地下水位，降低土壤湿度，控制病虫害的发生。

③秋冬季深翻改土　桃园要在每年秋冬季深翻土壤，增加土壤的透气性。深翻可将地下越冬的病菌、虫卵冻死，减少病虫源；熟化土壤，增加土壤有机质含量。

④合理整形修剪，改善树体通风透光条件，控制病害发生。

⑤果实套袋，防止病虫害侵害桃果。

⑥生长期要注意观察，及时除去病源物　在新梢发生期间常检查，发现初期侵染病叶、病梢、病果，立即摘除烧毁或深埋，采收前后，注意病菌再侵染的机会，减少园内病菌量。

⑦适期采收，采用一切措施减少伤口和促进伤口的愈合。

⑧抓好幼树病虫防治工作　有些病害在幼树阶段容易发生，如桃树根癌病，往往会成为结果树发病的主要菌源之一。

二、物理防治

物理防治是根据病虫本身的发生规律或特性，利用物理因素，创造不适于病虫进入、扩散、生存的环境的防治方法。它的优点是诱杀集中、无污染、不杀天敌，病菌、害虫不产生抗性，不破坏生态平衡。可采用捕杀、阻隔、清除等措施或采取糖醋液、黑光灯、频振式杀虫灯等诱杀方法杀灭害虫。如频振式杀虫灯是利用害虫较强的趋光、趋波、趋性信息的特性，将光波设在特定范围内，近距离用光，远距离用波，加以害虫本身产生的性信息引诱成虫。配以频振式高压电网触杀，使害虫落入灯专用的接虫袋内，达到杀虫的目的。可诱杀金龟子、吸果夜蛾等所有鳞翅目成虫和部分鞘翅目成虫。

三、生物防治

利用害虫天敌控制害虫。通过天敌保护、引进，进行繁殖、饲养、释放，创造有利天敌生存的环境等途径，使其建立健全的各种天敌群，达到控制害虫种群数量的目的。如赤眼蜂、瓢虫、草蛉等。利用有益生物或其产品，防治桃树害虫。如多抗霉素等各种生物源农药，以及利用昆虫性外激素诱杀或干扰成虫交配。

四、化学防治

严禁使用高毒高残留农药，选用无公害、生物农药或高效低毒、低残留农药。科学合理使用农药要求：

（1）对症下药　针对不同的病菌、虫害，选用最适的农药品种，不同的病菌、昆虫对同一种药剂毒力的反应是不同的，每种农药都有它一定的防治范围和对象，如吡虫啉（一遍净），防治刺吸式口器中蚜虫等为害效果显著，而对螨类则无效。敌杀死防治蚜虫、刺蛾以及各种毛虫等效果较好，对螨类无效。再则，病害侵染的不同时期对药剂的敏感性存在着差异。病菌孢子在萌发侵入桃树的阶段，对药剂较为敏感，药剂防治效果较好；当病菌已侵入桃树体内并已建立寄生关系，真菌发育成菌丝后，对药剂的耐药力增强，防治效果较差，长成子实体后防治更困难，因此防治病害要在发病前或发病初期施药，效果最佳。

（2）准确用药　正确的用药浓度是指既能有效防治病虫，又不使桃树产生药害的浓度。若盲目加大药液浓度，造成药剂的浪费，又会使病虫害产生抗药性，也可能出现桃树的药害，人畜中毒，对果实和环境造成污染，过稀则达不到防治效果。用药量是单位面积上农药有效成分的用量。防治桃树病虫时，既要注意枝、干、叶、果喷晒均匀周到，又要注意不过量。尤其是高温，很有可能对桃树造成药害。用药时应根据防治对象的危害特性和农药品种、剂型特性，选择正确方法施药。喷雾应由内到外，从上到下，不能漏喷，也不能多喷，以叶片湿润，又不会形成流动水滴为宜。

（3）安全用药　安全使用农药，主要包括对人、畜、果树、果品及天敌的安全。农药应优先选用高效低毒、低残留农药和生物农药，严格控制农药的使用量。严禁高毒、高残留农药在已结果的桃树上喷施。同时应用的农药必须具备“三证”。施药人员在操作前，应了解药剂性能及安全用药的注意事项，并做好应备的安全措施。

（4）保护天敌　加强病虫害的生物防治是生产绿色、无公害鲜桃的需要。自然界中，果树病虫害的天敌很多，有寄生性的赤眼蜂、金小蜂等，捕食性的瓢虫、草蛉等，还有苏云金杆菌、白僵菌等使害虫致病的微生物天敌。这些天敌对果树病虫害有强大的自然控制力，我们在进行化学药剂防治病虫害时应尽量注意保护这些天敌。

（5）合理混配　桃树在生长期内，常有多种病、虫同时为害，因此桃农常将两种以上农药按比例混配在一起喷洒。但农药的混用要求严格。①要明确本次防治的主要对象及发生阶段，确定防治对象的有效药剂或互补药剂。②混配农药必须在混配后有效成分不发生变化，药效不降低，对桃园不发生药害。③同类药剂作用方式和防治效果相同，起不到增效和防治对象作用，或混合后药液毒性变成剧毒，都不宜混用。④混配的农药要边配边用，以免产生化学反应。⑤备有农药使用档案。桃园应完善的记录病虫发生情况以及使用农药的种类、剂量、次数等档案。

（6）安全管理　农药要专人保管，要有安全存放地（按种类存放、贴有标签），过期、废弃、严禁农药要及时处理，不得污染环境。

桃园常用农药见表15-1。

表15-1　桃园常用农药简介

通用名称	其他名称	主要防治对象	使用浓度	备注
机油乳剂	蚧捕灵	桑白蚧若虫、蚜虫卵和初孵若虫、越冬螨	桃芽萌动后，95%机油乳剂100～150倍液	触杀剂，注意施用时期和浓度
灭幼脲	灭幼脲3号、扑蛾丹、蛾杀灵	桃蛀螟	25%灭幼脲胶悬剂产卵初期1 000倍液	胃毒兼触杀，施药后3～4天见效，不能与碱性农药混用
		桃小食心虫	产卵初期500倍液	
辛硫磷	肟硫磷	越冬出土期的桃小、金龟子	25%微胶囊250～300倍地面喷洒，浅耕	具触杀、胃毒、熏蒸作用，易光解，宜傍晚或阴天喷药。对鱼类、蜜蜂天敌高毒，不能与碱性药混用
		卷叶蛾、潜叶蛾、刺蛾、尺蠖	50%乳油1 000～1 500倍液	
吡虫啉	一遍净、蚜虱净、扑虱蚜	蚜虫类 卷叶蛾	发生期10%可湿性粉剂2 500～5 000倍液	有触杀、胃毒、内吸多重药效，持效期长，对人畜低毒，对天敌安全
高效氯氰菊酯	功夫、功力、绿青丹、保得、保富等	蚜虫、卷叶虫、潜叶蛾、尺蠖、桃小初孵幼虫、蚧壳虫若虫期	2.5%乳油2 000～3 000倍液	具触杀、胃毒作用，高效低毒但杀伤天敌。不宜连续使用
扑虱灵	噻嗪酮、优乐得、环烷脲	蚧壳虫	25%可湿性粉剂若蚧移动期1 500～2 000倍液	具触杀、胃毒作用

（续）

通用名称	其他名称	主要防治对象	使用浓度	备注
杀螟丹	巴丹、派丹、乐丹	梨小、桃小产卵盛期或初孵幼虫蛀果前	50%可湿性粉剂1 000倍液	胃毒作用兼触杀、拒食、杀卵，对人畜安全但对家蚕有害
毒死蜱	乐斯本、毒丝本、氯吡硫磷、安民乐等	山楂红蜘蛛潜叶蛾	40%乳油1 000～1 500倍液	具触杀、胃毒、熏蒸作用，对人畜毒性中等，对鱼类、蜜蜂毒性大
		金龟子、桃小	树穴下300～500倍液	
螨死净	四螨嗪、克螨敌、扑螨特、阿波罗	山楂红蜘蛛	50%悬浮剂花后4 000～5 000倍液	具触杀作用，对卵、幼、若螨有效，对成螨无效
速螨酮	达螨净、牵牛星、灭螨灵、达螨酮、扫螨净	山楂红蜘蛛兼叶蝉、蚜虫、蓟马	发生期用20%可湿性粉剂3 000～4 000倍液，迟效期30天	具触杀作用，对卵、幼、若、成螨均杀。对天敌低毒、鱼类高毒。1年只能用1次
尼索朗	噻螨酮	山楂红蜘蛛	早春或发生盛期用5%乳油或粉剂1 500～2 000倍液	具触杀、胃毒作用，不杀成螨对人畜低毒，对蜜蜂、天敌安全。1年只用1次
石硫合剂	石灰硫磺合剂	桃流胶病、缩叶病、疮痂病、穿孔病、褐腐病、桑白蚧、炭疽病等	发芽初期5°Be或45%晶体石硫合剂100倍；花芽露红期3°Be防治缩叶病；花后10～20天0.3°Be治桑白蚧、花腐病、炭疽病等	具杀菌、杀虫、保护功能，对人畜毒性中等。不能用铜、铝容器熬制或存放，可用铁质、陶瓷容器

（续）

通用名称	其他名称	主要防治对象	使用浓度	备注
代森锰锌	白利安、爱富森、速克净、新锰生	疮痂病、穿孔病	70%可湿性粉剂发病前或初期800～1 000倍液	对人畜低毒，对鱼有毒。不能与碱性农药混用
甲基托布津	甲基硫菌灵、菌真清、丰瑞	炭疽病、褐腐病	70%可湿性粉剂发病初期800～1 000倍液	具内吸兼保护、治疗作用，不能与碱性、含铜制剂混用
农用链霉素		细菌性穿孔病、细菌性黑斑病	展叶期10%可湿性粉剂1 500～2 000倍；展叶后500～1 000倍液，每隔10天喷1次，连喷2～3次	对人畜低毒，不能与碱性农药混用，可加少量中性洗衣粉，现配现用
843康复剂		腐烂病、溃疡病，剪锯口保护剂	落叶后刮除病斑，用原液涂抹病斑处，再用塑料薄膜包扎	具保护树体、不伤皮下组织、增强营养疏导、促进愈合作用
涂白剂	白涂剂	日灼、冻害、杀菌、杀虫	生石灰∶食盐∶豆浆∶水＝25∶5∶1∶70（雨水较多地区） 生石灰∶食盐∶石硫合剂原液∶水＝10∶1∶1∶40	每年落叶后主干、大枝刷白，治病、杀虫、防冻、防枝干灼伤

桃园周年病虫防治见表15-2。

表15-2 桃园周年生产措施和病虫防治

月份	物候期	农业措施	主要病虫	防治措施
12月～2月	休眠期	1. 冬季清园 2. 修剪 3. 清沟	越冬病菌虫卵	喷波美5度石硫合剂树干涂白
3月上旬～4月上旬	芽萌动期	1. 复剪 2. 抹芽 3. 人工授粉 4. 疏花	细菌性穿孔病 缩叶病 炭疽病	萌芽前喷波美3度石硫合剂；1%等量式波尔多液；百菌清1 000倍液

（续）

月份	物候期	农业措施	主要病虫	防治措施
4月～5月	新梢生长期	1. 抹芽除萌 2. 疏果套袋 3. 结合喷药，根外追肥 4. 开沟排水	桃蚜 象鼻虫 蚧壳虫 炭疽病 褐腐病 细菌性穿孔病	吡虫啉2 000～3 000倍液；辛灭利2 500倍液；20%灭扫利2 000～3 000倍液；50%多菌灵800～1 000倍液；70%甲基托布津800～1 000倍液；果富康500倍液；65%代森锰锌600～800倍液；0.25%磷酸二氢钾等叶面肥
5月～6月	硬核期早熟品种成熟	1. 扭梢拉枝 2. 除杂草，将杂草盖在树盘中 3. 迟熟品种施肥	桃蛀螟 桃折心虫 刺蛾 天牛 褐腐病	20%灭扫利2 000～3 000倍；辛灭利2 500倍液；40%辛硫磷1 000～2 000倍液；果富康500倍液
7月～8月	果实膨大成熟期	盖草保湿，及时补水	天牛 刺蛾 小绿叶蝉 梨网蝽	辛灭利2 500倍液；20%灭扫利2 000～3 000倍液；果富康500倍液；绿芬威1号1 000倍液等叶面肥
9月～11月	落叶前后	1. 施基肥 2. 深翻改土 3. 清园	梨网蝽	40%辛硫磷1 000～2 000倍液；0.25%磷酸二氢钾等叶面肥

第二节　主要病虫害及其综合防治技术

一、病　　害

1. 细菌性穿孔病

【分布为害】在我国各桃产区普遍发生，尤其在沿海滨湖地区、排水不良、盐碱程度较高的果园及多雨年份为害较重。

【病原及症状】桃细菌性穿孔病［*Xanthomonas pruni* (Smith) Dowson.］的病原为黄单孢杆菌属细菌。为非抗酸性，好气性，革兰氏阴性菌。

此病主要为害叶片，也侵害枝梢和果实。叶片发病时初为黄白色至白色圆形小斑点，直径0.5～1mm。随后逐渐扩展为浅褐色至紫褐色的圆形、多角形或不规则形病斑，外缘有绿色晕圈，一般2mm左右。以后病斑干枯脱落，形成穿孔。病害严重时也会导致早期落叶；新梢多于芽附近出现病斑。病斑以皮孔为中心，最初暗绿色，水渍状，逐渐变为褐色至暗紫色，中间凹陷，边缘常有树酯状分泌物。后期病斑中心部分表皮龟裂；幼果发病时开始出现浅褐色圆形小斑，以后颜色变深，稍凹陷，潮湿时分泌黄色黏质物，干枯时形成不规则裂纹。

【发病规律】病原菌在病枝组织内越冬，翌年春天气温上升，潜伏的细菌开始活动，并释放出大量细菌，借风雨、露滴、雾珠及昆虫传播。经叶的气孔、枝条的芽痕、果实的皮孔侵入。在降雨频繁、多雾和温暖阴湿的天气下病害严重，干旱少雨则发病轻。树势弱、排水、通风不良的桃园发病重，虫害严重时如红蜘蛛为害猖獗时，病菌借伤口侵入，发病严重。

【防治方法】

①加强桃园综合管理，增强树势，提高抗病能力　园址切忌建在地下水位高或低洼地；雨水较多时，要注意排水；同时要合理整形修剪，改善通风透光条件；冬夏修剪时，及时剪除病枝，清扫枯枝落叶，集中烧毁或深埋。

②药剂防治　芽膨大前期喷布5°Be石硫合剂或1∶1∶100的波尔多液，杀灭越冬病菌；展叶后至发病前喷布65％代森锌可湿性粉剂500倍液或硫酸锌石灰液（硫酸锌0.5kg、消石灰2kg、水120kg）1～2次，或10％农用链霉素可湿性粉剂500～100倍液，也可喷布0.3°Be石硫合剂。

2. 桃根癌病　根癌病又称冠瘿病（Peach crown gall），是一种世界性病害。1853年欧洲最早记载，我国于1899年在桃上首先发现。我国各桃产区都有分布，既发生于大树果园，也出现在苗圃，根瘤病寄主范围很广，包括142属的植物。对桃树的影响主要是削弱树势，但个别的也有致使桃树死亡的情况。

【病原及症状】病原为根癌土壤杆菌［*Agrobacterium tumefaciens*（Smith et Townsend）Conn］，属原核生物界薄壁菌门根瘤菌科土壤杆菌属。

主要发生在根颈部，也发生于侧根或支根，甚至可发生于主干及主枝基部等部位。受害部位的典型症状是发病部位形成癌瘤，其中尤以从根颈长出的大根形成的癌肿瘤最为典型。瘤体初生时乳白色或微红，光滑，柔软，后渐变褐色乃至深褐色，木质化而坚硬，表面粗糙，凹凸不平。瘤的大小各异，瘤体发生于支根的较小，根颈处的较大。外部色泽和寄主树皮相一致，内部色泽和寄主正常木质相同，最后瘤坏死，裂开。苗木受害表现出的症状特点是发育受阻，生长缓慢，植株矮小，严重时叶片黄化，早衰。成年果树受害，表现为植株矮小，叶色浅黄，结果少，果形小，树龄缩短。

【发病规律】病菌在癌瘤组织皮层内越冬越夏，当癌瘤组织瓦解或破裂后，病菌在土壤中生活和越冬。病菌短距离传播主要通过雨水、灌溉水，地下害虫如蝼蛄和蛴螬等，线虫、土壤的移动及农事操作亦可传播；苗木带菌是远距离传播的主要途径。当瘤在潮湿或断裂的情况下也能散布细菌。病菌主要从嫁接口、虫伤、机械伤及气孔侵入寄主，入侵后即刺激周围细胞加速分裂，导致形成癌瘤。环境条件适宜，侵入后20天左右即可出现癌瘤，有的则需1年左右。病害在苗圃发生最多。病害的发生与土壤温度、湿度及酸碱度密切相关。22℃左右的土壤温度和60%的土壤湿度最适合病菌的侵入和瘤的形成。超过30℃时不形成癌瘤。中性至碱性土壤有利发病，pH≤5的土壤，即使病菌存在也不发生侵染。土壤黏重，排水不良的苗圃或桃园发病较重。

【防治方法】

①培养优质苗木　选择无病菌污染的地块作苗圃。老果园、老苗圃，特别是曾经严重发生过根癌病的老果园和老苗圃，不能作为育苗的场地。嫁接苗木最好采用芽接法，以避免伤口接触土壤，减少感病机会。嫁接工具使用前后须用75%酒精消毒。苗圃起苗时应把病苗淘汰；移栽时应选用健全无病的苗木，这是控制病害传入果园的重要措施。对于输出的苗木或外来的苗木，都应在未抽芽前将嫁接处以下的部位，用1%硫酸铜浸5分钟，再移浸于2%石灰水中1分钟。

②病瘤处理　加强果园检查，对可疑病株要挖开表土，当发现病瘤时，先用快刀彻底切除癌瘤，然后用稀释100倍硫酸铜溶液或50倍抗菌剂402溶液消毒切口，再外涂波尔多浆保护；也可用10%农用链霉素可湿性粉剂1 000倍涂切口，外加凡士林保护；还可用0.1%升汞液消毒或用5°Be石硫合剂和猪油熬制涂在切口消毒。切下的病瘤应随即烧毁。病株周围的土壤可用抗菌剂402的2 000倍液灌注消毒。注意切口不要环绕成一周，否则容易造成死树。

③加强土壤管理，合理施肥，改良土壤，增强树势。在碱性土壤上种植时，应适当施用酸性肥料或增施有机肥料，如绿肥等，以改变土壤环境，使之不利于病菌生长。

3. 桃炭疽病　桃炭疽病是桃树的主要病害之一，分布于全国各桃产区，尤以江苏、浙江及长江流域、东部沿海地区发病较重。

【病原及症状】病原为半知菌亚门长圆盘孢菌［*Gloeosporium laeticolor* Berkeley］。病部所见的橘红色小粒点是分生孢子盘。

炭疽病主要为害果实，也能侵害叶片和新梢。幼果被害，果面呈暗褐色，发育停滞，萎缩硬化。稍大的果实发病，初生淡褐色水渍状斑点，以后逐渐扩大，呈红褐色，圆形或椭圆形，显著凹陷。后在病斑上有橘红色的小粒点长出。被害的幼果，除少数干缩成为僵果，留在枝上不落外，大多数都在5月间脱落。成熟果实在采收前若空气潮湿，则发病重，刚开始在果面产生淡褐色小斑点，后逐渐扩大，成为圆形或椭圆形的红褐色病斑，显著凹陷，其上散生橘红色小粒点，并有明显的同心环状皱纹。果实上病斑数，自一个至数个不等，常互相愈合成不规则形的大病斑。最后病果软化腐败，多数脱落，亦有干缩成为僵果，悬挂在枝条上。枝条发病主要发生在早春的结果枝上，初在表面产生暗绿色水渍状长椭圆的病斑，后渐变为褐色，边缘带红褐色，略凹陷，伴有流胶，天气潮湿时病斑上也密布粉红色小粒点。由于感病部分枝条两侧生长不均，病梢多向一侧弯曲。发病严重时，到当年秋天病枝即枯死，病枝未枯死部分，叶片萎缩下垂，并向正面卷成管状。或有部分病枝要到第2年春天开花前后才枯死。病梢上的叶片，特别是先端的叶片，常以主脉为轴心，两边向正面卷曲，有的卷曲成管状。叶片发病，产生近圆形或不整形淡褐色的病斑，病、健分界明显，后病斑中部褪呈灰褐色或灰白色，在褪色部分，有橘红色至黑色的小粒点长出。最后病组织干枯，脱落，造成叶片穿孔。

【发病规律】病菌主要以菌丝体在病梢组织内越冬，也可以在树上的僵果中越冬。第二年春季形成分生孢子，借风雨或昆虫传播，侵害幼果及新梢，引起初次侵染。以后于新生的病斑上产生孢子，引起再次侵染。雨水是传病的主要媒介，据田间观察，枝上有病僵果，其果实成片地呈圆锥状由上向下发病，这是雨媒下降传播病害的特征。孢子经雨水溅到邻近的感病组织上，即可萌发长出芽管，形成附着胞，然后以侵染丝侵入寄主。菌丝在寄主细胞间蔓延，后在表皮下形成分生孢子盘及分生孢子。表皮破裂后，孢子盘外露，分生孢子被雨水溅散，引起再次侵染。昆虫对于传病亦起着重要的作用。

品种间发病情况差异较大，一般早熟桃发病重，晚熟桃发病轻。桃树开花期及幼果期低温多雨，有利于发病。果实成熟期，则以温暖、多云、多雾、高湿的环境发病严重。

【防治方法】

①合理建园　尽量避开江河，湖泊，低洼，多雾地块建园，建园应选择向阳坡地。

②冬季或早春做好清园工作　剪除病枝梢及残留在枝条上的僵果；并清除地面落果。在花期前后，注意及时剪除陆续枯死的枝条及出现卷叶症状的果枝，集中烧毁或深埋，这对防止炭疽病的蔓延有重要意义。

③加强培育管理，搞好开沟排水工作，防止雨后积水，以降低园内湿度；并适当增施磷、钾肥，促使桃树生长健壮，提高抗病力；并注意防治害虫，避免昆虫传病。

④药剂防治　喷药保护幼果。在早春桃芽刚膨大尚未展叶时，喷洒二次5°Be石硫合剂加0.3%五氯酚钠或45%晶体石硫合剂30倍液。从幼果期开始每隔半个月左右交替喷施杀菌剂，可选用以下药剂：用锌铜石灰液（硫酸锌350g、硫酸铜150g、生石灰1kg、水100kg），50%混杀硫，或50%复方硫菌灵，或50%炭疽福美，或40%多硫悬浮剂，或70%托布津+75%百菌清（1∶1）1 000倍液，或10%宝丽安1 000倍液，75%百菌清可湿性粉剂800倍液、70%代森锰锌可湿性粉剂500倍液、70%甲基硫菌灵可湿性粉剂1 000倍液。

4. 桃褐腐病　又名菌核病，分布河北深州，辽宁、山东、河南、云南、四川、江苏、浙江、湖南、湖北、安徽、北京、天津等。

【病原及症状】病原菌是链盘菌［Monilinia fruc-ticola (Winter) Honey］。病菌有性阶段属子囊菌亚门，盘菌纲，柔膜菌目，核盘菌种，主要为害花器。无性阶段为丛梗胞菌，主要危害果实。

该病危害桃树的花、叶、枝梢及果实，以果实受害最重。花受害，花朵成喇叭状，无力张开，常自雄蕊及花瓣尖端开始，先发生褐色水渍状斑点，后渐延至全花，随即变褐而枯萎。天气潮湿时，病花迅速腐烂，表面丛生灰霉；若天气干燥时则萎垂干枯，残留枝上，长久不脱落。嫩叶受害自叶缘开始变褐，很快扩至全叶，致使叶片枯萎，残留于枝上。嫩枝受害形成长圆形溃疡斑，边缘紫褐色，中央稍凹陷、灰褐色，常流胶。天气潮湿时，病斑上长出灰色霉层。发病中期当病斑绕梢一周时，引起上部枝梢枯死。果实自幼果至成熟期都可受害。幼果发病初期，果顶尖干枯，呈黑色小斑点，后来病斑木质化，表面龟裂，严重时病果变褐、腐烂，最后成僵果干枯挂在树上。果实成熟期受害最重，最初在果面产生褐色圆形病斑，如环境适宜，数日内病班扩至全果，果肉变褐软腐，继而病斑表面产生灰褐色绒状霉丛，即病菌的分生孢子梗和分生孢子。孢子丛常呈同心轮纹状排列。病果腐烂后易脱落，但不少失水后形成僵果而挂于树上，经久不落。僵果是一个假菌核，是病菌越冬的重要场所。

【发病规律】病菌主要以菌丝体在树上及落地的僵果内或枝梢的溃疡斑部越冬，翌春产生大量分生孢子，借风雨、昆虫传播，通过病虫伤、机械伤或自然孔口侵入。在适宜条件下，病部表面产生大量分生孢子，引起再次侵染。在贮藏期内，病健果接触，可传染危害。花期低温、潮湿多雨，易引起花腐。果实成熟期温暖多雨雾易引起果腐。病虫伤、冰雹伤、机械伤、裂果等表面伤口多，会加重该病的发生。树势衰弱，管理不善，枝叶过密，地势低洼的果园发病常较重。果实贮运中如遇高温、高湿，利于病害发展。一般凡成熟后果肉柔嫩、汁多味甜、皮薄的品种较表皮角质层厚，果实成熟后组织坚硬的品种易感病。

据田间观察褐腐病一年有 5 个循环流行期。第一个在桃花芽破口期，侵染多发生于初花至落花期。花瓣、花萼和柱头及花器官均可被侵染。第二个在幼果至硬核期，病菌一般从病花蔓延到结果枝，形成病斑，遇春雨湿度适合，形成大量分生孢子，这些孢子又成为今后的重复侵染源。第三个在采果前后期，病菌有潜伏现象，等到果实成熟时才发病。第四个采后至销售贮运期。采收前由于孢子附着于桃果表面，采后果实呼吸强度增强，加之包装物通风限制，湿度加大，因此在采后至贮运期果实均可发病。第五个在秋雨连绵高湿期，中晚熟品种易发病。

【防治方法】

①消灭越冬菌源。结合修剪做好清园工作，彻底清除僵果、病枝，集中烧毁，或将地面病残体深埋地下。

②及时防治害虫。桃食心虫、桃蛀螟、桃椿象、叶蝉、蚜虫等害虫，应及时喷药防治。

③药剂防治。发芽前喷5°Be石硫合剂或45%晶体石硫合剂30倍液；花芽破口露白喷1∶2∶120波尔多液或速克灵可湿性粉剂2 000倍液或50%苯菌灵可湿性粉剂1 500倍液。落花后10天左右喷65%代森锌可湿性粉剂500倍液或70%甲基硫菌灵800～1 000倍液；花腐发生多的地区应在初花期（开花20%左右）加喷1次代森锌或甲基硫菌灵。发病初期和采收前3周喷50%多霉灵（乙霉威）可湿性粉剂1 500倍液或50%苯菌灵可湿性粉剂1 500倍液、70%甲基硫菌灵1 000倍液、50%扑海因可湿性粉剂1 500倍液。采收前3周停喷。

5. 桃流胶病　又称树脂病，遍及桃产区，病树树势衰弱，缩短结果年限，早衰早亡。

【病原及症状】流胶是一种现象，任何一种有害刺激，只要能使原生质产生酵素，使细胞壁中胶层溶解胶化，均会导致流胶病。一般认为桃流胶病的发病原因有两种：一种是非侵染性的病原，如机械损伤、病虫害伤、霜害、冻害等伤口引起的流胶或管理粗放、修剪过重、结果过多、施肥不当、土壤黏重等引起的树体生理失调发生的流胶，其中伤口是引致流胶的最直接原因。另一种是侵染性的病原，由真菌引起的，有性阶段属子囊菌亚门，无性阶段属半知菌亚门。

（1）非侵染性流胶主要发生在主干和大枝上，严重时小枝也可发病。初期病部稍肿胀，后分泌出半透明、柔软的树胶，雨后流胶重，随后与空气接触变为褐色，成为晶莹柔软的胶块，后干燥变成红褐色至茶褐色的坚硬胶块，随着流胶数量增加，病部皮层及木质部逐渐变褐腐朽（但没有病原物产生）。致使树势越来越弱，严重者造成死树，雨季发病重，大龄树发病重，幼龄树发病轻。

（2）侵染性的流胶主要危害枝干，也侵染果实，病菌侵入桃树当年生新梢，新梢上产生以皮孔为中心的瘤状突起病斑，但不流胶，翌年 5 月份，瘤皮开裂溢出胶状液，为无色半透明粘质物，后变为茶褐色硬块，病部凹陷成圆形或不规则斑块，其上散生小黑点。多年生枝干感病，产生水泡状隆起，病部均可渗出褐色胶液，可导致枝干溃疡甚至枯死。桃果感病发生褐色腐烂，其上密生小粒点，潮湿时流出白色块状物。

侵染性流胶病以菌丝体、分生孢子器在病枝里越冬，次年 3 月下旬至 4 月中旬散发生分生孢子，随风而传播，主要经伤口侵入，也可从皮孔及侧芽侵入。特别是雨天从病部溢出大量病菌，顺枝干流下或溅附在新梢上，从皮孔、伤口侵入，成为新梢初次感病的主要菌源，枝干内潜伏病菌的活动与温度有关。当气温在 15℃左右时，病部即可渗出胶液，随着气温上升，树体流胶点增多，病情加重。侵染性流胶病 1 年有两个发病高峰，第一次在 5 月上旬至 6 月上旬，第二次在 8 月上旬至 9 月上旬，以后就不再侵染危害，病菌侵入的最有利时机是枝条皮层细胞逐渐木栓化，皮孔形成以后。因此防止此病以新梢生长期为好。

【防治方法】在生产实际中防治此病应以农业防治与人工防治为主，化防为辅，化防主要控制孢子的飞散及孢子的侵入发病的两个高峰期。

①增强树势，提高抗病能力　对病树多施有机肥，适量增施磷、钾肥，中后期控制氮肥。合理修剪，合理负载，改善透风透

光条件，防治好枝干害虫，减少病虫伤口和机械伤口。同时雨季做好排水，降低桃园湿度。

②消灭越冬菌源　冬季清园消毒，刮除流胶硬块及其下部的腐烂皮层及木质，集中焚毁，树干、大枝涂白，预防冻害、日烧发生。萌芽前，树体上喷5°Be石硫合剂，杀灭活动的病菌。

③生长季适时喷药　3月下旬至4月中旬是侵染性流胶病弹出分生孢子的时期，可结合防治其他病害，喷1 500倍甲基托布津或1 000倍多效灵、果病灵等进行预防。5月上旬至6月上旬、8月上旬至9月上旬为侵染性流胶病的两个发病高峰期，在每次高峰期前夕，每隔7～10天喷1次1 000倍液菌毒杀或菌毒清、菌立灭等，交替连喷2～3次，把病害消灭在萌芽状态，根据病情尽量减少喷药次数。

④生石灰粉防治法　近几年来，用生石灰粉对桃、杏、李等果树发生的流胶进行了防治试验，效果很好，治愈率达100%。具体做法是：将生石灰粉涂抹于流胶处即可，涂抹后5～7天全部停止流胶，症状消失，不再复发。涂粉的最适期为树液开始流动时即3月底，此时正是流胶的始发期，发生株数少流胶范围小，便于防治，减少树体养分消耗。以后随发现随发动人力涂粉防治，阴雨天防治最好，此时树皮流出的胶液粘度大，容易沾上生石灰粉。流胶严重的果树或衰老树用刀刮去干胶和老翘皮，露出嫩皮后，涂粉效果更好。此法简便、有效。

流胶严重的枝干秋冬进行刮治，伤口用5～6°Be石硫合剂或100倍硫酸铜液消毒；或用1∶4的碱水涂刷，也有一定的疗效。

6. 桃疮痂病　桃疮痂病又名黑星病、黑痣病。在各桃产区普遍发生，主要为害果实，发病时，病果表面出现黑点甚至发生龟裂，严重影响商品价值。影响果实外观和销售。

【病原及症状】桃疮痂病的病菌［*Cladosporium carpophilum* Thun.］，属半知菌亚门真菌。

主要为害果实，也为害枝梢和叶。果实发病初期，果面出现暗绿色圆形斑点，逐渐扩大，至果实近成熟期，病斑呈暗紫或黑色，略凹陷，直径 2～3mm。病菌扩展局限于表层，不深入果肉。发病严重时，病斑密集，聚合连片，随着果实的膨大，果实龟裂。

枝梢发病出现长圆形斑，起初浅褐色，后转暗褐色，稍隆起，常流胶，病健组织界限明显。翌年春季，病斑表面产生绒点状暗色分生孢子丛。

叶子被害，叶背出现暗绿色斑。病斑较小，很少超过 6mm。在中脉上则可形成长条状的暗褐色病斑。病斑后转褐色或紫红色，组织干枯，形成穿孔。发病严重时可引起落叶。

【发病规律】病菌以菌丝体在枝梢的病组织内越冬，翌年春天 4～5 月间产生分生孢子，随风雨传播。北方桃区果实发病一般在 6 月份开始，7～8 月间为发病盛期。病菌可直接侵入叶和果实的表皮，潜育期在果实上约 40～70 天之间，新梢和叶片上则为 25～45 天。果园低洼或树冠郁蔽发病重。早熟桃品种果实不受再次侵染，病害轻；中、晚熟品种可受到病菌的再次侵染，因而发病重。黄肉桃较易感病，油桃发病较重。春季和初夏降雨和湿度与病害流行有密切关系，凡这时多雨潮湿的年份或地区发病均较重。地势低洼或栽植过密而较郁闭的果园发病较多。

【防治方法】

①清除初侵染源　结合冬剪，去除病核、僵果、残桩，烧毁或深埋。生长期剪除病枝、枯枝，摘除病果。

②药剂防治　发芽前喷布波美 5 度石硫合剂 1∶2∶120 波尔多液。落花后半个月，喷洒 70％代森锰锌可湿性粉剂 500 倍液或 70％甲基硫菌灵可湿性粉剂 1 000 倍液、50％多菌灵 600～800 倍液或 65％代森锌可湿性粉剂 500 倍液，以上药剂与 0.5∶1∶100 硫酸锌石灰液交替使用。

③加强管理　注意雨后排水，合理修剪，防止枝叶过密。

④果实套袋　落花后 3～4 周后进行套袋。

7. 桃白粉病 桃白粉病是耐干旱的植物真菌病害，一般在温暖干旱气候下严重发生。在温室高湿情况下尤其是苗期很容易蔓延。各桃栽培区均有发生。

【病原及症状】据国内报道，引起桃白粉病的病原菌有两种，其一是三指叉丝单囊壳菌［*Podosphaera fridacfy* Wallr. de Bary］，发生较为普遍，主要引起叶片发病，菌丝外生，叶片上粉层薄，寄生于桃、杏、李、樱桃、梅和樱花等。其二是桃单囊壳菌［*Sphaerotheca pannosa* （Wallr.） Lev. var. persicae Woronich.］，寄生于桃和扁桃，仅新疆发生。

主要危害叶片、新梢，有时危害果实。叶片染病，初现近圆形或不定形的白色霉点，后霉点逐渐扩大，发展为白色粉斑，粉斑可互相连合为斑块，严重时叶片大部分乃至全部为白粉状物所覆盖，恰如叶面被撒上一薄层面粉一般。被害叶片褪黄，甚至干枯脱落。病害在春秋梢形成期危害最重。果实被害，5～6 月即出现白色圆形、有时不规则形的菌丝丛，直径 1～2cm，粉状，以后病斑扩大，接着表皮附近组织枯死，形成浅褐色病斑并变浅褐色，后病斑稍凹陷，硬化。

【发病规律】病菌以菌丝体和闭囊壳在树体的芽、芽痕等部位越冬；主要以菌丝体越夏。一般情况下顶芽带菌率最高，因此萌芽时即可受害发病。早春寄主发芽至展叶期，病原的分生孢子和子囊孢子随气流、风等传播传播形成初侵染，分生孢子在空气中即能发芽，一般产生 1～3 个芽管，芽管可直接侵入寄主细胞中，吸取养分，以外寄生形式于寄主体表营寄生生活，病不断产生分生孢子，形成重复侵染。一般认为春季干旱少雨，秋季秋高气爽、夏季多雨气温低的环境下，病害发生重。果园密集通风不良，管理粗放的园片病害发生重。

【防治措施】

①栽培措施 合理密植，疏除过密枝和纤细枝，增施有机肥，结合冬剪，及时清除病原病残体，减少初侵染。

②药剂防治　果树萌芽前可喷洒石硫合剂，消灭越冬病源。于春秋初发病时，喷药保护治疗，药剂有：12.5%烯唑醇 2 000 倍液、粉锈宁可湿粉 600 倍或乳油 2 000 倍、40%多硫悬浮剂 600 倍液或 40%三唑酮多菌灵可湿粉 1 000 倍液，药剂要交替使用。

8. 溃疡病　桃溃疡病在我国各桃区均可见到，以管理粗放，树势衰弱的老桃园发生严重。不像腐烂病那样为害严重。寄主除桃外，还有李、杏、梅等。

【病原及症状】桃溃疡病的病原为梨黑腐皮壳菌［*Valsa ambiens*（Persoon ex Fries）Fries］，有性阶段为子囊菌亚门，核菌纲，球壳菌目，间座客菌科。无性阶段为壳囊孢属。子座顶部为外子座冠，底部的子座壳不完备。子座断面外侧呈灰色至灰黑色，内部灰色至灰黄色。分生孢子器形态复杂，具长茎，开口于寄主表面，一个子座只有一个腔。分生孢子无色，单孢，圆筒形，稍弯曲。

病斑出现时，树皮稍隆起，后明显肿胀，用手指按压稍觉柔软，并有弹性。皮层组织红褐色，有胶体出现，闻之有酒糟味，后来病斑干缩凹陷，最后整个大枝明显凹陷成条沟，严重削弱树势。

【发病规律】病菌以菌丝体、子囊壳、分生孢子器在枝干病组织中越冬，翌年春季孢子从伤口枯死部位侵入寄主体内。病斑在早春、初夏扩大。在雨天或浓雾潮湿天气排出孢子角，孢子借雨水传播，昆虫活动也能携带孢子传染。菌丝在皮层组织内蔓延，病菌分泌酶，将寄主细胞壁和细胞内含物溶解，变成胶质并形成胶质腔，内部皮层和韧皮纤维组织受影响，细胞中间层的果胶溶解，细胞内含物也溶解，形成胶质沟，上下方向，使胶质流向体外，枝干表现凹陷条沟。衰弱、高接树容易感染此病。

【防治方法】

①加强栽培管理，多施有机肥，增强树势。

②刮治病斑。若病斑小，在秋末早春彻底刮除病组织，然后涂上伤口保护剂（843 康复剂、腐必清、菌毒清等），最好用塑

料薄膜包扎。病斑大时，因为桃容易流胶，可用锋利的刀片纵向切割成条状，用杜邦福星涂抹，再用薄膜包裹。

②树干、大枝涂白。

9. 桃树干腐病

【危害症状】该病主要危害较大树龄的主干、主枝。发病初期病部皮层稍肿起略显紫红色或暗褐色，表面湿润，后从病部流出黄色至黑褐色的树脂状胶液，皮孔四周略凹陷，病部皮层下也有黄色浓稠的胶液，病部皮层褐色并有酒糟气味。枝干上病斑长形或不规则形，有时病斑会沿着主枝向两头扩展，长达1～2m。一般多限于皮层，并出现较大的裂缝，患病大枝初期新梢生长不良，叶色变黄，老叶卷缩枯焦，随病情发展枝干逐渐枯死。多年受害的老树，病部常有许多流胶点，导致树势极度衰弱，严重时造成整个侧枝或全树枯死。

【发病规律】病菌以菌丝体、分生孢子器和子囊腔在枝干病部越冬。第二年春菌丝活动，继续在病部扩展，3、4月间开始散发孢子，借风、雨、昆虫等传播，一般从伤口或皮孔侵入。病害一般在4月上旬开始发生，5、6月份病害情况发展最迅猛，7、8月份高温季节，病害发展缓慢，9月份病情又趋上升。凡缺肥，树势衰弱，园地低湿，土壤黏重，修剪不当，受冻受伤，蛀干害虫危害严重等，常会助长病害发展。

【防治方法】

①直接防治　初发现病斑直接用F843康复剂或硫酸铜100倍液涂药治疗。

②药剂预防　发芽前全园喷施3～5°Be石硫合剂，或95％精品索利巴尔可溶性粉剂80～100倍液。桃落花5～7天后，可喷施2～3次50％多菌灵可湿性粉剂800～1 000倍液、70％甲基托布津可湿性粉剂1 000～1 200倍液及50％苯菌灵可湿性粉剂1 000～1 200倍液等杀菌剂。

10. 桃缩叶病

【危害症状】病菌主要危害桃树幼嫩部分，以侵害叶片为主，严重时也可危害花、嫩梢和幼果。春梢刚刚抽出，叶片即卷曲变红。叶片初展时，病叶变厚，叶肉膨胀，叶缘向内卷曲，叶背面形成凹腔；继而，叶片皱缩程度加重，显著增厚、变脆，叶正面凸起部分变红或紫红色；春末夏初，皱缩组织表面出现病菌的灰色粉状物；后期，病叶变褐、焦枯脱落。严重时，新梢叶片全部变形、皱缩，甚至枝梢枯死。花果受害，多半脱落，花瓣肥大变长，病果畸形，果面常龟裂。

【发病规律】病菌主要以厚壁芽孢子在桃叶鳞片上及枝干表面越冬，翌春桃树萌芽时，孢子萌发，直接穿透嫩叶表面侵入或从气孔侵入。病菌侵入后，刺激叶片组织畸形生长，形成缩叶症状。病菌喜低温不耐高温，21℃以上停止扩展，该病具典型越夏特征。缩叶病主要发生在滨湖及沿海桃园，早春低温多雨可加重该病发生。

【防治方法】

①加强果园管理，提高树体抗病能力　初见病叶时，及时人工摘除，集中烧毁，减少当年越夏病菌数量。

②药剂防治　桃芽露红但尚未展开时，是喷药防治缩叶病的最关键时期，一般1次药即可，但喷药必须均匀周到，使全树的芽鳞和枝干都粘附药液。常用的药剂有3°～5°Be石硫合剂，或1∶1∶100倍波尔多液，或80％大生M-45可湿性粉剂400～600倍液，或50％多菌灵可湿性粉剂400～500倍液等。

11. 桃冠腐病

【危害病状】主要发生在桃树的根颈部，发病严重时枝梢生长缓慢，有时叶子皱缩或枯黄。根颈部的表面下陷，皮部变为褐色，有酒精气味。初期，病斑部相对应的地上部生长缓慢；严重时，病斑围绕根颈部一周，翌年春季发芽时全株死亡。

【发病规律】病原菌可在土壤中存活多年。以卵孢子在土壤中越冬，卵孢子萌发，产生孢子，直接侵染，也可先形成游动孢子侵染，土壤积水或处于饱和状态时，直接侵染皮层，通过伤口更易造成侵染。

【防治方法】春、秋季对地上部有病状表现的树将根颈处土壤扒开，刮去病斑，在伤口部涂上石硫合剂，涂后不埋土，进行晾晒。注意桃园排水，及时检查和晾晒根颈。

12. 桃疣皮病

【危害病状】该病主要危害1～2年生枝条，幼树、成年树都可受害，病树枝枯早衰，寿命显著缩短。枝条感病时，首先皮孔上产生疣状小突起，后形成直径约4mm的疣状病斑，病斑表面散生针头状小黑点，当年不流胶。翌年春、夏间，病斑继续扩大，表皮破裂，溢出树脂，枝条表皮粗糙变黑，病部皮层坏死，严重时枝条凋萎枯死。

【发病规律】病菌在枝条病部越冬，翌年3月病菌就从皮孔侵入枝条，6月达到发病高峰。

【防治方法】

①剪除病梢　结合冬、夏剪彻底剪除发病枝条，清除病原，集中烧毁。

②药物防治　早春发芽前用843康复剂或硫酸铜100倍液涂刷病斑，杀伤越冬病原；从4月下旬到7月上旬，喷洒50%多菌灵可湿性粉剂800～1 000倍液4～5次，每次间隔15～20天。

二、虫　害

1. 桃蚜

【分布为害】桃蚜［*Myzus persicae*（Sulzer）］，桃蚜又名烟蚜，分布遍及全国各地，是杂食性害虫，寄主植物有74科285种。其中越冬寄主植物主要有梨、桃、李、梅、樱桃等蔷薇科果树等；侨居寄主作物主要有白菜、甘蓝、萝卜、芥菜、芸苔、芜菁、甜椒、辣椒、菠菜等多种作物。

【为害症状】在春季桃树发芽长叶时，群集在嫩梢、嫩芽和幼叶背面吸取汁液，被害部分呈现小的黑色、红色和黄色斑点，使叶片逐渐变白，向背面卷曲成螺旋状，阻碍新梢生长，引起落叶，削弱树势。为害刚刚开放的花朵，吸收子房营养，影响坐果，降低产量。排泄的蜜露，污染叶面及枝梢，使桃树生理作用受阻，造成煤烟病，影响生长。此外桃蚜还是传播病毒的重要途径。

【发生特点】桃蚜一年可发生十几代，以卵在桃树枝梢芽液、树皮和小枝杈等处越冬，开春桃芽萌动时越冬卵开始孵化，若虫为害桃树的嫩芽，展叶后群集叶片背面为害，吸食叶片汁液，并排泄蜜露。雌虫 4、5 月份繁殖最盛，为害最大，5、6 月迁移到越夏寄主上，10 月产生的有翅性母迁返桃树，由性母产生性蚜，交尾后，在桃树上产卵越冬。桃蚜的发生与为害受温湿度影响很大，连续平均湿度在 80%以上或低于 40%时以及在大风雨后虫口数量下降。

【防治方法】

①桃芽萌动后，喷 95%的机油乳剂 100～150 倍液，兼治介壳虫、红蜘蛛。

②落花后，桃蚜群集在幼叶上为害时，喷化学药剂防治。在用药上应尽量选择兼有触杀、内吸、熏蒸三重作用的农药，如国产 50%抗蚜威可湿性粉剂 1 500 倍液，或英国的辟蚜雾（成分为抗蚜威）50%可湿性粉剂 2 000～3 000 倍液具有特效，并且选择性极强，仅对蚜虫有效，对天敌昆虫及桑蚕、蜜蜂等益虫无害，有助于田间的生态平衡。其他常用药剂有 20%吡虫啉可湿性粉剂 6 000～8 000 倍液、3%莫比朗（啶虫脒）乳油 1 500 倍液、20%灭多威乳油 1 000 倍液、灭杀毙（21%增效氰·马乳油）6 000倍液、40%氰戊菊酯 6 000 倍液、25%溴氰菊酯 3 000 倍液、20%菊马乳油 2 000 倍液、10%敌畏·氯氰乳油 4 000 倍液、25%乐·氰乳油 1 500 倍液、4.5%高效顺反氯氰菊酯乳油 3 000

倍液等。

③保护和利用天敌。蚜虫的天敌有瓢虫、食蚜蝇、草蛉、寄生蜂等，对蚜虫的发生有很强的抑制作用，因此要尽量少喷广谱性农药，以保护天敌。

④涂茎防治法　在蚜虫初发生时（即桃树萌芽期），以40%氧化乐果乳油7份，加水3份配成涂茎液，用毛刷将药液直接涂在主干周围（第一主干以下）约6cm宽度。如树皮粗糙，可先将翘皮刮除后再涂药。刮翘皮时不要伤及嫩皮。涂后用纸包扎好。注意以下几个问题：第一是处理的时间不可太晚，一定要在桃花盛开以前20天左右，否则会出现药害；第二是刮皮不可太深，见到部分内皮即可；第三包扎的缚膜要在五月下旬彻底揭除，否则在高温高湿条件下容易造成皮层腐烂。

2. 桃粉蚜

【分布为害】桃粉［*Hyaloptera amygdali* Blanchard］又名桃大尾蚜、桃粉绿蚜，是一种主要为害桃树，也为害杏、李树叶片的果树害虫，在全国各地均有分布。成、若虫群集新梢和叶背刺吸汁液，被害叶片出现网状的失绿纹，叶片向正面隆起，并向叶背纵合对卷，卷叶内积有白色蜡粉，严重时叶片早落，嫩梢干枯。排泄蜜露常导致煤污病发生。

【发生特点】每年发生10～20代，生活周期类型属侨迁式，以卵在桃的芽腋，裂缝及短枝叉处越冬，次年桃树萌芽时孵化，若虫孵出后先在开绽的芽顶端为害，叶片发生后，在新生叶片上为害，一直可为害到麦收前，比桃蚜为害时间长。6、7月大量产生有翅胎生雌蚜，迁飞到芦苇等禾木科等植物上为害繁殖，10～11月产生有翅蚜，返回桃树上为害繁殖，产生有性蚜交尾产卵越冬。

【防治方法】桃粉蚜在果园中属一般害虫，不会造成很大的危害，因而防治主要集中在生长季节。掌握在谢花后桃蚜已发生但还未造成卷叶前及时喷药，使用药剂可参考桃蚜防治。由于虫体表面多蜡粉，因此药液中可加入适量0.3%的中性洗衣粉或洗洁精，以提高药液黏着力。

3. 桃瘤蚜

【分布为害】又名桃瘤头蚜，在全国各地均有分布。不似桃蚜、桃粉蚜那样发生普遍，仅在局部地区危害。每年春季桃树发芽展叶时，以成虫和若虫群集叶背和新梢上吸食汁液为害。被害叶初呈淡绿色，后变红色，叶缘增厚，凹凸不平并向叶背反卷；发生严重时，全叶卷曲，叶枯脱落。

【发生特点】一年发生10多代，以卵在桃枝梢芽腋处越冬。翌春，芽萌动后越冬卵开始孵化，成虫和若虫群集叶背和新梢上为害，被害叶卷缩。北方果区4、5月产生有翅蚜，迁移至艾蓬等植物上。10月下旬有翅蚜又迁回桃叶背为害，雌、雄性蚜交配后产卵于芽侧越冬。

【防治方法】为害期的桃瘤蚜迁移活动性不大，因此及时发现并剪除受害新梢烧掉是防治桃瘤蚜的重要措施。桃瘤蚜在卷叶内为害，叶面喷药防治效果较差，喷药最好在卷叶前进行，或使用具有内吸作用的杀虫剂。药剂选用参考桃蚜的防治。

4. 山楂叶螨

【分布为害】山楂叶螨又名山楂红蜘蛛，属蜱螨目叶螨科。在我国北方果区普遍发生。除桃外，苹果、梨、山楂、李、杏等也受害严重。常以小群体在叶片背面主脉两侧吐丝结网、产卵，于网下取食叶片汁液，叶片被害后呈现许多失绿小斑点，渐扩大连片，近叶柄的主脉两侧出现灰黄斑，严重时叶片发黄枯焦，叶片枯焦并提早脱落。

【发生特点】每年发生代数因地区气候条件影响而有差异，辽宁省兴城1年发生6～7代，而在黄河故道地区则一年发生8～9代。均以受精雌成螨在树干翘皮、枝叉处或土缝中越冬。越冬螨一般当连续日平均气温到10℃以上时，花芽膨大时，开始出蛰上芽为害。出蛰的早晚，受早春气温的影响较大，凡果园位于背风、向阳、高燥地方的，出蛰常较早，反之较晚。同一棵树上，树干基部及其周围土中最先出蛰，而在主干、主枝和侧枝翘皮、枝杈处的出蛰较晚。越冬螨先在花、嫩芽幼叶等幼嫩组织上为害，随后于叶背面吐丝接网产卵，以叶背主脉两旁及其附近的卵最多。幼虫孵化后即开始为害，群集于叶背吸食为害，此时是用药防治的有利时机。刚孵化的幼螨，行动较为活泼，无吐丝习性，在叶背面为害，经1～2 天后即静止不动。再经 0.5～1 天后即脱皮变为前期若螨。前斯若螨具有结网习性，行动较迟缓，在叶背上取食，经 1～3 天后进入静止期，再经 0.5～1 天即脱皮成为后期若螨。后期若螨行动敏捷，开始在叶背上往返拉丝，经 1～3 天后又进入静止期，再经 0.5～1 天后脱皮为成螨。在一般情况下，成螨不久即开始交尾。通常以两性生殖为主，也能营孤雌性生殖。山楂叶螨以第一代发生较为整齐，以后世代重叠，各虫态都有，用药防治困难。9 月以后陆续发生越冬雌虫，潜伏越冬。

【防治方法】对于山楂叶螨的防治，除了加强农业栽培、生物防治等技术之外（具体方法同苹果全爪螨），化学防治应把重点放在越冬雌成螨的上芽为害期集中阶段，以后各阶段因世代重叠，药剂防治效果不太理想。另外山楂叶螨对硫制剂较为敏感，50％的硫悬浮剂 200～400 倍液防治效果较为理想。

①人工防治　秋后普遍清扫果园，结合刮病斑，刮除主干及主枝老翘皮下的越冬雌成螨，降低螨源。8 月上旬雌成螨下树越冬前，在树干、主枝基部绑缚草把，诱集雌成螨越冬，到冬季解下烧毁，消灭越冬雌螨。

②药剂防治　使用杀螨剂防治是迅速及时控制山楂叶螨发生为害的重要措施。

果树休眠期：喷施 3～5 波美度石硫合剂于主干、主枝，可消除部分越冬雌成螨，兼治介壳虫及病害。

春季防治：进入 4 月后，防治的有利时期，一个是越冬雌成螨出蛰盛期（4 月上旬），一个是第一代若螨盛期（落花后 1 周）。前一个时期应选择对成螨防效好的药剂，如 0.3 波美度石硫合剂，或 40%水胺硫磷乳油 1 200 倍液，或 73%克螨特乳油 3 000倍液，或 1.8%阿巴丁（阿维菌素）乳油 6 000～8 000 倍液，或 15%扫螨净乳油 2 000～3 000 倍液等。后一个时期，宜选择对卵、幼、若螨防效好及残效期长的药剂，如 20%螨死净悬浮剂 2 500～3 000 倍液，或 5%尼索朗乳油 1 500 倍液，残效期长达 40～60 天，不仅效果好，又可保护天敌，经济合算。

麦收前防治：麦收前（5 月底至 6 月初）第 2 代若螨盛期则是全年防治的关键时期，因此时尚集中在树冠内膛为害，便于防治。若为害较重时，可选择 15%扫螨净乳油 2 000～3 000 倍液，或 5%天王星乳油 2 000 倍液、7.5%农螨丹乳油 750～1 000 倍液。也可使用 40%水胺硫磷乳油 1 000～1 500 倍液，或 1.8%阿巴丁（阿维菌素）乳油 6 000～8 000 倍液，均有很好的防效，还可兼治梨网蝽、旋纹潜叶蛾等其他害虫。

③天敌防治　山楂叶螨的天敌优势种为塔六点蓟马，能控制桃树上山楂叶螨的为害，其他天敌有草蛉、深点食螨瓢虫等。塔六点蓟马专一捕食叶螨，一年发生 10 代左右。大量发生时间在 6 月中下旬至 8 月。成虫、若虫均能捕食各虫态叶螨。桃树行间、园外空地种植早熟大豆等，豆叶上生存繁殖的叶螨较多，可为塔六点蓟马提供食料让其大量繁殖，6 月中下旬后蓟马转移到桃树叶片上捕食山楂叶螨，一般不需喷药防治，当益害比达到 1∶50 时，7 月中下旬后即能控制叶螨为害。某些年份桃园中塔六点蓟马数量较少时，也可采取助迁天敌的办法，农田中菜豆、茄子、玉米上大量发生塔六点蓟马，可摘取这些作物的叶片移放到桃树叶螨较多的部位。桃园夏季不用或少用杀伤天敌的高毒农药。

5. 桃蛀螟

【分布为害】又名豹纹斑螟、桃蠹螟，在我国各地均有分布，其食性杂，寄主广泛，在果树上除为害桃外，还可为害梨、苹果、杏、李子、板栗等。在作物上为害玉米、高粱、向日葵等。幼虫蛀食果实和种子，受害果上蛀孔外堆积黄褐色透明胶质及虫粪，常造成腐烂及变色脱落。

【发生特点】在山东一年发生3代。以老熟幼虫在树皮裂缝、僵果、以及土缝、石缝、玉米、高粱秸秆及穗等不同场所做茧越冬；越冬蛹期9～12天，麦收前羽化。羽化后的成虫昼伏夜出，具强烈的趋光性和趋化性。成虫多在晚上9～10时产卵，卵产在果面上，当在桃果上产卵时，将周围的毛粘合在一起。卵期6天以上，麦收期间是卵的孵化期。第一代卵孵化期是全年防治的重点时期。小幼虫蛀果为害，在桃上多由果梗周围或果与叶片相靠处蛀入，蛀入后直达果心。此代早熟品种着卵多，晚熟品种少。在桃上为害后流果胶，同时将叶片与粪便粘在一起。幼虫在果实中为害20天左右后化蛹。多在桃梗或与枝条相靠处以及紧贴于果面的枯叶下化蛹，也有少数在果实中、萼筒内或树下化蛹。化蛹前啃食果面。

第一代成虫于7月下旬至8月中旬发生，第二代幼虫于8月上中旬发生，为害中晚熟品种桃。第二代除为害桃外，也在板栗、高粱、玉米上为害。第二代成虫于8月下旬～9月上旬发生、第三代卵在向日葵、玉米等大田作物上。一般情况，卵期6～8天，幼虫期15～20天，完成一代为一月左右。

【防治方法】

①农业防治　秋季采果前于树干绑草，诱集越冬幼虫，早春集中烧毁。春季将果园周围的玉米、高粱秸秆处理干净，并随时摘除被害果。并将老翘皮刮净，集中烧毁。

②利用趋性诱杀　成虫具有强烈的趋光性和趋化性，可利用糖醋液、性诱剂及黑光灯诱杀成虫。

③喷药防治　全年防治的重点是第一代小幼虫孵化期，其次是第二代孵化期。第一代防治容易，第二代为害严重。每代喷药

两次，相互间隔 10 天，但为害较轻时，也可用药一次。可使用的药剂有 20%甲氰菊酯（灭扫利）乳油 1 500 倍液、20%氰戊菊酯（速灭杀丁）乳油 1 500 倍液、10%氯氰菊酯乳油 1 500 倍液、功夫菊酯乳油2 000倍液、98%巴丹（杀螟丹）可湿性粉剂 2 000 倍液等。

④桃园内不可间作玉米、高粱、向日葵等作物，减少虫源。

6. 梨小食心虫

【分布为害】梨小食心虫简称梨小，又名黑膏药、桃折梢虫。分布很广，各果产区都有发生。以幼虫主要蛀食梨、桃、苹果的果实和桃树的新梢。桃、梨等果树混栽的果园为害严重。除为害梨、桃树外，也为害李、杏、苹果、山楂等，严重影响果品质量及梨果产量。

春季幼虫主要为害桃梢，夏季一部分幼虫为害桃梢，另一部分为害果实。桃梢被害，幼虫多从新梢顶端 2～3 片叶的叶柄基部蛀入，孔周围微凹陷，不久新梢顶端萎蔫枯死。最初幼虫在果实浅处为害，孔外排出较细虫粪，果内蛀道直向果核被害处留有虫粪，受害桃果常常由蛀果处流胶，感染病菌引起果腐。

【发生规律】发生代数因地域而异，甘肃等较寒冷地区一般，年发生 3～4 代，在华北一年发生 4～5 代，以老熟幼虫在树体的树皮下，剪锯口、吊绳、根颈处及地面的石块下或某些杂草根迹等潜藏处做茧越冬。在枝干上越冬部位，以主干基部为多，枝上较少。在 4～5 代发生区，越冬幼虫一般在 3 月即开始化蛹，4 月上 旬成虫羽化；第二代成虫则在 6 月中旬至下旬；7 月下旬至月上旬发生第 3 代成虫；第 4 代 8 月下旬至 9 时；9 月时始发生第 5 代成虫。

成虫羽化后，白天静伏寄主叶背和杂草上，傍晚前后交尾，晚间产卵，产卵量数 10 粒至 100 余粒，卵多散产于光洁处，在桃树上则多产在新梢中上部的叶背面，成虫对糖醋液、果汁（烂果）和黑光灯趋性很强。

幼虫发育因气温和食物质量不同而差异显著，由于发生期不整齐，7 月以后发生世代重叠现象，即卵、幼虫、蛹、成虫可在同期随意找到。

第一、二代幼虫主要为害桃、杏、李、苹果嫩梢，第三代以后各代幼虫主要为害桃、苹果、梨果实。幼虫孵化后经数十分钟至 1～2 小时即蛀入嫩梢、果实，在桃梢上多从叶柄基部蛀入，3 天以后被害梢萎蔫、枯黄而死，被害梢常有胶液流出。1 头幼虫可连续为害 2～3 个嫩梢，也能为害桃果。

梨小发生与温、湿度关系密切，雨水多，降水时间长，大气湿度高的年份，发生重，干旱年份则轻。春季成虫羽化后，若温度在 15℃以下时，成虫很少产卵或推迟产卵。

【防治方法】

①人工防治　发芽前，细致刮除老枝干、剪锯口、根颈等处的老翘皮，集中烧毁，消灭越冬幼虫。秋季在越冬幼虫脱果前，在树干或主枝基部绑草，诱集幼虫越冬，冬前解下烧毁。在第一代和第二代幼虫发生期，人工摘除被害虫果。并连续剪除被害桃、梨虫梢，立即集中深埋。

②诱捕成虫　在成虫发生期，以红糖 1 份、醋 4 份、水 16 份的比例配制糖醋液放入园中，每间隔 30 米左右置 1 碗或 1 盆。也可用梨小性引诱剂诱杀成虫，每 50 米置诱芯水碗 1 个。

③生物防治　在梨小卵发生初期，释放松毛虫赤眼蜂，每 5 天放一次，共放 5 次，每 666.7m^2 每次放蜂量为 2.5 万头左右。

④药剂防治　根据田间卵果率调查，当卵果率达到0.3%～0.5%时，并有个别幼虫蛀果时，立即喷布 50%对硫磷 1 000 倍液或 50%杀螟松 1 000 倍液，20%杀灭菊酯 2 000～3 000 倍液，30%桃小灵 2 000 倍液均有良好的防治效果。

⑤尽量避免桃、梨（或仁果类）混栽。

7. 茶翅蝽　茶翅蝽［*Halyom orpha* Picus］又名臭屁虫，俗称臭大姐。我国各地多有分布。食性较复杂，危害桃、梨、李、杏、山楂、苹果等多种果树及泡桐、刺槐、榆等林木。

【为害症状】成虫和若虫吸食嫩叶、嫩梢和果实的汁液。果实被害后，呈凸凹不平的畸形果，近成熟时的果实被害后，受害处果肉变空，木栓化。受害桃果被刺处流胶，伤口及其周围果肉生长阻滞，果肉下陷，成僵斑硬化，呈畸形，不堪食用。严重时，幼果被害后常脱落，对产量和质量影响很大。

【发生规律】华北地区每年发生 1 代，以成虫在草堆、树洞、石缝等处越冬，翌年 5 月越冬成虫出来活动，6 月产卵于叶背面，卵期 7 天左右，可产卵 5～6 次，初孵若虫群集于卵块附近危害，而后逐渐分散。7、8 月间，成虫开始羽化，危害至 9 月份，寻找适当场所越冬。成虫和若虫受惊时能分泌出臭液防敌，所以又称为臭大姐。

【防治方法】

①成虫越冬期进行人工捕捉，或清除枯枝落叶和杂草，集中烧毁，可消灭越冬成虫。

②摘除卵块销毁。

③若虫发生初期，抓紧时间于若虫未分散之前喷施 20%灭扫利 3 000 倍液，或 50%辛硫磷乳油脂 800 倍液，或 2.5%溴氰菊酯乳油 3 000 倍液，或 2.5%功夫乳油 3 000 倍液。

④果实套袋。

8. 潜叶蛾

【为害症状】以幼虫潜入叶肉组织串食。将粪便充塞其中，使叶片呈现弯弯曲曲的白色或黄白色虫道，使叶面皱褶不平。危害严重时，造成早期落叶。

【发生规律】每年发生 7～8 代，以茧蛹在被害叶上越冬。翌年 4 月成虫羽化，产卵于叶面。卵孵化后潜入叶肉取食，串成弯曲的隧道，并将粪便充塞其中，被害处表面变白，但不破裂。幼虫老熟后从隧道钻出，在叶背吐丝搭架，于中部结茧化蛹，少数于枝干结茧化蛹。5 月上旬见第一代成虫后，以后每 20～30 天完成1代，10～11月幼虫于叶面上结茧化蛹越冬。

【防治方法】

①清园落叶后，彻底扫除落叶集中烧毁，消灭越冬蛹。只要清除彻底，可以基本控制其危害。

②喷药防治　成虫发生期和幼虫孵化期，及时喷布25%的灭幼脲3号1 500倍液，或5%杀铃脲600倍液、或2.5%敌杀死2 000～3 000倍液2次。也可喷1.8%阿维菌素乳油3 000～4 000倍液防治。

9. 桃红颈天牛　危害桃树的天牛，据国内报道，包括桃红颈天牛、星天牛、黑角筒天牛、桃褐天牛、粒肩天牛等共计21种。其中以桃红颈天牛（Aromia bungii Fald.）最为主要，分布普遍，危害严重。桃红颈天牛除为害桃外，还为害苹果、梨、樱桃、柑橘、杨梅、杏、李、梅等。

【为害症状】树干木质部被蛀食成不规则隧道，轻则影响树液输导，致树势衰弱；重则树干被蛀空，致植株死亡，蛀孔外常排有大量红褐色虫粪及木屑，堆积于树干地际部而较易发现。

【生活史及习性】在北方桃产区2～3年1代，以老熟幼虫越冬。4～6月间老熟幼虫在木质部蛀道内化蛹，5、6月间出现成虫。成虫白天交尾产卵，卵多产于近地面30cm的范围内的主干粗裂皮缝里（少数产于离地面1.2m的主枝皮缝里）。初孵幼虫先在树皮下蛀食，孵化当年完成1、2龄，当年以低龄幼虫在树皮下越冬，至第2年幼虫长至30mm左右时，蛀入木质部为害。此时幼虫先朝髓部蛀食，然后再朝上蛀食，其蛀食方向与2、3龄幼虫在韧皮部与木质部之间蛀食时（由上往下）相反。幼虫主要危害离地表1.5m范围内的主干和主枝，严重时危害到大侧枝和根颈部。幼虫在皮层和木质部钻蛀不规则隧道，隔一定距离向外蛀一通气排粪孔，大量红褐色虫粪和碎屑即由此排出，堆积于树干基部地面而易于辨认。

【防治方法】应采取人工防治与药物防治相结合的综防措施：

（1）人工防治

①人工捕杀成虫 利用成虫午间静息在枝条的习性，剧烈振摇树枝，成虫跌落而捕杀。

②钩杀幼虫 在幼虫孵化后检查枝干发现新鲜虫粪，可用铁丝伸入蛀孔，将孔内粪屑挖空，钩杀幼虫。

③糖醋液诱杀成虫 在成虫发生期间，在桃园里每隔30m远的树上、在离地面1m处挂放盛糖醋液的罐（红糖∶酒∶醋＝2∶1∶3配成）诱成虫，每天检查处理1次。

④种植诱饵树诱杀 桃红颈天牛对榆树等有很强趋性，6～8月间修剪榆，剪口流胶可引诱大量红颈天牛捕杀之。

⑤主干和主枝涂白涂剂（生石灰∶硫磺∶水∶食盐＝10∶1∶40∶0.2配成）于成虫发生时涂刷，可防成虫产卵。

（2）药剂防治

①磷化铝毒杀 在查到新虫类排出孔，钩清虫粪后，塞入1/4片磷化铝片剂（0.6g/片，含56%磷化铝），随即用粘泥封口。

②注入80%敌敌畏乳油15～20倍液，或把醮有药液的小棉团塞入排粪孔，随即用黏泥封口。

③杀成虫。在成虫出孔盛期，喷48%乐斯本（毒死蜱）800～1 000倍，或10%吡虫啉5 000倍，或菊酯类农药。

10. 介壳虫

（1）桃球坚蚧 又称朝鲜球坚蜡蚧（*Didesmococcus koreanus* Borchs）、杏球坚蚧，俗称“树虱子”，属于同翅目，蚧科。分布东北、华北、川贵等地区。主要为害杏、李、桃、梅等核果类果树。

【为害症状】以成虫、若虫固定在枝条上吸食汁液，受害处皮层坏死后干瘪凹陷，密度大时，可见枝条上介壳累累，受害树一般生长不良，为害严重时常造成枝干枯死。

【生活史及习性】1年发生1代，以2龄若虫固着在枝条上越冬。次年3月上、中旬开始活动，从蜡堆里的蜕皮中爬出。群居在枝条上取食，不久便逐渐分化为雌、雄性。雄性若虫于4月上旬分泌白色蜡质形成介壳，再蜕皮化蛹其中，4月中旬开始羽化为成虫。4月下旬到5月上旬雄成虫羽化并与雌成虫交配，交配后的雌虫体迅速膨大，逐渐硬化，5月上旬开始产卵于母体下面。5月中旬为若虫孵化盛期。初孵若虫从母体臀裂处爬出，寻找适当场所，以枝条裂缝处和枝条基部叶痕中为多。固定后，身体稍长大，两侧分泌白色丝状蜡质物，覆盖虫体背面。6月中旬后蜡质又逐渐溶化白色蜡层，包在虫体四周。此时发育缓慢，雌雄难分。越冬前脱皮1次，蜕皮包于2龄若虫体下，到12月份开始越冬。该虫主要天敌有黑缘红瓢虫。黑缘红瓢虫的成虫、若虫均能捕食朝鲜球坚蚧的若虫和雌成虫，1头黑缘红标虫的幼虫1昼夜能捕食5头雌成虫，1头瓢虫1生可捕食2 000余头，捕食量大，是抑制朝鲜球坚蚧大发生的重要因素。

【防治方法】

桃球坚蚧身披蜡质，并有坚硬的介壳，必须抓住两个关键时期喷药，即越冬若虫活动期和卵孵化盛期喷药。

①铲除越冬若虫　早春芽萌动期，用5°Be石硫合剂均匀喷布枝干，也可用或45%晶体石硫合剂300倍液、含油量4%～5%的矿物油乳剂或95%机油乳剂50倍液混加5%高效氯氰菊酯乳油1 500倍液喷布枝干，均能取得良好防治效果。

②孵化盛期喷药　6月上旬观察到卵进入孵化盛期时，全树喷布5%高效氯氰菊酯乳油2 000倍液、20%速灭杀丁乳油3 000倍液或0.9%爱福丁乳油2 000倍液。

③人工防治和利用天敌　在群体量不大或已错过防治适期，且受害又特别严重的情况下，在春季雌成虫产卵以前，采用人工刮除的方法防治，用竹片、钢丝刷刷去虫体，或用20%碱水洗刷枝干。在寒冷的冬季向枝干上喷水，结冰后用木棍将冻冰敲掉，消灭雌虫，并注意保护利用黑缘瓢虫等天敌。

（2）桑白阶　桑白阶又称桑盾蛤、桃白阶。分布遍及全国，是为害最普遍的一种介壳虫。除为害桃外，还有樱桃、山桃、李、杏、梨、核桃、桑、国槐等。

【为害症状】桑白蚧以若虫和成虫固着刺吸寄主汁液，虫量特别大，有的完全覆盖住树皮，甚至相互叠压在一起，形成凸凹不平的灰白色蜡质物，排泄的黏液污染树体呈油渍状。受害重的枝条发育不良，甚至整株枯死，枝条受害以2～3年生最为严重。

【发生规律】在我国北方1年发生2代，以第二代受精雌成虫于枝条上越冬，翌年5月产卵于母壳下，6月孵化出第1代若虫，多群集于2～3年生枝条上吸食树液并分泌蜡粉，严重时可致枝条干缩枯死。7月第一代成虫开始产卵，每雌虫可产卵40～400粒。8月孵化出第2代若虫，9～10月出现第2代成虫，雌雄交尾后，受精雌成虫于树干上越冬。

【防治方法】

①冬季或早春结合果树修剪剪除越冬虫口密集的枝条或刮除枝条上的越冬虫体。

②春季发芽前喷洒5°Be石硫合剂或机油乳剂。

③若虫分散期及时喷洒0.3°Be石硫合剂，或扑虱灵25%可湿性粉剂1 500～2 000倍液，或5%高效氯氰菊酯乳油2 000倍液。

11. 金龟子

（1）苹毛金龟子　又叫长毛金龟子。全国各桃区均有分布，除为害桃外，还为害苹果、梨、李、杏、樱桃等。幼虫常取食植物幼根，但为害不明显，成虫食花器。

【发生规律】每年发生1代，以成虫在土中越冬。翌年春3月下旬开始出土活动，主要为害花蕾。苹毛金龟子在啃食花器时，有群集特性，多个聚于1个果枝上为害，有时达10多个。据观察，苹毛金龟子多在树冠外围的果枝上为害，4月上中旬为害最重。产卵盛期为4月下旬至5月上旬，卵期20天，幼虫发生盛期为5月底至6月初，化蛹盛期为8月中下旬，羽化盛期为

9月中旬。羽化后的成虫不出土，即在土中越冬。成虫具假死性，无趋光性，当平均气温达20℃以上时，成虫在树上过夜，温度较低时潜入土中过夜。

【防治方法】此虫虫源来自多方，特别是荒地虫量最多，故果园中应以消灭成虫为主。

①在成虫发生期，早晨或傍晚人工敲击树干，使成虫落在地上，此时由于温度较低，成虫不易飞，易于集中消灭。成虫有趋光性，可利用黑光灯诱杀。

②地面施药，控制潜土成虫，常用药剂5%辛硫磷颗粒剂，每公顷45kg撒药，或树穴下喷40%乐斯本乳油300～500倍液。

③果园四周种植蓖麻对金龟子有趋避作用，捕捉的成虫捣烂，其浸泡液喷洒树体有趋避作用。

（2）白星花金龟　又叫白星花潜、白纹铜花金龟。全国各桃区均有分布，除为害桃外，还为害苹果、梨、李、樱桃、葡萄等。主要是成虫啃食成熟或过熟的桃果实，尤其喜食风味甜的果实。幼虫为腐食性，一般不为害植物。

【发生规律】每年1代，以幼虫在土中或粪堆内越冬，5月上旬出现成虫，发生盛期为6～7月，9月为末期。成虫具假死性和趋化性，飞行力强。多产卵于粪堆、腐草堆和鸡粪中。幼虫以腐草、粪肥为食，一般不为害植物根部，在地表幼虫腹面朝上，以背面贴地蠕动而行。

【防治方法】

①结合秸秆沤肥翻粪和清除鸡粪，捡拾杀死幼虫和蛹。

②利用成虫的假死性和趋化性，于清晨或傍晚，在树下铺塑料布，摇动树体，捕杀成虫。也可挂糖醋液瓶或烂果，诱集成虫，于午后收集杀死。成虫常群聚在成熟的果实上危害，可人工捕杀。

③药剂防治。因为危害期正值果实成熟期，不能用药，一般不需单独施用药剂防治，可在防治食叶和一些食果害虫时一起防

治，收兼治之效。

（3）黑绒金龟　又叫东方金龟子、天鹅绒金龟。全国各桃区均有分布，杂食性害虫，除为害桃外，还为害苹果、梨、杏、山楂等。成虫食嫩叶、芽及花，幼虫为害根系。

【发生规律】每年发生1代，主要以成虫在土中越冬。翌年4月成虫出土，4月下旬至6月中旬进入盛发期，5～7月交配产卵。幼虫为害至8月中旬，9月下旬老熟化蛹，羽化后不出土即越冬。成虫在春末夏初温度高时，多于傍晚活动，16时后开始出土，傍晚为害桃树叶片及嫩芽，出土早者为害花蕾和正在开放的花。

【防治方法】

①刚定植的幼树，用塑料薄膜做成套袋，套在树干上，直到成虫为害期过后及时去掉套袋。

②地面施药，控制潜土成虫，常用药剂有5%辛硫磷颗粒剂，每公顷45kg撒施，使用后及时浅耙，以防光解，或在树穴下喷40%乐斯本乳油300～500倍液。

12. 桃小绿叶蝉　又名小绿叶蝉（*Empoasca pirisuga* Matsu.）、桃小浮尘子，属同翅目、叶蝉科。国内大部分省（市、区）均有分布，国外日本、朝鲜、印度、斯里兰卡、原苏联、欧洲、非洲、北美有发生。寄主种类多，除为害桃树外，还为害杏、李、樱桃、梅、苹果、梨、葡萄等果树及禾本科、豆科等植物。

【为害症状】成虫、若虫吸食芽、叶和枝梢的汁液，被害叶初期叶面出现黄白斑点渐扩成片，严重时全树叶苍白早落。

【生活史及习性】以成虫在常绿树叶中或杂草中越冬。翌年三四月间开始从越冬场所迁飞到嫩叶上刺吸为害。被害叶上最初出现黄白色小点，严重时斑点相连，使整片叶变成苍白色，使叶提早脱落。成虫产卵于叶背主脉内，以近基部为多，少数在叶柄内。雌虫一生产卵46～165粒。若虫孵化后，喜群集于叶背面吸食为害，受惊时很快横行爬动。第一代成虫开始发生于 6 月初，第二代 7 月上旬，第三代 8 月中旬，第四代 9 月上旬。这代成虫于 10 月间在绿色草丛间，越冬作物上，或在松柏等常绿树丛中越冬。

【防治方法】

①加强果园管理　秋冬季节，彻底清除落叶，铲除杂草，集中烧毁，消灭越冬成虫。成虫出蛰前及时刮除翘皮，减少虫源。

②喷洒农药　成虫桃树上迁飞时，以及各代若虫孵化盛期，喷洒 20%扑虱灵可湿粉 2 000 倍液，或 20%高卫士（恶虫威）可湿粉 1 500～2 000 倍液；或 10%溴氰菊酯乳油 1 000～2 000 倍液；或 2.5%功夫乳油 3 000 倍液，效果均好。

13. 桃仁蜂

【为害病状】幼虫蛀食正在发育的桃仁，被害果逐渐干缩呈黑灰色僵果，大部分早期脱落。

【发生规律】每年发生 1 代，以老熟幼虫在被害果仁内越冬，翌年 4 月间开始化蛹，5 月中旬成虫羽化，飞到桃树上，白天活动。产卵时将产卵管插入桃仁内，产卵 1 粒，多产在桃果胴部。幼虫孵化后在桃仁内取食，7 月中下旬，桃仁近成熟时，多被食尽，仅残留部分仁皮。被害果逐渐干缩脱落，成灰黑色僵果，少数残留枝上不掉。

【防治方法】

①人工防治　秋季至春季桃树萌芽前后，彻底清理桃园。认真清除地面和树上被害果，集中深埋或烧毁，是行之有效的措施。

②地面用药　成虫羽化出土期，用 5%辛硫磷颗粒剂，每公顷 45kg 撒施，使用后及时浅耙，以防光解，或在树穴下喷 40%乐斯本乳油 300～500 倍液。

③化学防治　结合其他虫害防治，于成虫发生期喷布 20%速灭杀丁乳油 2 000～3 000 倍液，或 2.5%敌杀死乳油 3 000 倍液。

14. 黑星麦蛾

【为害病状】黑星麦蛾又叫苹果黑星卷叶麦蛾，分布于华北、东北、华东、西北等地。为害桃、李、杏、梨、苹果、樱桃等多种果树。果园管理粗放，以及桃、李、杏、苹果等混栽的果园，发生较多，为害也重。初孵幼虫多潜伏在尚未展开的嫩叶上为害，幼虫稍大即吐丝卷叶为害，常数十头幼虫在一起将枝条顶端的几张叶片卷曲成团，在其中取食为害。常把叶片的表皮及叶肉吃光，残留下表皮，并将粪便粘附其上，枝叶枯黄干缩，影响新梢生长。

【发生规律】每年发生3～4代，以蛹在杂草及落叶等处越冬。翌年5月羽化为成虫，产卵于新梢顶端叶丛的叶柄基部，单粒或数粒成堆。4～5月间幼虫开始发生，潜伏于未展叶的叶丛中，啃食叶肉，稍大时取食叶肉，残留叶表皮，并将粪便粘缀在一起成团，潜于其中取食叶肉，残留叶表皮，并将粪便粘附在卷叶团上。幼虫性极活泼，受震动后即吐丝下垂，悬于空中。老熟幼虫在卷叶团内化蛹，经10余天后羽化为第一代成虫。7月下旬，第二代成虫开始发生，交配产卵。幼虫为害至9～10月间，随落叶在地面或杂草丛中化蛹越冬。

【防治方法】

①加强果园管理　秋冬季节，彻底清除落叶、杂草，消灭越冬蛹。

②剪虫梢　发现有卷叶团，及时摘除。

③喷洒农药　5月上中旬，幼虫为害初期，喷洒50%杀螟松乳剂1 000倍液，或5%高效氯氰菊酯乳油2 000倍液，或2.5%敌杀死乳油3 000倍液。

三、病毒病

桃树病毒病的危害与其他病害相比，有如下特点：

1. 桃树是多年生植物，一旦被病毒侵染，则终身带毒。

2. 桃树病毒主要通过嫁接途径传染，通过接穗、插条、苗木等传播扩散。

3. 病毒病害与其他病害不同，果树染病之后，难以用药剂进行有效地控制。

4. 病毒侵染后，果树全身都含有病毒，破坏树体生理，能导致生长衰弱，产量和品质下降，严重时全株衰弱枯死。

病毒病不仅经嫁接传播，而且还通过昆虫、花粉和种子传染。采用脱毒处理的无毒苗、彻底砍伐病株是防治病毒病的主要方法。

1. 矮缩病

【分布为害】桃矮缩病在我国近些年才被发现。近几年有蔓延的趋势。除为害桃外，还为害李、樱挑、梅等树种。

【为害病状】桃矮缩病的症状具多型性，不同植株矮缩程度不同，同一植株不同部位的枝条矮缩程度也不同。春季表现最明显的短缩，后期根据气候还能有所缓解。叶片短小，质硬不舒展，有的叶片变灰绿色或墨绿色，轻度感病时叶片变短变宽，植株大量感病后，很少有收获。

【发病规律】桃矮缩病毒靠花粉和种子自然繁殖，在自然状态下，有10%的胚带有病毒。嫁接、修剪也是传播媒介。采用带病毒的品种进行育苗和高接使传播范围扩大。病毒在一些年份表现或不表现，或表现程度不同，但都具有传染性。染病初期节间比正常植株略短，能正常开花结果，严重时节间极短，花少、坐果率低或无产量。

【防治方法】

①发现病株彻底挖除，并拣净病根，集中烧毁。

②采用无病毒株系进行繁殖，以免传播。

③新桃园要远离有病桃园。

④禁止在病区采集砧木种子用于苗木繁育。

2. 红叶病

【分布为害】桃红叶病是近年来新发现的桃的一种病毒性病害，我国南北方均有发生。

【为害病状】以树冠外围上部、生长旺盛的直立枝、延长枝和剪锯口下的不定芽所萌发的旺枝发病较重。叶、花、果、新梢均能感染发病。春季萌芽期嫩叶红化及侧脉间褪绿和不规则的红斑，随病情加重红色更加鲜艳。发病严重的叶片红斑焦枯，形成不规则的穿孔。病害较轻的叶片，红化症可随气温升高逐渐褪红转绿。受害严重的嫩芽往往不能抽生新梢，形成春季芽枯。秋季气温下降时，新梢顶部又可出现红化症或红斑。严重时病树果实出现果顶突尖畸变、味淡。早熟品种还可能有苦涩味。

【发病规律】此病主要经嫁接传染，昆虫传毒也有可能。病害的发展及症状表现与温度、光照有密切关系，气温在20℃以下时症状表现明显，20℃以上时则症状逐渐消失。大久保、庆丰等对红叶病较敏感；白凤、秋香等较轻。

【防治方法】

①幼树园要及时挖除病株以控制病害蔓延、发展。

②及时喷药防除蚜虫、叶蝉、红蜘蛛、蜷象等刺吸式口器昆虫，避免或减少感染。

③加强栽培管理，增强树势，增强树体抗病能力，减轻危害。

3. 花叶病　桃花叶病属类病毒病，在我国发生较少，但近几年由于从国外广泛引种，带入此病，有蔓延的趋势。是由桃潜隐花叶类病毒寄生引起的，只寄生桃，扁桃无此病。

【为害病状】桃潜隐花叶病是一种潜隐性病害，桃树感病后生长缓慢，开花略晚，果实稍扁，微有苦味。早春萌芽后不久，即出现黄叶，4～5月份最多，但到7～8月份病害减轻，或不表现黄叶。有些年份可能不表现症状，具有隐藏性。叶片黄化但不变形，只是呈现鲜黄色病部或乳白色杂色，或发生褪绿斑点和扩散形花叶。少数严重的病株全树大部分叶片黄化、卷叶、大枝出现溃疡。高温适宜病株出现，尤其在保护地栽培中发病较重。

【发病规律】主要通过嫁接传播，无论是砧木还是接穗带毒，均可形成新的病株，通过苗木销售带到各地。在同一桃园，修剪、蚜虫、瘿螨都可以传毒。所以在病株周围 20m 范围内，花叶病相当普遍。

【防治方法】

①在局部地区发现病株及时挖除销毁，防止扩散。

②采用无毒砧木和接穗进行苗木繁育。若发现有病株，不得外流接穗。

③修剪工具要消毒，避免传染。局部地块对病株要加强管理，增施有机肥，提高抗病能力。

四、生理性病害

1. 低温伤害

（1）根部低温伤害　根部受害后，主要造成浅层根系的毛细根即吸收根死亡，使其丧失吸收功能。地上部表现为初期正常发芽、开花、长叶后不久即出现叶片萎蔫、干缩，最后造成枝条枯死，甚至全树死亡。受害病株发芽后在主干上产生许多纵向裂缝，但很少形成流胶。

（2）晚霜伤害　晚霜造成花器受冻或低温环境下授粉困难，造成坐果率低下或果实发育受阻。不同发育时期其临界温度不一致，在临界温度 30 分钟即可出现危害。露瓣初期临界温度为－3.0℃，开花期、盛花期、落花期分别为－2.3℃、－2.0℃、－2.0℃。

【预防方法】

（1）增施有机肥，加强土壤改良，做到深层、浅层施肥均衡，又到根系向下生长，提高树体抗逆能力。

（2）建园时要避开晚霜严重的地区，对发生晚霜的地块采用烟熏等措施防霜冻。

（3）采用人工授粉，提高坐果率，对已经发生低温伤害的桃园，可在花期、花后适当叶面喷肥，进行补救，一般叶面喷施

0.2%的尿素或硼砂、赤霉素等，7～10天1次，连喷2～3次。

2. 桃日烧病　桃日烧病又叫桃日灼病，分为果实日烧和枝干日烧，属生理病害。与天气情况、栽培措施有关，各地桃园均有可能发生。枝干裸露、大枝开张的油桃园更容易受害。

【症状与发病规律】春秋季日烧与高温干旱有关，由于太阳直射，枝干、果实的表面温度较高，而水分不能充足供应，致使直射点的温度过高又缺水从而发生灼伤。冬春季日烧是因为太阳直射，使枝干温度升高，到夜间温度又下降很多，皮层细胞受冻，第二天温度又升高，皮层细胞冻融，到夜间又受冻，这样冻融频繁发生，使皮层破坏而坏死。枝干日烧表现为干缩凹陷，果实日烧表现为出现黑褐色凹陷斑，有时病斑开裂。

【防治方法】

①注意主枝角度不要过大，背上不能光秃，适当留些小型枝组，以遮挡直射的太阳光。

②生长季要保证水分供应，冬季要灌封冻水，开春要灌萌芽水。

③冬季要枝干、大枝涂白，用以反射阳光，缓和树皮温度变化。

④合理修剪，增加枝条和叶片的数量。疏花疏果时，尽量减轻树冠外围枝稍的负载量。疏去果柄平生的果实，注意保留有树叶遮挡的果实。注意天气变化，如出现苹果日烧病可能发生的天气，应于午前向树叶和果面喷施0.2%～0.3%的磷酸二氢钾，或喷清水。

3. 涝害　桃树抗涝能力差，桃园积水2～3天即落叶，然后凋萎。受涝严重的桃树死亡株率达80%以上。在生长期降水过多会引起徒长，落花落果，花芽分化不良，病害加重，果实风味下降、着色差。成熟期雨涝会使采前落果严重、影响品质，有些品种还会造成裂果。

【防治方法】桃树栽植时要选择排水条件好的地块，以沙壤土为宜。雨水多的地区可起垄栽植，栽植密度不宜过密，以保证土壤水分适当蒸发，修建排水沟和排水暗管，防止树盘积水；同时要加强叶面喷肥，增施磷、钾肥和有机肥；生长季节及时修剪，保证桃园通风透光。

4. 缺素症 果树缺素症是由生长环境中缺乏某种营养元素或营养物质不能被果树根系吸收利用引起的，可通过施用相应的大量或微量元素肥料进行矫正。

（1）缺氮症

【主要症状】桃树缺氮，首先是新梢下部老叶发病，初期，叶片失绿变黄，叶柄、叶缘和叶脉有时变红；后期脉间叶肉产生红棕色斑点，斑点多、发病重时叶肉呈紫褐色坏死。新梢上部幼叶发病晚且轻，缺氮严重时表现为叶片小而硬，呈浅绿色或淡黄色。新梢则停止生长，细弱而硬化，皮部呈浅红色或淡褐色。最终全树矮小，叶片发黄并自下而上早期脱落，花芽少，花少，坐果少，果实小、味淡，但果实着色早。

【发生原因】管理粗放、氮肥施用不足或施肥不均匀都是造成缺氮的主要因素。在秋梢速长期或灌水过量时，桃树也易发生缺氮。

【防治方法】发现缺氮后，应及时追施速效氮肥，可用尿素进行叶面喷施，生育前期可喷布200～300倍尿素液，秋季可喷布30～50倍尿素液；其次也可喷施硫铵、氯化铵和碳酸氢铵等氮肥。

（2）缺磷症

【主要症状】桃树缺磷，首先是新梢中下部叶片发病，然后逐渐遍及整个枝条，直至症状在全树表现。发病初期叶片呈深绿色，叶柄变红，叶背叶脉变紫；后期叶片正面呈紫铜色。枝条基部老叶有时出现黄绿相间的花斑，甚至整叶变黄，常常提早脱落；枝条顶端幼叶有时直立生长，狭窄并下卷，表现为舌状叶。新梢细弱并且分枝较少，呈紫红色。果实个小，且味淡，早熟。

【发生原因】土壤本身缺磷；在酸性土壤中，磷易被铁、铝和锌等固定；在碱性土壤中，磷易被钙固定；偏施氮肥，不利于对磷的吸收；这些都是造成桃树缺磷的主要因素。此外，地势低洼、排水不良和土壤温度偏低等，桃树也易发生缺磷。

【防治方法】

①在秋施基肥时，应多施有机肥，以及磷酸二铵、过磷酸钙等含磷肥料。

②在温室升温后、覆地膜前，以及花芽分化前，应追施复合肥。

③在生长季里，应及时喷施300～500倍磷酸二氢钾液或100～200倍过磷酸钙澄清液。

(3) 缺钾症

【主要症状】桃树缺钾，首先是从新梢中部的叶片发病开始，然后逐步向基部和顶端发展，通常老叶受害最明显。发病初期因为缺钾造成水分供应失调，叶缘表现为枯焦，即灼伤状；同时，因为缺钾又限制了对氮的利用，叶缘表现为黄绿色。发病后期叶缘继续干枯，而叶肉组织仍然生长，表现为主脉皱缩、叶片上卷。最终叶缘附近出现褐色坏死斑，叶片背面多变红色，只是叶片一般不易脱落。其他症状还表现为新梢细而长，花芽较少，果小着色差并早落，缺钾严重时全树萎蔫，抗逆性下降，容易感染灰霉病。

【发生原因】土壤酸性、有机质含量少以及结果过多而钾肥施用量不足均易造成桃树缺钾。氮、钙、镁施用量过多时，引起元素供应失调，也会造成缺钾。此外，地温偏低、光照不足、土壤过温等，都会阻碍油桃对钾的吸收。

【防治方法】

①在秋施基肥时，结合施有机肥的同时，应混施钾肥。

②在花后以及花芽分化前，应追施速效钾肥。在果实膨大期（温室内为2～3月份），应进行叶面喷肥，可喷布磷酸二氢钾

300～500 倍液、或氯化钾 300 倍液、或硫酸钾 200 倍液。为防止在日光温室中高温下，溶液在短时间内浓缩变干，引起叶片肥害和减低肥效，喷施时间在上午 10 时以前或下午 4 时以后为宜，每间隔 7～10 天喷 1 次，共喷 2～3 次。

（4）缺钙症

【主要症状】主要表现在幼叶上，叶片较小，幼叶首先出现褪绿与坏死斑点，严重时枝梢先端的嫩叶叶尖、叶缘和叶脉开始枯死，顶叶和茎枯死，或花朵萎缩。新根停止生长早，粗短、扭曲、尖端不久褐变枯死，枯死后附近又长出很多新根，形成粗短且多分枝的根群。缺钙还能导致核果类果树的流胶病和根癌病，引发苹果苦痘病和红玉斑点病。

【发生原因】当土壤酸度较高时，钙很快流失，导致果树缺钙。另外，前期干旱而后期大量灌水，或偏施、多施速效氮肥，特别是生长后期偏施氮肥，均会降低果实内钙的含量，从而加重苦痘病的发生。

【防治方法】为防治果树缺钙，应增施有机肥和绿肥，改良土壤，早春注意浇水，雨季及时排水，适时适量施用氮肥，促进植株对钙的吸收。在酸性土果园中适当施用石灰，可以中和土壤酸度、提高土壤中置换性钙含量，减轻缺钙症。对缺钙果树，可在生长季节叶面喷施 1 000～1 500 倍硝酸钙或氯化钙溶液，一般喷 2～4 次，最后 1 次应在采收前 3 周为宜。

（5）缺锌症

【主要症状】果树缺锌时早春发芽晚，新梢节间极短，从基部向顶端逐渐落叶，叶片狭小、质脆、小叶簇生，俗称“小叶病”，数月后可出现枯梢或病枝枯死现象。病枝以下可再发新梢，新梢叶片初期正常，以后又变得窄长，产生花斑，花芽形成减少，且病枝上的花显著变小，不易坐果，果实小而畸形。幼树缺锌，根系发育不良，老树则有根系腐烂现象。

【发生原因】在沙地、瘠薄山地或土壤冲刷较重的果园中，土壤含锌盐少且易流失，而在碱性土壤中锌盐常转化为难溶状态，不易被植物吸收，另外，土壤过湿，通气不好，降低根吸收锌的能力，这些情况都可以引起果树发生缺锌症。

【防治方法】对缺锌果树，可在发芽前3～5周，结合施基肥施入一定量的锌肥。在树下挖放射状沟，每株成年结果树施50%硫酸锌1～1.5kg或0.5～1kg锌铁混合肥。第二年即可见效，持效期较长，但在碱性土壤上无效。在萌芽前喷2%～3%、展叶期喷0.1%～0.2%、秋季落叶前喷0.3%～0.5%的硫酸锌溶液，重病树连续喷2～3年。

（6）缺硼症

【主要症状】可使花器官发育不良，受精不良，落花落果加重发生，坐果率明显降低。叶片变黄并卷缩，叶柄和叶脉质脆易折断。严重缺硼时，根和新梢生长点枯死，根系生长变弱，还能导致苹果、梨、桃等果实畸形（即缩果病）。病果味淡而苦，果面凹凸不平，果皮下的部分果肉木栓化，致使果实扭曲、变形，严重时，木栓化的一边果皮开裂，所以又称“猴头果”。

【发生原因】山地果园、河滩砂地或砂砾地果园，土壤中的硼和盐类易流失，易发生缺硼症。另外，土壤过干、盐碱或过酸，化学氮肥过多时也能造成缺硼。

【防治方法】对于缺硼果树，可于秋季或春季开花前结合施基肥，施入硼砂或硼酸。施肥量因树体大小而异，每株大树施硼砂150～200g，小树施硼砂50～100g，用量不可过多，施肥后及时灌水，防止产生肥害。根施效果可维持2～3年，也可喷施，在开花前，开花期和落花后各喷1次0.3%～0.5%的硼砂溶液。溶液浓度发芽前为1%～2%，萌芽至花期为0.3%～0.5%。碱性强的土壤硼砂易被钙固定，采用此法效果好。

（7）缺铁症

【主要症状】果树缺铁首先产生于新梢嫩叶，叶片变黄，发生黄叶病。其表现是叶肉发黄，叶脉为绿色，称典型的网状失绿，严重时，除叶片主脉靠近叶柄部分保持绿色外，其余部分均呈黄色或白色，甚至干枯死亡。随着病叶叶龄的增长和病情的发展，叶片失去光泽，叶片皱缩，叶缘变褐、破裂。

【发生原因】果树缺铁的原因比较复杂，一般土壤中并不缺铁，只是由于土壤碱性过大，有机质过少土壤不通透或土壤盐渍化等原因，使表土含盐量增加，土中可以吸收的铁元素变成了不能吸收的铁元素。另外，缺铁与砧木的耐碱性有关，用东北山定子作砧木，易表现缺铁症，而用海棠作砧木的苹果树则很少发现此病。

【防治方法】防治黄叶病，首先应注意改良土壤，排涝，通气和降低盐碱。春季干旱时，注意灌水压碱，低洼地要及时排除盐水；增施有机肥料，树下间作豆科绿肥，以增加土中腐殖质，改良土壤。发病严重的树发芽前可喷0.3%～0.5%硫酸亚铁（黑矾）溶液，或在果树中、短枝顶部1～3片叶失绿时，喷0.5%尿素+0.3%硫酸亚铁，每隔10～15天喷1次，连喷2～3次，效果显著。对缺铁果树，也可结合深翻施入有机肥，适量加入硫酸亚铁，但切忌在生长期施用，以免产生肥害。

（8）缺镁症

【主要症状】幼树缺镁，新梢下部叶片先开始褪绿，并逐渐脱落，仅先端残留几片软而薄的淡绿色叶片。成龄树缺镁，枝条老叶叶缘或叶脉间先失绿或坏死，后渐变黄褐色，新梢、嫩枝细长，抗寒力明显降低，并导致开花受抑，果小味差。

【发生原因】在酸性土壤或砂质土壤中镁容易流失，常会引起缺镁症。

【防治方法】轻度缺镁果园，可在6、7月叶面喷施1%～2%硫酸镁溶液2～3次。缺镁较重果园可把硫酸镁混入有机肥中根施，每666.7m^2施镁肥1～1.5kg。在酸性土壤中，为了中和土壤中酸度可施镁石灰或碳酸镁。

（9）缺锰症

【主要症状】桃树对锰敏感，缺锰症状从老叶叶缘开始，逐渐扩大到主脉间失绿，在中肋和主脉处出现宽度不等的绿边，严重时全叶黄化，而顶端叶仍为绿色。整株树体叶片稀少，根系不发达，开花结实少，果色黯淡，品质差，有裂果现象。

【发生原因】土壤中一般不缺锰，如土壤为碱性时，使锰成为不溶解态，易表现缺锰症。土壤如黏重、通气不良或为砂土，易发生缺锰症。春季干旱，易发生缺锰症。

【防治方法】缺锰果园可在土壤中施入氧化锰、氯化锰和硫酸锰等，在碱性土或石灰性土上，土施硫酸锰等锰肥效果差，最好结合施有机肥分期施入，一般每 $666.7m^2$ 施氧化锰 0.5～1.5kg、氯化锰或硫酸锰 2～5kg。也可叶面喷施 0.2%～0.3% 硫酸锰，喷施时可加入半量或等量石灰，以免发生肥害，也可结合喷布波尔多液或石硫合剂等一起进行。

本书所用的法定计量单位名称、符号及换算

克（g）

毫克（mg）[1 000mg=1g]

千克（kg）[1kg=1 000g]

吨（t）[1t=1 000kg]

微克（μg）[1 000 000μg=1g]

天（d）

摩尔（mol）

米（m）

分米（dm）[10dm=1m]

厘米（cm）[100cm=1m]

升（L）

毫升（mL，ml）[1 000mL=1L]

微升（μL）[1 000 000μL=1L]

公顷（hm^2）[1hm^2=10 000m^2]

666.7 米^2（m^2）=1 亩（亩为非法定计量单位）

1 公顷（hm^2）=15 亩

图书在版编目（CIP）数据

桃标准化生产/赵锦彪，管恩桦，张雷主编．—北京：中国农业出版社，2007.11

（果品标准化生产丛书）

ISBN 978-7-109-12279-6

Ⅰ．桃…　Ⅱ．①赵…②管…③张…　Ⅲ．桃—果树园艺—标准化　Ⅳ．S662.1

中国版本图书馆 CIP 数据核字（2007）第 145151 号

中国农业出版社出版

（北京市朝阳区农展馆北路 2 号）

（邮政编码 100026）

责任编辑　徐建华　张　利

中国农业出版社印刷厂印刷　　新华书店北京发行所发行

2007 年 11 月第 1 版　　2007 年 11 月北京第 1 次印刷

开本：850mm×1168mm　1/32　　印张：9.375

字数：235 千字　　印数：1～6 000 册

定价：20.00 元